EXCEL

Excel
数据处理与分析
应用大全

何先军◎编著

U0261405

中国铁道出版社有限公司
CHINA RAILWAY PUBLISHING HOUSE CO., LTD.

内 容 简 介

本书主要介绍了 Excel 中图表与数据透视表在数据分析中的具体应用。全书共 14 章，可分为 3 个部分。第 1 部分为使用 Excel 图表进行数据分析的相关介绍，该部分是对 Excel 图表的基础知识和实际应用进行具体讲解；第 2 部分为使用数据透视表进行数据分析，该部分主要介绍数据透视表的基础知识以及应用，为用户提供进行数据分析的多种方法，通过这两部分的学习，读者可以基本掌握 Excel 中数据分析的常用方法与技巧；第 3 部分为综合实战应用，该部分通过具体的综合案例，让读者切实体验如何根据实际情况选择不同方法进行数据分析。

本书以图文搭配的方式对操作进行细致讲解，通俗易懂，知识面广，案例丰富，实用性强，能够满足不同层次读者的学习需求。尤其适用于需要快速掌握使用 Excel 进行数据分析的各类初中级用户、商务办公用户。另外，本书也可作为各大、中专院校及各类办公软件培训机构的教材使用。

图书在版编目（CIP）数据

Excel 数据处理与分析应用大全/何先军编著.—北京：
中国铁道出版社有限公司，2019.9
ISBN 978-7-113-26035-4

Ⅰ.①E… Ⅱ.①何… Ⅲ.①表处理软件 Ⅳ.①TP391.13

中国版本图书馆 CIP 数据核字（2019）第 140057 号

书　　名：	Excel 数据处理与分析应用大全
作　　者：	何先军

责任编辑：张亚慧		读者热线电话：010-63560056
责任印制：赵星辰		封面设计：MXK DESIGN STUDIO

出版发行：中国铁道出版社有限公司（100054，北京市西城区右安门西街 8 号）
印　　刷：中国铁道出版社印刷厂
版　　次：2019 年 9 月第 1 版　　2019 年 9 月第 1 次印刷
开　　本：787mm×1092mm　1/16　**印张**：21.75　**字数**：475 千
书　　号：ISBN 978-7-113-26035-4
定　　价：69.00 元

前 言 PREFACE

内容导读

在数据化的今天，从事各项工作的读者都可能需要进行数据分析，因此学会使用 Excel 分析数据已经几乎成为每个人的必修课。

Excel 作为强大的数据分析处理工具，是职场人士必须掌握的。然而，仍然有许多职场人士对使用 Excel 进行数据分析较为生疏，或是停留在只能简单使用的水平。为了让更多的职场人士、数据分析爱好者等能够快速掌握 Excel 图表与数据透视表在数据分析中的应用方法，提升职场竞争力，我们特意编写了本书。

本书共 14 章，主要分为运用图表分析数据、运用数据透视表分析数据和综合案例 3 个部分，详细而全面地对数据分析的知识和操作进行讲解，各部分的具体内容如下表所示。

第 1 部分 **运用图表分析数据**	• 图表在数据分析中的作用和角色 • 用图表分析数据，必会这些操作 • 图表应用之比较关系的数据分析 • 图表应用之构成关系的数据分析 • 图表应用之趋势关系的数据分析 • 图表应用之相关关系的数据分析
第 2 部分 **运用数据透视表分析数据**	• 识数据透视表方知 Excel 数据分析真本领 • 玩转数据透视表的基本操作 • 分析报表中的数据排序与筛选操作怎么做 • 报表数据繁多，分组分析更直观 • 内置的计算指标让数据分析功能更强大 • 数据源不在一起？创建多区域报表 • 报表数据也可以用图表展示
第 3 部分 **综合案例**	• 数据分析之综合实战应用

主要特色

◎ **内容精选，讲解清晰，学得懂**

本书精选了工作中可能会涉及的数据分析的重要知识，通过知识点+案例解析的方式进行讲解，力求让读者全面了解并真正学会使用 Excel 进行数据分析。

◎ **案例典型，边学边练，学得会**

为了便于读者即学即用，本书在讲解过程中大量列举了真实办公过程中可能会遇到的问题进行辅助介绍，让读者在学会知识的同时，快速提升解决实战问题的能力。

◎ **图解操作，简化理解，学得快**

在讲解过程中，采用图解教学的形式，一步一图，以图析文，搭配详细的标注，让读者更直观、更清晰地进行学习和掌握，提升学习效果。

◎ **栏目插播，拓展知识，学得深**

通过在正文中大量穿插"提个醒"、"小技巧"和"知识延伸"栏目，为读者揭秘数据分析过程中的各种注意事项和技巧，帮助读者解决各种疑难问题与掌握数据分析的技巧。

◎ **超值赠送，资源丰富，更划算**

本书随书赠送的资源中，不仅包含了与书中相对应的素材和效果文件，方便读者随时上机操作，即学即会，还赠送了大量实用的数据分析 Excel 模板，读者简单修改即可应用。此外还赠送有近 200 分钟的 Excel 各类案例视频，配合书本学习可以得到更多训练，还有 400 余个 Excel 快捷键的文档、215 个 Excel 常用函数以及常用办公设备使用技巧，读者掌握后可以更快、更好地协助商务办公。

适用读者

各年龄段需要使用 Excel 进行数据分析的工作人员；

对于数据分析有浓厚兴趣的人士；

职场中的 Excel 初、中级用户；

高等院校的师生；

与数据分析相关的培训机构师生；

…………

由于编者经验有限，加之时间仓促，书中若有疏漏和不足之处，恳请专家和读者不吝赐教。

编 者

2019 年 6 月

目　录

第1章
图表在数据分析中的作用和角色

1.1 Excel 在数据分析中的角色 2

1.1.1 数据分析的几个基本阶段 2

1.1.2 Excel 在数据分析各个阶段的
应用 4

1.2 经典图表赏析：2017 年双十一
分析报告图表 6

1.2.1 比较分析：历年双十一
销售额对比 6

1.2.2 构成分析：销售额来源
构成分析 6

1.2.3 趋势分析：双十一当天
分时段流量图 7

1.3 关于数据分析和图表设计
的一些建议 8

1.3.1 明确数据指标的含义 8

1.3.2 了解分析结果面向的
最终用户 9

1.3.3 设定数据分析的目的 9

1.3.4 选择合适的图表类型 9

1.3.5 最后细化图表细节 10

第2章
用图表分析数据，必会这些操作

2.1 正确认识图表 12

2.1.1 图表的组成部分 12

2.1.2 图表与数据之间的关系 13

2.1.3 图表的创建 14

【分析实例】对比分析各季度的
销售额 14

2.2 图表的简单编辑操作 18

2.2.1 选择图表中的单个元素 18

2.2.2 向图表中添加或删除
数据系列 18

2.2.3 设置双坐标轴让数据显示
更清晰 20

【分析实例】让相对湿度数据的
变化情况更清晰 20

2.2.4 自定义坐标轴刻度 21

【分析实例】调整天气变化
分析图表的坐标轴刻度 21

2.2.5 添加/隐藏网格线 23

2.2.6 快速将图表更改为更合适的
类型 24

【分析实例】更改图表类型
展示数据 24

2.2.7 切换图表的行列数据 25

2.3 图表的外观样式设计 27

2.3.1 为图表应用内置样式 27

2.3.2 设置图表中的文字效果 28

2.3.3 为图表形状设置填充效果 29

2.3.4 改变图表的布局效果 30

2.4 了解动态图表 31

2.4.1 什么是动态图表 31

2.4.2 动态图表的原理是什么 32

2.4.3 利用控件制作动态图表的
说明 34

第3章
图表应用之比较关系的数据分析

3.1 用柱形图对比分析数据 36

3.1.1 在连续时间内容的数据对比 36

【分析实例】3月部门日常
费用分析 36

3.1.2 多指标数据整体的比较 41

【分析实例】公司营业结构分析 41

3.1.3 理想与现实的数据对比 46

【分析实例】销售任务
完成情况分析 46
3.1.4 用三维圆柱体对比数据的
使用情况 49
【分析实例】公司库存统计分析 49

3.2 用条形图对比分析数据 54
3.2.1 分类标签长的数据对比分析 54
【分析实例】网购差评原因统计 54
3.2.2 对称条形图的应用 57
【分析实例】近五年汽车
进出口分析 57
3.2.3 盈亏数据对比分析 60
【分析实例】公司销售盈亏分析 61
3.2.4 不同项目不同时间下的
对比分析 64
【分析实例】汽车产销率分析 64
3.2.5 制作甘特图展示项目进度 67
【分析实例】项目计划进度表的
制作 68
3.2.6 制作漏斗图展示数据
所占的比重 72
【分析实例】销售机会分析 72

第 4 章
图表应用之构成关系的数据分析

4.1 用饼图分析数据占比 76
4.1.1 在饼图中显示合计值 76
【分析实例】3 月部门日常费用
分析 76
4.1.2 让饼图显示实际值
而非百分比 78
【分析实例】各部门一季度
开支情况 78
4.1.3 分离饼图的某个扇区 79
【分析实例】突出显示
"三亚"数据系列 79
4.1.4 突出显示饼图的边界 80
【分析实例】突出显示图表边界 80

4.1.5 制作半圆形饼图 81
【分析实例】半圆饼图分析
问卷调查学历结构 81
4.1.6 使用完整的图片
填充整个饼图 83
【分析实例】添加图片背景
展示市场占有率 83

4.2 用圆环图分析数据占比 86
4.2.1 创建半圆圆环图 86
【分析实例】创建半圆圆环图
展示学生成绩 86
4.2.2 在圆环图中显示系列名称 88
【分析实例】第一季度各分部
销售情况分析 88
4.2.3 调整内环大小 90
【分析实例】日用品销售分析 90
4.2.4 更改圆环分离程度 91
【分析实例】年度销售报表分析 91

第 5 章
图表应用之趋势关系的数据分析

5.1 用折线图分析数据趋势 94
5.1.1 突出预测数据 94
【分析实例】突出显示公司预测的
盈利同比增长率数据 94
5.1.2 让折线图中的时间点
更易辨识 97
【分析实例】让同比涨跌幅度数据
与时间点的对应更直观 98
5.1.3 让折线图从纵轴开始绘制 102
【分析实例】调整产量趋势分析图表的
第一个横轴分类从纵轴开始 102
5.1.4 始终显示最值 104
【分析实例】始终显示同比消费
涨跌数据的最值 104
5.1.5 添加目标值参考线 107
【分析实例】在产品销量趋势分析
图表中添加达标线 108

5.1.6 处理折线图的断裂问题..........111
　【分析实例】将断裂的股票开盘
　与收盘分析折线图连接起来..........111
5.1.7 利用控件动态显示最近 N 个
　数据的变化趋势..........113
　【分析实例】制作最近 N 天的
　价格变化曲线..........113

5.2 用面积图分析数据趋势..........118
5.2.1 指定系列的绘制顺序..........118
　【分析实例】调整员工扩展情况
　面积图的图例顺序..........119
5.2.2 使用透明效果处理遮挡
　问题..........120
　【分析实例】为上市铺货分析面积图
　设置透明填充效果..........121

第6章
图表应用之相关关系的数据分析

6.1 用散点图分析数据..................124
6.1.1 用四象限散点图分析
　双指标数据..........124
　【分析实例】制作手机品牌知名度
　和忠诚度调查结果四象限图..........124
6.1.2 使用对数刻度
　让散点图更清晰..........129
　【分析实例】利用散点图分析
　月入店铺次数和平均消费的关系....129

6.2 用气泡图分析数据..................131
6.2.1 气泡图的正确创建方式..........131
　【分析实例】创建牛奶销售分析
　气泡图..........131
6.2.2 在标签中显示气泡大小..........133
　【分析实例】为产品市场份额气泡图的
　数据点添加标签..........133

第7章
识数据透视表方知 Excel 数据分析真本领

7.1 数据透视表——Excel 数据分析的
　必然选择..................136
7.1.1 数据透视表能做什么..........136
7.1.2 什么时候用数据透视表..........137
7.1.3 了解数据透视表的四大区域..137
7.1.4 数据透视表的常用术语..........138

7.2 将不符合要求的数据源规范化.138
7.2.1 删除数据透视表区域中的空行
　或者空列..........139
　【分析实例】删除发货明细数据表中的
　空行..........139
7.2.2 将同一列中的分类行
　单独列出来..........141
　【分析实例】将北京市城乡人口普查工作
　表中的区县单独列为一列..........142
7.2.3 删除数据区域中的小计行..........144
　【分析实例】删除北京市城乡人口普查数据表
　中的小计行..........144
7.2.4 处理表头合并的单元格..........146

7.3 认识数据透视表布局的
　主要工具..................147
7.3.1 "数据透视表工具"选项卡组..147
7.3.2 "数据透视字段"列表的显示..149
7.3.3 将窗格中的字段升序排列..........150
7.3.4 使用"数据透视表字段"窗格
　显示更多字段..........151

7.4 创建数据透视表..................152
7.4.1 使用内部数据
　创建数据透视表..........152
　【分析实例】创建数据透视表分析
　近 7 届奥运会奖牌情况..........152
7.4.2 使用外部数据
　创建数据透视表..........154

【分析实例】创建数据透视表
分析 1 月员工工资 154

第 8 章
玩转数据透视表的基本操作

8.1 数据透视表的四大区域操作 158
8.1.1 移动字段变换数据透视表 158
【分析实例】统计各省份和客户
已经收到的回收尾款 158
8.1.2 使用筛选字段获取所需数据 ..161
【分析实例】分析各省份各瓦斯等级的
国有煤矿占比情况 162
【分析实例】使筛选字段
每行显示两项数据 163
【分析实例】将各城市的家电销售情况
分布在不同工作表中 165
8.1.3 按照需要显示字段 166
【分析实例】分析各部门
男女分布情况 166

8.2 数据透视表的布局设置 171
8.2.1 调整数据透视表的报表布局 ..171
8.2.2 更改分类汇总的显示方式 173
8.2.3 使用空行分隔不同的组 174
8.2.4 禁用与启用总计 174
【分析实例】分析各销售人员
各种产品的销售总额 174
8.2.5 合并且居中带标签的单元格 ..176

8.3 快速查看数据透视表的数据源 176
8.3.1 获取整个数据透视表的
数据源 177
【分析实例】通过数据透视表
获取固定资产清单 177
8.3.2 获取统计结果的数据明细 178

8.4 处理数据透视表的异常数据 179
8.4.1 处理行字段中的空白项 179
【分析实例】处理数据透视表中的
空白数据项 179

8.4.2 将值区域中的空白数据
设置为具体数值 180
【分析实例】将商品销售分析报表
中的空白值标记为"未订购" 181

8.5 数据透视表的美化 182
8.5.1 套用数据透视表样式 182
【分析实例】为数据透视表
应用内置样式 182
8.5.2 自定义数据表样式 184
【分析实例】在已有数据透视表的
基础上新建数据透视表样式 184
8.5.3 设置数据透视表字段
数据格式 186
【分析实例】为数据金额设置
会计格式 187

第 9 章
分析报表中的数据排序与筛选操作
怎么做

9.1 让报表中的数据
按指定顺序排列 190
9.1.1 通过字段列表进行排序 190
【分析实例】将"籍贯"字段标签
按降序排列 190
9.1.2 通过字段筛选器进行排序 191
【分析实例】将某公司北京家电销售总计
进行降序排列 191
9.1.3 手动排序 193
【分析实例】手动将数据透视表
中的月份调整到正确的位置 193
9.1.4 按笔画排序 194
【分析实例】将销售量统计结果
按销售员姓氏笔画排序 194
9.1.5 按值排序 196
【分析实例】以消费主体消费情况比例
对所有消费群体排序 196
9.1.6 自定义序列排序 197
【分析实例】将员工工资
按职务高低排序 198

9.2 在报表中显示部分统计分析结果... 200

9.2.1 通过字段筛选器
对标签进行筛选......................200

9.2.2 对值区域数据进行筛选.........200
【分析实例】筛选3个月总计生产同类
产品万件以上的数据...............200

9.3 使用切片器控制
报表数据的显示.......................202

9.3.1 在现有数据透视表中
插入切片器......................202
【分析实例】在报表中添加
城市、商品切片器...............202

9.3.2 设置切片器格式.................203
【分析实例】在"城市"切片器中
每行显示两个按钮...............204

9.3.3 使用切片器筛选数据.........205

9.3.4 断开切片器连接
或删除切片器......................207
【分析实例】断开数据透视表
与切片器的连接...............207

9.3.5 使用一个切片器
控制多个数据透视表.........209
【分析实例】将切片器连接到
两个数据透视表...............209

第 10 章
报表数据繁多，分组分析更直观

10.1 手动分组与自动分组怎么选... 212

10.1.1 少量或部分数据手动分组....212
【分析实例】将订单分析报表中的
城市按照地理位置分组.................212

10.1.2 大量有规律的数据
还是自动分组快一些.........214
【分析实例】以"月"为单位
统计员工各类产品生产数据.........214
【分析实例】以"周"为单位
统计销售额.................216
【分析实例】以1000为步长
统计各区间销售次数和总销售额.........217

【分析实例】以"季度"为单位
统计公司的销售情况.................218
【分析实例】以"年"为单位
统计员工各类产品生产数据.............219

10.2 有聚有散，
组合项目还可以再分开.............220

10.2.1 取消自动组合的数据项.........220

10.2.2 取消手动组合的数据项.........221

10.3 函数，报表分组的好助手......222

10.3.1 根据数据自身特点分组......222
【分析实例】分类统计鞋店不同经营
模式商品的营业额.................222

10.3.2 根据文本的首字符分组........225
【分析实例】根据报表数据文本的首字符
为报表添加分组.................225

第 11 章
内置的计算指标让数据分析功能
更强大

11.1 多种多样的数据汇总方式......228

11.1.1 更改数据透视表的
字段汇总方式........................228

11.1.2 对同一字段
采用多种汇总方式.............229
【分析实例】分析冰箱销售单价的
最大值、最小值和平均值.............229

11.2 相同的数据也可以得到
不同的结果.............................231

11.2.1 差异分析.........................232
【分析实例】分析各项目相比
1月的增减情况.................233
【分析实例】分析家电销售额相比
上月的增减情况.................234
【分析实例】分析与上月相比
开支增长的百分比.................235

11.2.2 行/列汇总的百分比分析.......236
【分析实例】分析每月每个员工
在各产品生产总量的占比情况...........236

11.2.3 总计的百分比分析 237

【分析实例】分析员工销售额
在公司总销售额中的占比.................237

11.2.4 累计汇总分析 240

【分析实例】累计汇总各种产品的
产量 240

11.3 在值区域使用计算字段 242

11.3.1 插入计算字段 243

【分析实例】计算各销售渠道的利润....243

【分析实例】计算收取订单订金金额.....245

【分析实例】根据员工的销售额
给予不同的比例计算提成.............246

11.3.2 修改计算字段 247

【分析实例】修改员工的
销售提成比例.............248

11.3.3 获取计算字段公式 249

11.3.4 删除计算字段 250

11.4 在行/列字段使用计算项 250

11.4.1 插入计算项 251

【分析实例】计算 2018 年较 2017 年
各项开支增长情况.............251

11.4.2 获取计算项公式 252

11.4.3 修改和删除计算项 253

11.4.4 更改计算项的求解次序 254

第 12 章
源数据不在一起？创建多区域报表

12.1 创建多重合并计算的
数据透视表.............256

12.1.1 制作基于多区域的
数据透视表应该怎样做......256

12.1.2 将每个区域作为一个分组
创建报表.............256

【分析实例】统计分析员工
3 个月的工资情况.............256

12.1.3 自定义页字段也可以
对区域进行有效分组.............259

【分析实例】分年和季度
分析员工薪资 259

【分析实例】使用数据透视表
合并分析多个区域中的数据.............263

12.1.4 合理使用页字段
对比分析不同区域数据.........265

【分析实例】分析各项目利润
逐月变化情况.............265

12.1.5 不同工作簿中的数据
也可以合并计算.............268

【分析实例】汇总分析不同城市的
销售情况.............269

12.2 多列文本的列表
也可以合并分析.................... 272

12.2.1 像数据库表一样
进行列表区域操作 272

【分析实例】分析 1 月和 2 月
销售数据 273

12.2.2 导入数据也可以添加新字段....276

12.2.3 不是列表中的所有字段
都必须导入.............276

【分析实例】对开票明细中的部分
字段进行分析 277

12.2.4 分析数据还可以做到
自动排除重复项.............280

12.3 关联数据一表打尽 281

12.3.1 将多表相关数据汇总
到一张表格中 281

【分析实例】统计员工工资.............281

12.3.2 记录不一致可以编辑连接方式
来确定主次.............284

【分析实例】统计员工的考勤情况.....285

12.4 优中选优，数据导入+SQL
最全能.............288

12.5 多区域数据汇总
的"笨"方法.............290

【分析实例】使用公式辅助创建
多区域数据透视表.............290

第 13 章
报表数据也可以用图表展示

13.1 数据透视图基本操作 294

13.1.1 创建数据透视图 294

【分析实例】使用数据透视图
展示服装与年龄段的匹配情况 294

【分析实例】使用数据透视图展示
分析公司上半年的开支情况 295

【分析实例】分析公司每月各项目的
预算与实际开支 297

13.1.2 认识数据透视图 300

13.2 像布局图表一样
布局数据透视图 302

13.2.1 合理使用图表类型 302

【分析实例】使用数据透视图
对比上半年各项目开支情况 303

13.2.2 合理使用图表元素 305

【分析实例】在数据透视图中
同时分析数量关系和发展趋势 307

13.2.3 通过数据布局
改变图表布局 309

13.3 保存数据透视图分析结果 311

13.3.1 将有意义的数据透视图
保存为图片 311

13.3.2 断开与数据透视表的联系 312

第 14 章
数据分析之综合实战应用

14.1 分析上一年开支情况 314

14.1.1 案例简述和效果展示 314

14.1.2 案例制作过程分析 315

14.1.3 统计全年各项目的
开支总和 315

14.1.4 分析各项开支变化趋势 317

14.1.5 分析上一年各项开支总和
在公司开支中的占比 321

14.2 员工工资管理 323

14.2.1 案例简述和效果展示 323

14.2.2 案例制作过程分析 324

14.2.3 统计公司第一季度工资 325

14.2.4 统计员工每月平均工资 328

14.2.5 第一季度员工工资变化
情况 329

14.2.6 第一季度员工工资占比 332

第1章
图表在数据分析中的作用和角色

在数据分析中使用图表的过程，通常被称为数据可视化。数据可视化的目的，是要对数据进行可视化处理，使其能够明确、有效地传递信息。通俗地讲，无非就是将复杂的数据信息进行图形化展示，方便用户从一堆杂乱无章的数据里面更高效地理解或分析。好的可视化设计一定集易读、突出数据价值、易于分析、美观为一体，最终让数据变得更加简单，方便交流。

|本|章|要|点|

· Excel 在数据分析中的角色

· 经典图表赏析：2017 年双十一分析报告图表

· 关于数据分析和图表设计的一些建议

1.1 Excel 在数据分析中的角色

什么是数据分析呢?

数据分析是基于特定目的进行收集、整理、加工和分析数据,提炼有价信息的一个过程。

对于数据分析新手来说,Excel 是比较容易上手的工具。接下来先认识一下数据分析以及 Excel 如何应用于数据分析吧。

1.1.1 数据分析的几个基本阶段

数据分析过程概括起来主要包括:明确分析目的、数据收集、数据处理、数据分析、数据展现和撰写报告 6 个阶段。

(1)明确分析目的

在一张工作表中,如果要快速定位到最后一条数据记录,可以直接拖动垂直滚动条进行翻页选择。

一个分析项目,数据对象是谁? 目的是什么? 要解决什么问题? 作为数据分析师的你,一定要对这些都了然于心。

基于对业务的理解,整理分析框架和分析思路。例如,减少新客户的流失、优化活动效果、提高客户响应率等。不同的项目对数据的要求不同,使用的分析手段和工具也是不一样的。

【注意】对于数据分析新手而言,面对大量的数据,可能完全不知道如何下手,也不知道最终需要分析或得到什么样的数据和结果。笔者建议数据分析新手除了多看、多思考之外,还应该多动手练习。这里,笔者向大家推荐科赛网(https://www.kesci.com),在这里有大量优秀的数据集和已经设置好的分析目的可供练习。

(2)数据收集

数据收集是按照确定的数据分析和框架内容,有目的地收集、整合相关数据的 一个过程,它是数据分析的一个基础。

试想一下,如果你需要分析一下中国 2018 年人口年龄分布情况,但是你又没有任何方法获取到中国 2018 年的人口年龄数据,你能够分析下去么?

所以,数据收集是进行任何数据分析的前提条件。目前常见的数据收集方法主要有如下一些。

◆ **企业自有数据**:企业自有数据是数据分析师们最常分析、也是最易获得的数据源。

◆ **公开数据库**：如万得、搜数网等，都可以轻易获取到大量的数据。不过由于数据质量等问题，后续数据整理需要花费较大的时间和精力。不过作为数据分析练习还是一个不错的选择。

◆ **网络采集器（俗称爬虫）**：网络采集器是通过软件的形式简单快捷地采集网络上分散的内容，具有很好的内容收集作用，而且不需要技术成本，适合作为初级的采集工具。目前比较好用的网络采集器有火车采集器、八爪鱼等。

◆ **网络指数**：如果需要分析一些大型网站的相关数据，如百度搜索相关、淘宝天猫交易相关等数据，可以通过对应的指数网站获得一些较为直观的分析数据和结果，如图 1-1 所示为阿里指数（https://alizs.taobao.com）中获取的连衣裙购买指数中的部分信息。

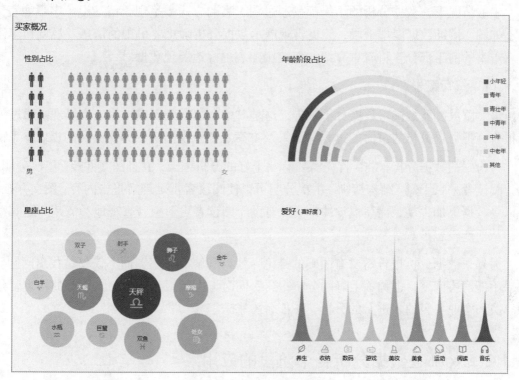

图 1-1 阿里指数数据获取

◆ **数据交易平台**：由于现在数据的需求很大，也催生了很多做数据交易的平台，如数据堂、优易数据等。当然，除了付费购买的数据外，这些平台也有很多免费的数据可以获取。

（3）数据处理

数据处理是指对收集到的数据进行加工、整理，以便开展数据分析，它是数据分析前必不可少的阶段。这个阶段是数据分析整个过程中最耗时间的，数据质量的好坏对该阶段及后续阶段有着十分重要的影响。

在这一阶段中，Excel 的基础知识，包括数据格式、函数、数据透视表等，都会对数据处理起到很大的作用。

（4）数据分析

数据分析是指通过分析手段、方法和技巧对准备好的数据进行探索、分析，从中发现因果关系、内部联系和业务规律等，为业务目的提供决策和参考。

进行数据分析，首先需要熟悉一定的分析方法，这个在本书后续章节将有介绍。其次，需要熟悉一种数据分析工具，对于一般的数据分析，通过 Excel 即可实现。

（5）数据展现

一般情况下，数据分析的结果都是通过图、表的方式来呈现，俗话说：字不如表，表不如图。借助数据展现手段，能更直观展示数据分析师想要呈现的信息、观点和建议等。本书的前半部分，将着重介绍如何使用图表更好地展现数据。

（6）撰写报告

最后阶段，就是撰写数据分析报告，这是对整个数据分析成果的一个呈现。通过分析报告，把数据分析的目的、过程、结果及方案完整呈现出来，为业务目的提供参考。

一份好的数据分析报告，首先需要有一个好的分析框架，并且图文并茂，层次分明，能让阅读者一目了然。结构清晰、主次分明可以使阅读者正确理解报告内容；图文并茂，可以令数据更加生动，提高视觉冲击力，有助于阅读者更形象、直观地看清楚问题和结论，从而产生思考。

另外，数据分析报告需要有明确的结论、建议和解决方案，而不仅仅是找出问题。如果不能解决问题，也称不上好的分析报告，同时失去了报告的意义。数据的初衷就是为解决一个业务目的才进行的分析，不能舍本求末。

1.1.2 Excel 在数据分析各个阶段的应用

数据分析的前两个阶段，明确分析目的和数据收集阶段，一般不使用 Excel。数据报告撰写，经常采用的是 Word 或者 PPT 等，这样更方便读者阅读，也方便数据分析师向其他人员展示数据。

在数据分析的其他三个阶段，Excel 都能扮演重量级角色。

（1）数据处理阶段

在数据处理阶段，可以使用 Excel 对数据进行一次大清洗，包括删除重复数据、补充缺失数据、删除或修正错误数据等。下面简单罗列一下可能用到的知识点。

◆ 删除数据：Excel 自带"删除重复值"功能，还可以通过 IF 函数()等标记后，对标记数据进行删除。

◆ **缺失数据**：通过 IF()、AND()、OR() 等函数的简单嵌套，新建列代替之前的列，达到填补缺失值的效果。数据透视表也能够实现缺失数据填充。

◆ **数据取样**：使用 LEFT()、RIGHT()、LOOKUP()、RANDOM() 等函数，可以实现多种形式的数据取样。

（2）数据分析阶段

Excel 大显身手的阶段，无疑是数据分析阶段。

在这个阶段，可以通过排序、筛选和函数等功能，实现简单的数据分析功能；也可以通过数据透视表，实现较为复杂的数据分析功能；还可以通过数据分析工具实现较为专业的数据分析功能；甚至可以通过 VBA，实现个性化的数据分析（一般达不到这个阶段，如果你真的需要，建议你选择 Python 或者 R 语言进行数据分析，这样更为轻松和专业）。

本书将详细介绍使用数据透视表进行数据分析的方法，通过数据透视表，你将能够轻松完成十万级数据量的分析工作。

（3）数据展示阶段

Excel 图表是在数据分析后，展现数据最为简单和有效的手段。在 Excel 2016 中，新增了多种图表（树状图、旭日图、直方图、箱形图和瀑布图），如图 1-2 所示。

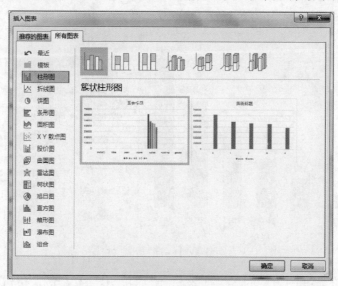

图 1-2　Excel 2016 插入图表界面

当面对这么多图表的时候，我们应该如何选择呢？根据笔者多年的实践经验，总结出了以下一些经验。

◆ 只选对的，不选复杂的。至于如何选择对的图表，请阅读本书第 3～6 章。

◆ 一个图表仅反映一个观点或者结论。

◆ 图表标题应是一句话阐明观点或结论。

◆ 图表信息尽量完整且简单，图表中的每一个元素都应是必不可少的。

◆ 避免无意义的图表。

1.2 经典图表赏析：2017年双十一分析报告图表

在开始应用图表表达数据分析结论之前，我们先来看一下，在一些经典数据分析报告中是如何使用图表的。本章节后面介绍的图表，都是来自一份名为《2017双十一全景洞察报告》的分析报告。

1.2.1 比较分析：历年双十一销售额对比

如图1-3所示，在该分析报告中，使用了最为简单的柱形图来对比分析每年双十一的销售额。通过该图表，阅读者能够很轻易并且清晰地看出历年销售额的对比和增长趋势等信息。

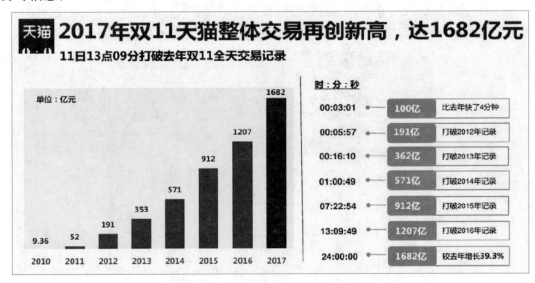

图 1-3　历年双十一销售额对比分析

这也说明，在选择图表的时候，应该只选对的，不选复杂的。更进一步说明，应该尽量选择简单的图表来表达观点。

1.2.2 构成分析：销售额来源构成分析

如图1-4所示，在该分析报告中，每一年的销售额通过一个简单的圆环图来分析 PC 端销售额与移动端销售额的占比情况，并将每一年的占比圆环图简单串联起来，就在简单的占比分析基础上，增加了趋势分析的效果。

同样地，在该图中也是使用的最为基础和常用的图表，但是该报告的作者，通过简单的串联，却达到了极好的效果。

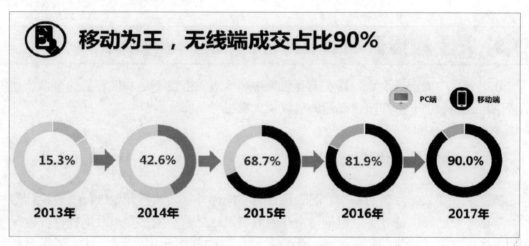

图 1-4　历年双十一销售额来源构成分析

1.2.3　趋势分析：双十一当天分时段流量图

如图 1-5 所示，在该分析报告中，报告作者对双十一当天每小时的流量进行了统计，然后使用了简单的折线图（曲线图）来展示天猫商城当天的流量趋势。

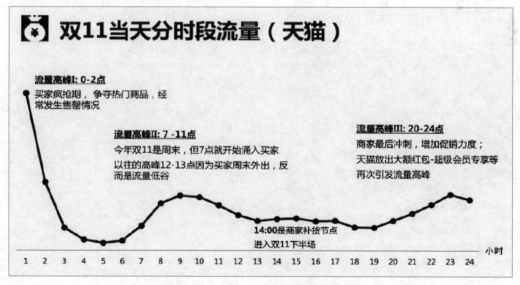

图 1-5　双十一当天分时段流量图

在折现图（曲线图）中，存在一些特殊的点，如最大值、最小值等，还存在一些特殊的趋势，如升、降、平稳等。在做数据分析的时候，这些都是数据分析师应该重点关注的部分。

该分析报告的作者，通过在图表中添加文字性说明的方式，对图表中的三个最值点进行了分析，并给出了合理的分析结论。

1.3 关于数据分析和图表设计的一些建议

数据分析中的图表设计，其实没有想象中那么难，但也不是一件容易的事情，这里笔者给出一些数据分析和图表设计的建议供大家参考。

1.3.1 明确数据指标的含义

数据是一切数据分析的基础，图表设计也不能例外。当我们开始进行图表设计的时候，数据一般已经准备好了。但是，在开始图表设计之前，除了要求数据提供方确保数据的准确性之外（如果数据不准确，后续的一切工作都将前功尽弃），还需要做到如下几点。

◆ 理解数据指标的含义。

◆ 分析数据。

◆ 提炼关键信息。

◆ 明确数据关系及主题。

如图 1-6 所示是一份 2016～2017 赛季 NBA 常规赛球队排名数据。

排名	球队	投篮	三分	罚球	前篮板	后篮板	总篮板	助攻	抢断	盖帽	失误	犯规	六犯	技犯	恶犯	被逐	两双	三双	失误分	得分
1	火箭	46%	36.2%	78.1%	9	34.5	43.5	21.5	8.5	4.8	13.8	19.5	0	0.7	0	0.05	0	0	17.4	112.4
1	猛龙	47.2%	35.8%	79.4%	9.8	34.2	44	24.3	7.6	6.1	13.4	21.7	0	0.7	0	0.07	0	0	17.2	111.7
2	凯尔特人	45%	37.7%	77.1%	9.4	35.1	44.5	22.5	7.4	4.5	14	19.7	0	0.6	0	0.02	0	0	15.3	104
2	勇士	50.3%	39.1%	81.5%	8.4	35.1	43.5	29.3	8	7.5	15.4	19.6	0	0.9	0	0.12	0	0	17.3	113.5
3	开拓者	45.2%	36.6%	80%	10.2	35.3	45.5	19.5	7	5.2	13.5	19.5	0	0.4	0	0	0	0	14.1	105.6
3	76人	47.2%	36.9%	75.2%	10.9	36.5	47.4	27.1	8.3	5.1	16.5	22.1	0	0.6	0.1	0.01	0	0	16.9	109.8
4	雷霆	45.3%	35.4%	71.6%	12.5	32.6	45.1	21.3	9.1	5	14	20.2	0	0.9	0.1	0.01	0	0	18.7	107.9
4	骑士	47.6%	37.2%	77.9%	8.5	33.7	42.1	23.4	7.1	3.8	13.7	18.6	0	0.4	0	0.04	0	0	16.2	110.9
5	步行者	47.2%	36.9%	77.9%	9.6	32.7	42.3	22.2	8.8	4.1	13.3	18.8	0	0.5	0	0	0	0	18.3	105.6
5	爵士	46.2%	36.6%	77.9%	9	34.2	43.3	22.4	8.6	5.1	14.7	19.6	0	0.6	0	0.02	0	0	16.9	104.1
6	热火	45.5%	36%	75.5%	9.3	34.2	43.5	22.7	7.6	5.3	14.4	20.1	0	0.6	0	0.01	0	0	16.5	103.4
6	鹈鹕	48.3%	36.2%	77.2%	8	35.7	44.3	26.8	8	5.9	14	19.1	0	0.6	0.1	0.05	0	0	16.3	111.7
7	马刺	45.7%	35.2%	77.2%	10.4	33.9	44.2	22.8	7.7	5.6	13.1	17.2	0	0.5	0	0.02	0	0	16.3	102.7
7	雄鹿	47.8%	35.5%	78.3%	8.1	31.5	39.8	23.2	8.8	5.4	13.8	21.4	0	0.6	0.1	0.01	0	0	18.4	106.5
8	森林狼	47.6%	35.7%	80.4%	10.3	31.6	42	22.7	8.4	4.2	12.5	18.2	0	0.6	0	0.01	0	0	17.7	109.5
8	奇才	46.7%	37.5%	77.2%	10	33.1	43.1	25.2	7.9	4.3	14.6	21.3	0	0.6	0	0.04	0	0	17.2	106.6
9	掘金	47%	37.1%	76.7%	11	33.5	44.5	25.1	7.6	4.9	15	18.7	0	0.5	0	0.04	0	0	17	110

图 1-6　NBA 球队常规赛比赛数据

其中有排名、球队以及各项指标的数据值。如果我们对 NBA 比较了解，我们就可以根据这份数据，分析出各个球队在各赛季常规赛的表现情况，也可以分析出各球队在进攻、防守等方面的表现。

但是，如果我们对 NBA 一点都不了解，那么，我们拿到这份数据，真的能通过分析得出一个合理的结论并通过图表进行展示吗？

1.3.2 了解分析结果面向的最终用户

同一组数据在不同用户眼中的信息是不一样的。不同角色、岗位所关注的重点、立场不同，不同人所发现的信息、得出的结论也是不一样的。所以，在数据分析和图表设计时，面向不同的用户，展示的分析结果也应该不同。主要影响因素有以下一些。

◆ 最终用户是谁？他们有什么特点？

◆ 最终用户关注的是什么？

◆ 根据最终用户的关注点，提炼所需数据信息。

◆ 通过图表展示最终用户关注信息，最好可以帮助他们解决问题。

还是以图 1-6 所示的 NBA 球队常规赛数据为例，如果数据分析结果面向的是球迷，我们可能需要分析出"常规赛各球队的罚球率"、"常规赛各球队得分"等信息；如果面向的是球队教练，他想要引入一个球员，我们可能需要分析出引进球员条件是否符合该球队的风格。

1.3.3 设定数据分析的目的

当数据量足够大、数据维度足够多时，同一份数据，可能分析出非常多的结果。如果我们没有任何目的地去分析，最终得到什么样的结果是完全不确定的。

定义数据分析目标的过程需要站在用户的角度和数据的角度进行综合分析从而进行构建，一方面需要考虑用户如何更简单的分析、理解数据从而提高决策效率；另一方面需要考虑数据本身如何更加精准，让用户一目了然。

1.3.4 选择合适的图表类型

图表是展示数据分析结果的最佳方式之一，在完成数据分析之后，就应该非常明确地知道我们需要使用图表来展示什么样的数据关系，然后根据数据关系选择合适的图表类型即可。

至于如何选择合适的图表类型，可以参照图 1-7 所示的方法，在本书的图表部分也会进行详细讲解。

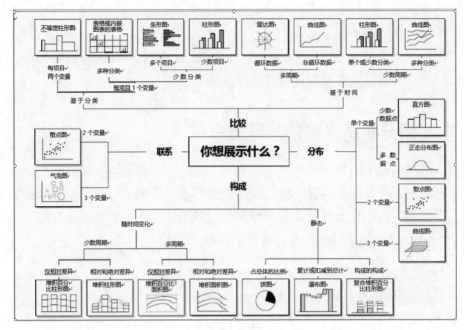

图 1-7　图表类型选择指南

1.3.5　最后细化图表细节

细化图表细节的目的，无外乎美化图表和使图表展示数据更清晰两种目的。如果在数据分析之前，就开始了图表细节的处理，可以说是本末倒置。

对于数据分析来说，在数据分析过程中，图表应该"因陋就简"，能够初步表达出数据分析的结论即可。至于细节上的处理，完全可以在制作数据分析报告时进行。

第2章
用图表分析数据，必会这些操作

在 Excel 中，数据并不是只能以表格的形式展示，还可以通过图表以更加直观的方式将枯燥的数值、数据图形化，从而更好地进行数据分析操作。对于初涉图表的新用户而言，要想更好地利用图表来达到分析数据的目的，需要掌握一些必要的基础操作，这些内容就是本章中介绍的重点。

|本|章|要|点|

· 正确认识图表
· 图表的简单编辑操作
· 图表的外观样式设计
· 了解动态图表

2.1 正确认识图表

图表是 Excel 数据的一种特殊表现形式，也是数据分析中的一种重要工具，在使用图表之前，必须正确认识 Excel 中的图表，主要包括图表的组成部分、图表与数据之间的关系以及创建图表的方法。

2.1.1 图表的组成部分

Excel 中的图表类型有很多，不同类别的图表默认具有不同的组成部分，但也有一些是相同的，如图表区、绘图区、数据系列和数据标签等。如图 2-1 所示为一个比较完整的柱形图。

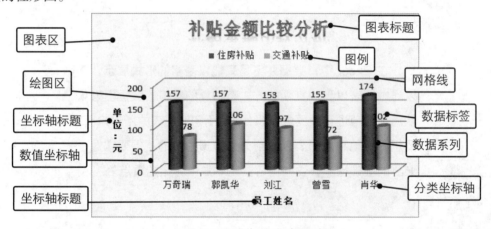

图 2-1 图表的基本组成

图表各组成部分的作用分别如下。

◆ **图表标题**：对当前图表展示的数据进行简要的说明，通常要求从图表标题中可以看出图表的功能或图表要表达的中心思想。

◆ **图表区**：相当于图表的画布，图表中的其他所有元素都包含在图表区以内，选择图表区可激活"图表工具"选项卡组。

◆ **绘图区**：表中数据以图形方式出现的区域，也是图表中最重要的部分，没有绘图区的图表不能称为真正的图表。

◆ **数据系列**：根据数据源中的数据绘制到图表中的数据点。

◆ **图例**：用于标识当前图表中各数据系列代表的意义，通常在图表中具有两个或两个以上数据系列时才使用图例项。

◆ **网格线**：用于辅助查看数据系列的数据大小关系。

◆ **数据标签**：在每个数据点上显示的代表当前数据点数值大小的说明性文本。

◆ **数值坐标轴**：用于显示数据系列对应的数值刻度。

◆ **分类坐标轴**：用于显示数据系列对应的分类名称。

◆ **坐标轴标题**：对当前坐标轴显示内容的简要说明。

2.1.2 图表与数据之间的关系

在 Excel 中，系统提供的图表类型有很多，在利用图表分析数据之前，有必要了解清楚图表与数据之间的关系，才能选择正确的图表来展示数据结果。那么，Excel 中各种图表与数据之间的关系到底是怎样的呢？具体如表 2-1 所示。

表 2-1 不同关系对应的图表类型

数据关系	对应图表	图表的作用
比较关系	柱形图	柱形图用于显示一段时间内的数据变化或显示各项数据之间的比较情况。由于柱形图可以通过数量来表现数据之间的差异，因此被广泛地应用于时间序列数据和频率分布数据的分析
	条形图	条形图也是用于显示各项数据之间的比较情况，但它弱化了时间的变化，偏重于比较数量大小
趋势关系	折线图	折线图是以折线的方式展示某一时间段的相关类别数据的变化趋势，强调时间性和变动率，适用于显示与分析在相等时间段内的数据趋势
	面积图	面积图主要是以面积的大小来显示数据随时间而变化的趋势，也可表示所有数据的总值趋势
占比关系	饼图	饼图一般用于展示总和为100%的各项数据的占比关系，该图表类型只能对一列数据进行比较分析
	圆环图	包含多列目标数据的占比分析，可以使用系统提供的圆环图来详细说明数据的比例关系。圆环图由一个或者多个同心的圆环组成，每个圆环表示一个数据系列，并划分为多个环形段，每个环形段的长度代表一个数据值在相应数据系列中所占的比例。此外，在表格中从上到下的数据记录顺序，在圆环图中对应从内到外的圆环
其他关系	雷达图	在对同一对象的多个指标进行描述和分析时，可选用该类型的图表，使阅读者能同时对多个指标的状况和发展趋势一目了然
	XY散点图	XY散点图有散点图和气泡图两种子类型，其中，散点图将沿横坐标（X轴）方向显示的一组数值数据和沿纵坐标轴（Y轴）方向显示的另一组数值数据合并到单一数据点，并按不均匀的间隔或簇显示出来，常用于比较成对的数据，或显示独立的数据点之间的关系
	气泡图	气泡图是散点图的变体，因此，其要求的数据排列方式与散点图一样，即确定一行或一列表示X数值，在其相邻的一列表示相应的Y轴数值。在气泡图中，以气泡代替数据点，气泡的大小表示另一个数据维度，所以气泡图比较的是成组的三个数

续表

数据关系	对应图表	图表的作用
其他关系	股价图	股价图主要用于展示股票价格的波动情况，若要在工作表中使用股价图，其数据的组织方式非常重要，必须严格按照每种图表类型要求的顺序来排列
	旭日图	旭日图非常适合显示分层数据，并将层次结构的每个级别均通过一个环或圆形表示，最内层的圆表示层次结构的顶级（不含任何分层数据的旭日图与圆环图类似）。若具有多个级别类别的旭日图，则强调外环与内环的关系
	树状图	树状图是一种直观、易读的图表，所以特别适合展示数据的比例和数据的层次关系。如分析一段时期内什么商品销量最大、哪种产品赚钱最多等
	箱形图	箱形图不仅能很好展示和分析数据分布区域和情况，而且还能直观的展示出一批数据的"四分值"、平均值以及离散值
	瀑布图	瀑布图是由麦肯锡顾问公司所独创的图表类型，因为形似瀑布流水而称之为瀑布图（Waterfall Plot）。此种图表采用绝对值与相对值结合的方式，适用于表达数个特定数值之间的数量变化关系

【注意】为了更好地帮助用户分析和统计数据，在 Excel 2016 中新增了旭日图、树状图、箱形图和瀑布图 4 种图表类型。

2.1.3 图表的创建

当确认要使用的图表类型后，就可以选择图表数据源进行图表的创建了。在 Excel 中，创建一个相对完整的图表还需要对图表标题、图表大小和图表位置进行同步设置。

【注意】①图表标题是传达图表内容的第一手信息，一定要谨慎和仔细，如果图表标题设置得不合适，不仅不能很好地传递信息，而且容易让他人曲解；

②图表大小不合适，会影响数据结果的分析，尤其对于数据多的图表，过小的图表会让数据挤在一起，不方便阅读；

③图表的位置要根据分析目的来确定，一般情况下是浮在数据表中，如果单独放大查看，可以将其移动到图表工作表中。

 [分析实例]——对比分析各季度的销售额

在"产品销售额统计"工作表中按季度统计了各产品的销售额情况，现在需要对比分析每种产品各季度的销售额情况。要实现这个目的，可以使用柱形图来完成，如图 2-2 所示为利用柱形图对比分析各产品各季度的销售额数据的前后效果对比。

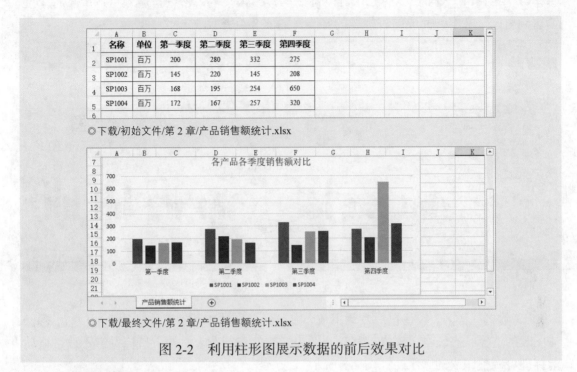

◎下载/初始文件/第 2 章/产品销售额统计.xlsx

◎下载/最终文件/第 2 章/产品销售额统计.xlsx

图 2-2　利用柱形图展示数据的前后效果对比

其具体的操作步骤如下。

Step01 打开素材文件，❶选择 A1:A5 和 C1:F5 单元格区域，❷单击"插入"选项卡，❸在"图表"组中单击"插入柱形图或条形图"下拉按钮，❹选择"簇状柱形图"选项即可创建一个二维的簇状柱形图，如图 2-3 所示。

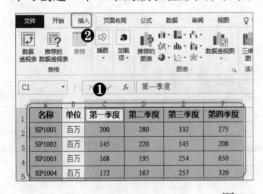

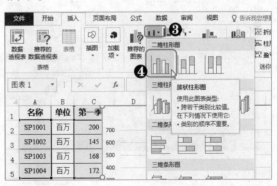

图 2-3　插入柱形图

⚡ **提个醒：使用推荐图表功能创建图表**

选择需要创建图表的数据源，在"插入"选项卡"图表"组中单击"推荐的图表"按钮，在打开的"插入图表"对话框中自动切换到"推荐的图表"选项卡，在该选项卡的左侧列表框中自动生成了一些推荐图表类型，选择需要的选项后，单击"确定"按钮即可。

Step02 ❶选择图表标题中的默认占位符文本，删除文本，❷重新输入"各产品各季度销售额对比"文本，完成图表标题的修改，如图 2-4 所示。

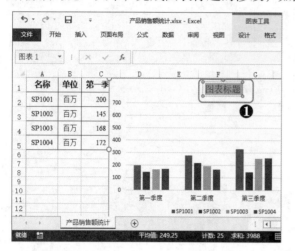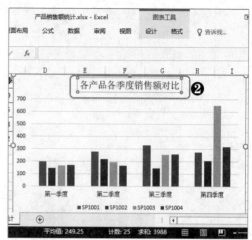

图 2-4　修改图表标题

Step03 ❶选择图表，按住鼠标左键不放，拖动鼠标将其移动到工作表的合适位置，❷保持图表的选择状态，将鼠标光标移动到图表右侧的控制点上，按下鼠标左键不放，拖动鼠标即可调整图表的大小，如图 2-5 所示。

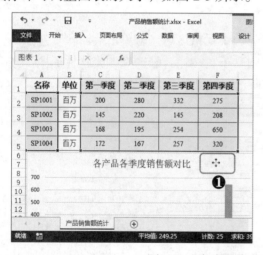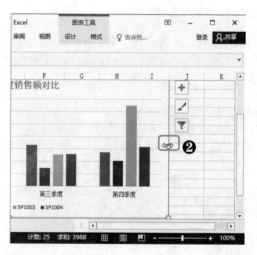

图 2-5　移动图表位置并调整图表大小

提个醒：调整图表大小的补充说明

　　选择需要调整大小的图表，用鼠标左键拖动图表左右两侧的控制点可调整图表的宽度；拖动图表上下两侧的控制点可调整图表的高度；拖动图表四角上的控制点可同时调整高度和宽度（拖动过程中按住【Shift】键不放可等比例调整图表的高度和宽度）。此外，如果工作表中有多个图表，要对同一张工作表中的多个图表设置相同的大小，此时可以选择多个图表，在"图表工具 格式"选项卡的"大小"组即可快速同时为多个图表设置统一大小。

知识延伸 *同一个图表中同时存在多种图表类型*

在用图表处理数据的过程中，有时候需要在一个图表中显示多种图表类型，即用组合图展示数据。如图 2-6 所示。"进货量"数据系列用柱形图图表类型展示，"进货价"数据系列用折线图图表类型展示。

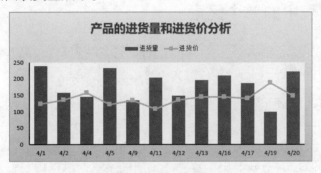

图 2-6　组合图表

在早期版本的 Excel 中，如果要在一个图表中创建两种类型的组合图，需要先以一种图表类型创建一个图表，再通过更改图表类型的方式，对另一个数据系列的图表类型进行单独修改，从而完成组合图的创建。

从 Excel 2013 开始，程序自带了创建组合图的功能，用户在创建图表的过程中即可分别对每个数据系列的图表类型进行设置，从而完成组合图的创建，其具体操作如下。

选择需要创建图表的数据源，打开"插入图表"对话框，在"所有图表"选项卡中选择"组合图"选项，在对话框的右侧即可单独为每个数据系列设置图表类型，完成后单击"确定"按钮即可，如图 2-7 所示。

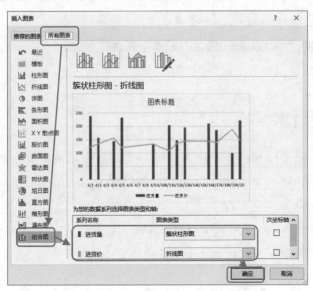

图 2-7　直接创建组合图表

提个醒：更改图表类型

选择创建的图表，单击"插入"选项卡"图表"组中的"对话框启动器"按钮，或者单击"图表工具 设计"选项卡"类型"组中的"更改图表类型"按钮，打开"更改图表类型"对话框，该对话框与"插入图表"对话框一样，用户可以根据需要重新选择需要的图表类型，单击"确定"按钮即可完成图表类型的更改操作。

2.2 图表的简单编辑操作

制作图表时很少是创建好后就完全符合实际的需求，当创建的图表显示效果不符合实际需求时，用户可以对图表进行各种编辑操作。

2.2.1 选择图表中的单个元素

图表中的组成元素有很多个，每一个元素都可以进行设置，只需要选择对应的组成部分即可进行相应的设置。

在图表中，有些组成元素比较容易选择，有些组成元素直接从图表上选择就显得比较麻烦，此时可以选择图表，单击"图表工具 格式"选项卡，在"当前所选内容"组中的"图表元素"下拉列表框中显示了当前所选择的图表组成元素，单击下拉列表框右侧的下拉按钮，在弹出的下拉列表中显示了当前图表中包含的组成要素，选择对应的选项即可精确选择目标对象，如图 2-8 所示。

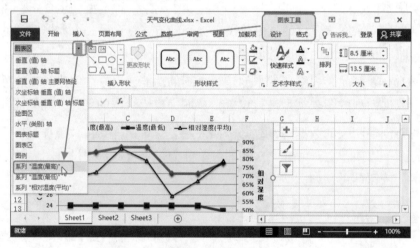

图 2-8　精确选择指定的图表元素

2.2.2 向图表中添加或删除数据系列

对于创建好的图表，用户还可以根据需要继续向图表中添加分析数据，也可以将图表中的某个数据系列删除。从而让用户更加灵活地进行数据分析。在 Excel 中，如果要向图表中添加数据，可以通过以下几种方法来实现。

◆ **拖动引用区域边界添加**：选择图表后，在数据源区域中被图表引用的单元格区域将显示一个蓝色边界，拖动此边界四周的控制点包含更多的单元格，即可达到添加数据的目的，如图 2-9 所示。

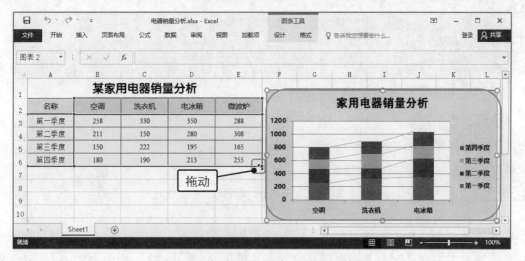

图 2-9　拖动引用区域边界添加数据

◆ **通过对话框添加**：选择图表，在"图表工具 设计"选项卡"数据"组中单击"选择数据"按钮打开"选择数据源"对话框，单击"添加"按钮，在打开的"编辑数据系列"对话框中分别设置"系列名称"和"系列值"引用的单元格区域，完成后依次单击"确定"按钮关闭所有对话框，如图 2-10 所示。

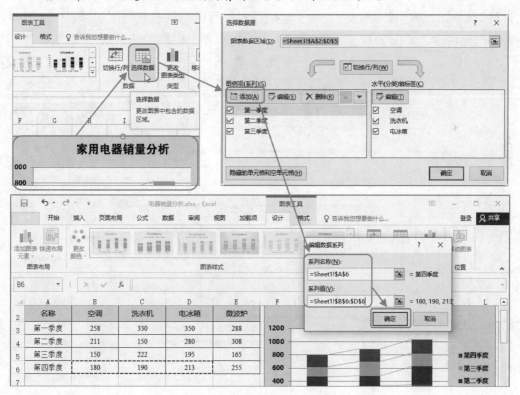

图 2-10　通过对话框添加数据

◆ **通过复制/粘贴的方法添加**：在表格中选择要添加到图表中的数据区域，按【Ctrl+C】组合键复制单元格区域，然后选择图表的绘图区，按【Ctrl+V】组合键即可将所复制的单元格区域数据添加到图表中。

向图表中添加数据的前两种方法同样适用于删除图表中的数据，在第一种方法中，只需要拖动蓝色边界，使其包含更少的单元格区域即可达到删除图表中数据的目的。在第二种方法中，只需要在打开的"选择数据源"对话框中选中要删除的数据系列，单击"删除"按钮即可。

此外，也可以在图表中选择要从图表中删除的数据系列，直接按【Delete】键，也可以将所选数据系列从图表中删除。

2.2.3 设置双坐标轴让数据显示更清晰

如果需要查看和分析的数据系列之间的数据差值过大，导致其中一个数据系列将不能清楚地显示出来，为了方便查看和分析每个数据系列的数据，就可以为指定的数据系列添加一个次要坐标轴。

 [分析实例]——让相对湿度数据的变化情况更清晰

某监测部门对未来一周内的天气情况进行了测定，并将其制作成了折线图，但其中包含的"相对湿度"与"温度"，由于单位不同，所以不能很好地展示，需要将其绘制到次要坐标轴中，如图 2-11 所示为在图表中添加次要坐标轴的前后效果对比。

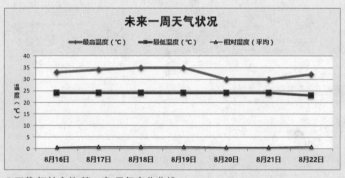

◎下载/初始文件/第 2 章/天气变化曲线.xlsx

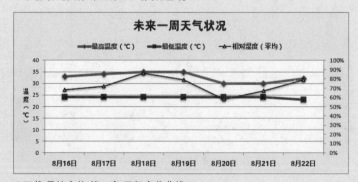

◎下载/最终文件/第 2 章/天气变化曲线.xlsx

图 2-11　在图表中添加次要坐标轴的前后效果对比

其具体的操作步骤如下。

Step01 打开素材文件，❶选择图表，在"相对湿度（平均）"数据系列上右击，❷在弹出的快捷菜单中选择"设置数据系列格式"命令，如图 2-12 所示。

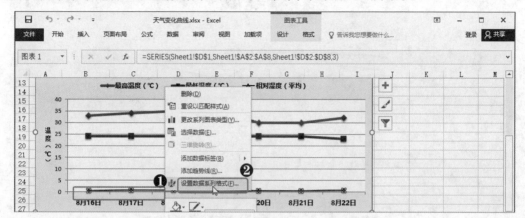

图 2-12　选择"设置数据系列格式"命令

Step02 ❶在打开的"设置数据系列格式"任务窗格的"系列选项"栏下选中"次坐标轴"单选按钮，❷单击右上角的"关闭"按钮关闭任务窗格，完成整个操作，如图 2-13 所示。

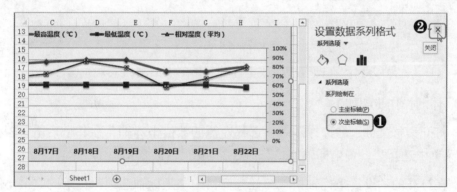

图 2-13　选中"次坐标轴"单选按钮

2.2.4　自定义坐标轴刻度

坐标轴的刻度默认情况下都是系统根据所有数据系列值的大小自动设置的，当数值的起点比较大，且大多数系列点都集中在一个"较小"的范围内时，自动设置的坐标轴刻度使得各数点的大小不容易清晰地分辨出来，此时就可以手动调整坐标轴的刻度。

 [分析实例]——调整天气变化分析图表的坐标轴刻度

在未来一周天气状况图表中，温度数据都是在 20℃的上方，相对湿度都是在 50%以上，但是默认情况下主要坐标轴和次要坐标轴都是从 0 开始的，以致所有的折线都在图表的上半部分显示。下面通过调整坐标轴的刻度，让折线图中的数据系列的变化更加明显，如图 2-14 所示为在图表中更改坐标轴起始刻度的前后效果对比。

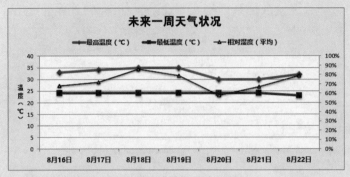

◎下载/初始文件/第 2 章/天气变化曲线 1.xlsx

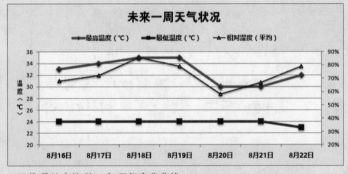

◎下载/最终文件/第 2 章/天气变化曲线 1.xlsx

图 2-14　在图表中更改坐标轴起始刻度的前后效果对比

其具体的操作步骤如下。

Step01 打开素材文件，❶选择图表，选择左侧的数值坐标轴，在其上右击，❷在弹出的快捷菜单中选择"设置坐标轴格式"命令，如图 2-15 所示。

Step02 在打开的"设置坐标轴格式"任务窗格的"坐标轴选项"栏下的"最小值"文本框中输入"20"，更改纵坐标轴的起始刻度，如图 2-16 所示。

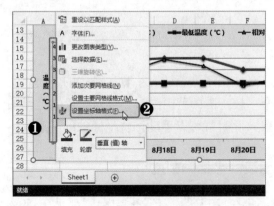

图 2-15　选择"设置坐标轴格式"命令

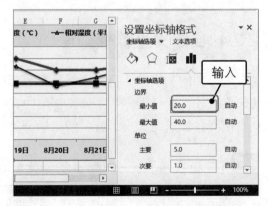

图 2-16　更改主要坐标轴的起始刻度

Step03 ❶在图表中选择次要坐标轴，❷在"设置坐标轴格式"任务窗格中设置最小值为 0.2，❸单击"关闭"按钮关闭任务窗格完成整个操作，如图 2-17 所示。

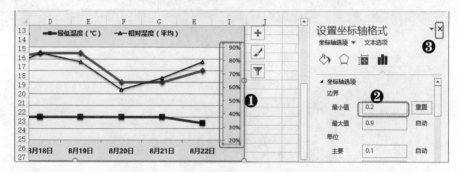

图 2-17 更改次要坐标轴的起始刻度

2.2.5 添加/隐藏网格线

网格线可以帮助读者更清楚地看出图表中数据的大小关系，但是一些情况下并不需要全部显示出来，可以只添加一些重要的网格线，而隐藏一些没必要显示的网格线。

与坐标轴相似，网格线也有横网格线和纵网格线两种，每种网格线也有主要、次要之分。在大多数图表中默认会有主要横网格线显示，如果要设置网格线的显示与否，可在选择图表后，单击"图表工具 设计"选项卡，在"图表布局"组中单击"添加图表元素"下拉按钮，在弹出的下拉菜单中选择"网格线"命令，在弹出的子菜单中选择需要添加或取消显示的网格线选项，如 2-18 左图所示。

也可以选择图表后，单击图表右上角的"图表元素"按钮，在弹出的面板中将鼠标光标移动到"网格线"复选框上，单击右侧出现的向右的三角形按钮，在打开的面板中选中需要显示的网格线对应的复选框即可，如 2-18 右图所示（如果要取消显示网格线，只需要取消选中对应的复选框即可）。

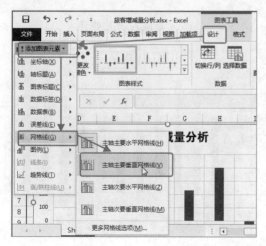
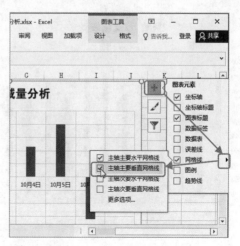

图 2-18 显示或隐藏网格线

【注意】图表中的网格线与其他线条一样，也可以设置其颜色、线型和粗细等，可以选择指定的网格线，在其上方右击，在弹出的快捷菜单中选择"设置网格线格式"命令，在打开的任务窗格的"线条"栏中即可设置主要网格线的线条颜色、粗细、样式等，如图 2-19 所示。

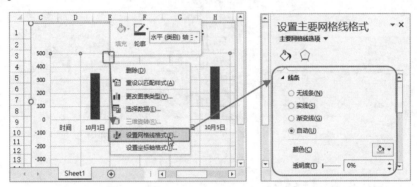

图 2-19　设置网格线的格式

2.2.6　快速将图表更改为更合适的类型

在创建图表的时候，要求选择合适的图表类型，才能更好地完成数据分析工作。但是图表的类型并不是创建后就固定了的，如果该类型的图表达不到预期效果，也可以对图表类型进行更改。

[分析实例]——更改图表类型展示数据

在月收入与支出统计图表中，用柱形图不能很好地对比当月收入与支出项，也不能很好地对比各月之间的收入与支出数据，现在需要将柱形图图表更改为堆积柱形图图表，如图 2-20 所示为更改图表类型的前后效果对比。

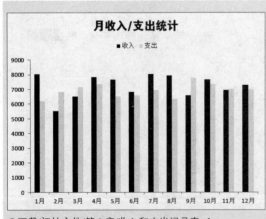

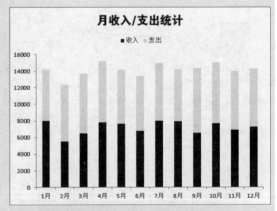

◎下载/初始文件/第 2 章/收入和支出记录表.xlsx　　　◎下载/最终文件/第 2 章/收入和支出记录表.xlsx

图 2-20　更改图表类型的前后效果对比

其具体的操作步骤如下。

Step01 打开素材文件，❶选择图表，❷单击"图表工具 设计"选项卡，❸在"类型"组中单击"更改图表类型"按钮，如图 2-21 所示（也可以选择图表后在图表上右击，在弹出的快捷菜单中选择"更改图表类型"命令）。

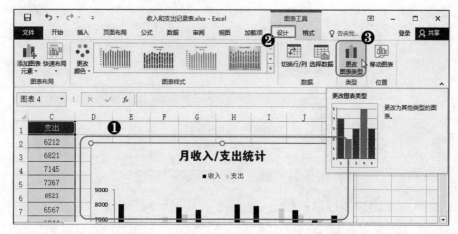

图 2-21　单击"更改图表类型"按钮

Step02 ❶在打开的"更改图表类型"对话框中选择"堆积柱形图"图表子类型，❷单击"确定"按钮完成图表类型的更改操作，如图 2-22 所示。

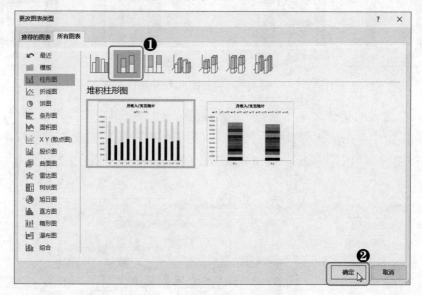

图 2-22　选择图表类型

2.2.7　切换图表的行列数据

图表数据源的行/列构成，决定了图表中图例项和分类项的显示方式，通过切换数据行/列，可以在不改变数据源结构的情况下，将图表中原来的分类项显示为图例项，或者将原来图例项显示为分类项，达到不同数据对比的目的。

如果要切换图表的行列数据，直接选择图表后，在"图表工具 设计"选项卡中单击"数据"组中的"切换行/列"按钮，如图 2-23 所示。

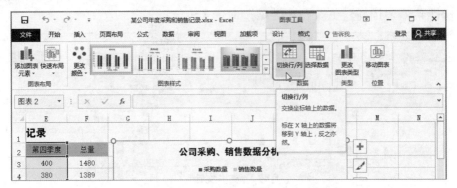

图 2-23　单击"切换行/列"按钮

如图 2-24 所示为切换行列数据前（左图）和切换行列数据后（右图）的对比效果。

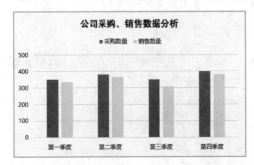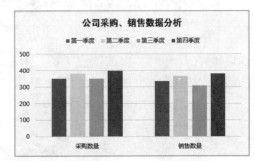

图 2-24　切换行列数据的图表对比效果

也可以在图表的快捷菜单中选择"选择数据"命令，或在"图表工具 设计"选项卡的"数据"组中单击"选择数据"按钮，在打开的"选择数据源"对话框中单击"切换行/列"按钮，再单击"确定"按钮完成数据的行列切换，如图 2-25 所示。

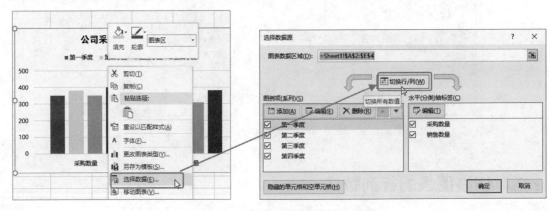

图 2-25　完成数据的行列切换

2.3 图表的外观样式设计

使用图表的目的是直观地向他人展示数据的关系，如果图表不够"美"，就没有几个人愿意来看，更不会仔细观察其中的数据。而要使图表变得美观、耐看，就需要对图表的外观样式进行设计和美化操作。

2.3.1 为图表应用内置样式

图表的内置样式主要从图表的布局、形状颜色、字体、字号等方面的视觉效果进行组合，每一种图表类型都有对应的内置样式，如图 2-26 所示为柱形图的内置图表样式。通过这些内置样式，用户可以轻松、方便地制作出具有专业水准的图表效果。

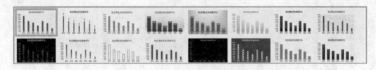

图 2-26　柱形图的内置图表样式

如果要为图表应用内置的图表样式，只需要选择图表后，在"图表工具 设计"选项卡"图表样式"组的列表框中选择需要的样式即可，如图 2-27 所示。

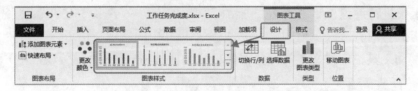

图 2-27　"图表工具 设计"选项卡的"图表样式"列表框

如图 2-28 所示，左图为系统默认创建的柱形图效果，右图为套用"样式 13"内置图表样式的效果。

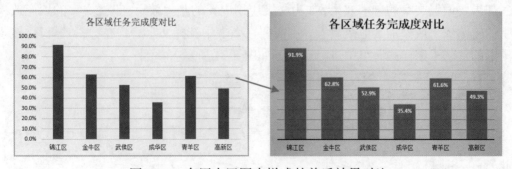

图 2-28　套用内置图表样式的前后效果对比

2.3.2 设置图表中的文字效果

图表中包含很多文字内容，它们对图表有一定的说明作用，如图表标题可以简要说明图表的功能；坐标轴标题可以说明坐标轴的意义；数据标签可以说明数据的大小等。为这些文字设置效果，也是图表美化的一部分。

如 2-29 左图所示的图表，其中的所有文字都是以默认格式显示的，而 2-29 右图所示的图表，其中的图表标题添加了艺术字效果，其他的纵坐标轴标题、坐标轴刻度文本都进行了字体设置，整个图表的层次从文本上就可以很好地区分开来。

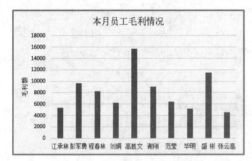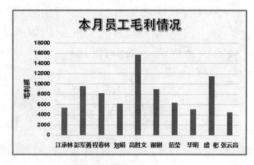

图 2-29　修改图表中文本的字体格式的前后效果对比

如果要设置字体、字号、字形、颜色等常规的文字格式，可以在"开始"选项卡的"字体"组中进行设置，如 2-30 左图所示；如果要设置文字的对齐方式，则需要在"开始"选项卡的"对齐方式"组中进行设置，如 2-30 中图所示；也可以选择文字后右击，在弹出的浮动工具栏中对文本的部分字体格式和段落格式进行设置，如 2-30 右图所示。

图 2-30　图表中普通文字格式的设置

如果要设置文字的艺术效果，如为文字应用内置的艺术效果、设置文字的填充效果、文字的轮廓效果或添加其他效果等，则需要在图表中选择文字后，在"图表工具 格式"选项卡的"艺术字样式"组中进行设置，如图 2-31 所示。

图 2-31　为图表中的普通文字添加艺术字效果

2.3.3 为图表形状设置填充效果

在图表中，图表区、绘图区、数据系列、图表标题以及坐标轴标题等形状都可以设置填充效果。虽然图表的内置样式中也包含对图表形状的填充效果设置，但是有时为了突出某部分，用户可能会对一些形状进行单独的填充效果设置，如用图片填充图表区、用形状样式更改某个数据项等。

对图表形状的填充效果进行设置主要有 5 种情况，分别是纯色填充、渐变填充、图片填充、纹理填充和图案填充。无论操作的对象是什么，其操作方法都一样，具体操作为：选择形状对象，单击"图表工具 格式"选项卡"形状样式"组中的"形状填充"下拉按钮，在弹出的下拉菜单中即可查看到相关的填充设置，如 2-32 左图所示。

也可以双击形状，或者选择形状后右击，在弹出的快捷菜单中选择其设置格式的命令，或者直接按【Ctrl+1】组合键，即可打开对应的设置格式任务窗格，如 2-32 右图所示为通过双击数据系列打开的"设置数据系列格式"任务窗格，在其中的"填充与线条"选项卡中即可对形状的填充效果进行设置。

 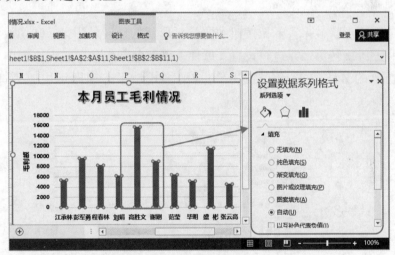

图 2-32　为图表的形状设置填充效果

> **知识延伸**　*形状效果的其他设置*

在"图表工具 格式"选项卡的"形状样式"组中还有一个列表框、"形状轮廓"下拉按钮和"形状效果"下拉按钮。

列表框中根据主题颜色和不同的填充、轮廓等效果组合的多种内置形状样式，用户选择图表中的形状后，直接在列表框中选择一种形状样式即可快速完成形状样式的更改，如图 2-33 所示。

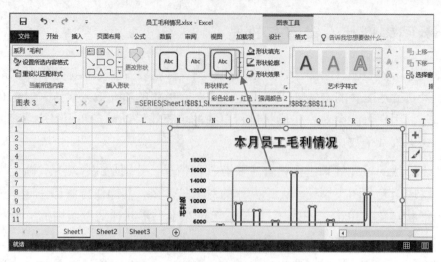

图 2-33　使用内置的形状样式

　　"形状轮廓"下拉按钮主要是对形状的轮廓颜色、粗细、虚线、箭头（主要对折线数据系列、趋势线等线条形状适用）进行设置，如图 2-34 所示。如果选择"无轮廓"选项则是取消轮廓效果。

　　"形状效果"下拉按钮主要是对形状的预设、阴影、映像、发光、柔化边缘、棱台和三维旋转等效果进行设置，每种效果都包含多种样式，如图 2-35 所示为"发光"效果包含的多种样式，直接选择对应的样式效果选项即可快速为选择的形状添加对应的效果。

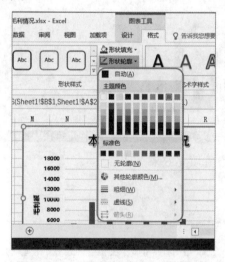

图 2-34　"形状轮廓"下拉菜单

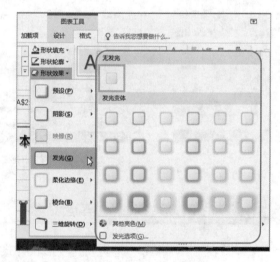

图 2-35　发光样式

2.3.4　改变图表的布局效果

　　图表的布局是指图表中显示哪些图表元素，以及各图表元素显示在图表的什么位置。默认的图表布局适合一些较为简单的图表，如果要制作复杂的图表，就需要对图表的布局进行适当的调整。

在本章前面已经介绍了手动添加需要的图表元素的相关方法，通过该方法可以手动对图表的布局进行自定义设置。此外，在 Excel 中，还为每种图表都内置了一些较为常用的布局样式，选择图表后，在"图表工具 设计"选项卡的"图表布局"组中单击"快速布局"下拉按钮，在弹出的下拉列表中即可查看到该图表类型内置的图表布局样式，选择一种布局样式即可快速更改图表的布局效果，如图 2-36 所示。

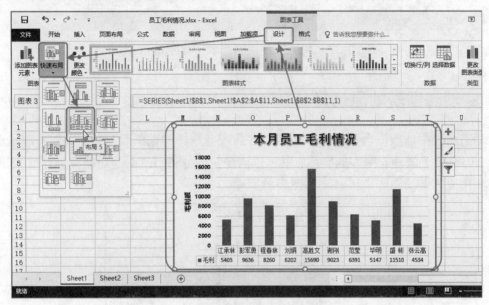

图 2-36　使用内置的图表布局样式

2.4　了解动态图表

所谓动态图表其实就是借助 Excel 的自动化计算功能，让用户能够通过简单的参数更改来使图表的数据发生变化，因此被称为交互式动态图表。要制作这类图表，首先必须要对这类图表有一些简单了解。

2.4.1　什么是动态图表

动态图表关键在于一个"动"字，它的"动"主要体现在根据不同的参数设置，会显示不同的图表内容。

如图 2-37 所示，在左图的图表右上角有一个下拉列表框，从中选择"5月"选项后，在右图中即可查看到图表自动显示 5 月份各店面的利润占比数据。这里的饼图就是一个动态图表，通过右上角的下拉列表框来动态控制图表中显示的数据。

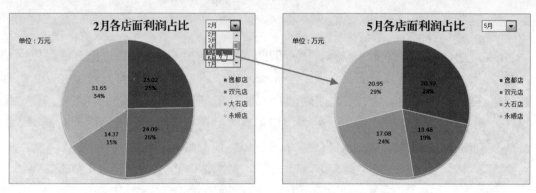

图 2-37　利用控件控制图表中显示的数据

2.4.2　动态图表的原理是什么

动态图表中的数据会随着用户所给的参数或者选择的选项而变化，表面看起来非常神奇，但只要了解动态图表的实质，就可以清楚它的原理。下面通过研究如图 2-38 所示的利润构成比例动态图来讲解动态图表的原理。

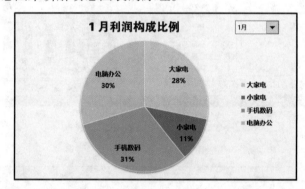

图 2-38　利润构成比例动态图

在图表中右击，选择"选择数据"命令，在打开的对话框中可以看到，图表引用的数据区域实际为工作表的 G2:K3 单元格区域，并非原始数据所在的 A2:E14 单元格区域，如图 2-39 所示。

图 2-39　查看图表的数据源

图表右上方是一个组合框控件，在组合框控件上右击，选择"设置控件格式"命令，在打开的对话框中可以看到该控件链接到 G3 单元格，如图 2-40 所示，即在控件中选择一个选项，对应的值对出现在 G3 单元格中。

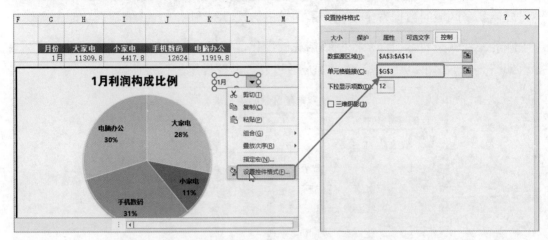

图 2-40 查看控件链接的单元格（控件控制的目标）

在通过追踪 G3 单元格的从属单元格可以发现，图表数据源的其他数据（H3:K3 单元格区域），都是通过 INDEX()函数，以 G3 单元格的值作为索引号，从原始数据区域中返回的，如图 2-41 所示。

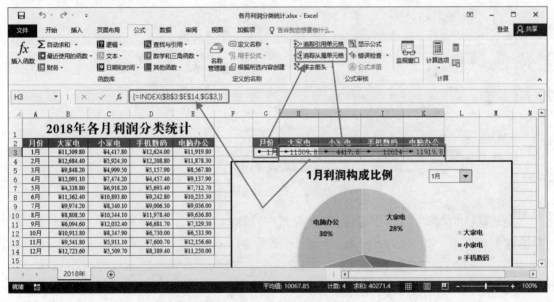

图 2-41 追踪从属单元格

经过以上的分析可以发现，当用户在图表右上角的组合框中选择数据时，G3 单元格的值会发生变化，从而导致 H3:K3 单元格区域数据发生变化，即图表的实际数据源发生变化。

因此，图表实际数据源的变化才是动态图表会变的根本原因。

2.4.3 利用控件制作动态图表的说明

动态图表之所以会根据用户的操作发生变化，因为是其实际数据源在变化。在 Excel 中，要使某个区域的数据发生变化，最简单的方法就是利用 Excel 的筛选功能来实现。

除此之外就是通过控件来控制数据源的变化，如组合框控件、复选框控件、滚动条等，如图 2-42 所示的动态图表效果就是通过复选框控件来进行控制的。

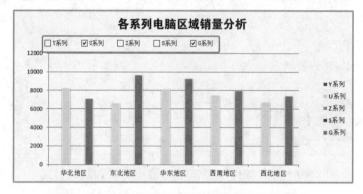

图 2-42　利用复选框控件控制动态图表效果

如果要添加控件，就必须通过"开发工具"选项卡"控件"组中的"插入"下拉按钮来完成，当单击该下拉按钮后，在弹出的下拉列表的"表单控件"栏中即可以选择需要的控件，如图 2-43 所示。

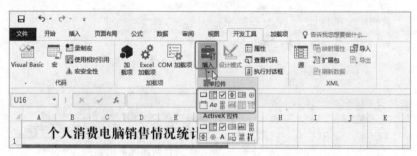

图 2-43　查看表单控件

但是默认情况下"开发工具"选项卡并没有显示，此时用户需要通过"Excel 选项"对话框手动添加，如图 2-44 所示。

图 2-44　在功能区显示"开发工具"选项卡

第3章
图表应用
之比较关系的数据分析

Excel 为我们提供了多种类型的专业统计图表。主要有柱形图、条形图、饼图、圆环图、折线图、面积图、XY（散点图）、气泡图和曲面图等类型。Excel 图表的各种应用方法和使用情况都不一样，而对于比较关系的数据分析，则常使用柱形图和条形图。本章将结合实际案例介绍柱形图和条形图在实际情况中的应用。

|本|章|要|点|

· 用柱形图对比分析数据
· 用条形图对比分析数据

3.1　用柱形图对比分析数据

在生活和工作中如果遇到需要分析各个部分数据的对比情况，用户可以使用柱形图分析工具，能够直接以图形的方式显示各个组成部分的对比情况。

3.1.1　在连续时间内容的数据对比

要分析在连续时间段内的数据变化情况，可以通过柱形图进行分析展示，如使用柱形图分析一段时间内一个或多个项目的销售情况。

[分析实例]——3 月部门日常费用分析

在超市水果销量表中记录了各月各种水果的销售量，为了方便调整超市的销售方向，需要对过去一年各种水果各月的销售量进行对比分析。在对比分析各月水果销售情况时，可以利用柱形图来呈现上一年各月水果的销售状态。

下面以在超市水果销售量统计表中将其销售情况以柱状图分析为例，讲解利用柱状图进行数据分析的具体操作。如图 3-1 所示为簇状柱状图分析数据前后效果对比。

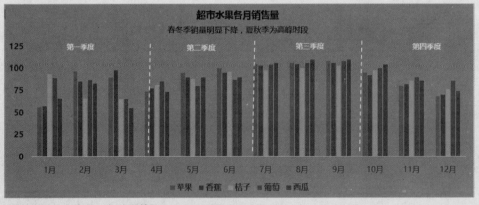

◎下载/初始文件/第 3 章/水果销量.xlsx

◎下载/最终文件/第 3 章/水果销量.xlsx

图 3-1　簇状柱状图分析数据前后效果对比

其具体操作步骤如下。

Step01 打开素材文件，❶选择数据表中数据区域，单击"插入"选项卡"图表"组的"插入柱形图或条形图"下拉按钮，❷在弹出的下拉菜单中选择"簇状柱形图"选项，如图3-2所示。

Step02 在创建的图表上单击图表标题文本框，在文本框中输入图表主标题和副标题，如图3-3所示。

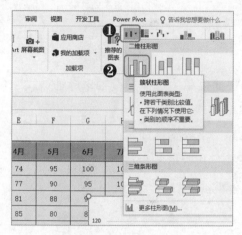

图3-2 插入图表

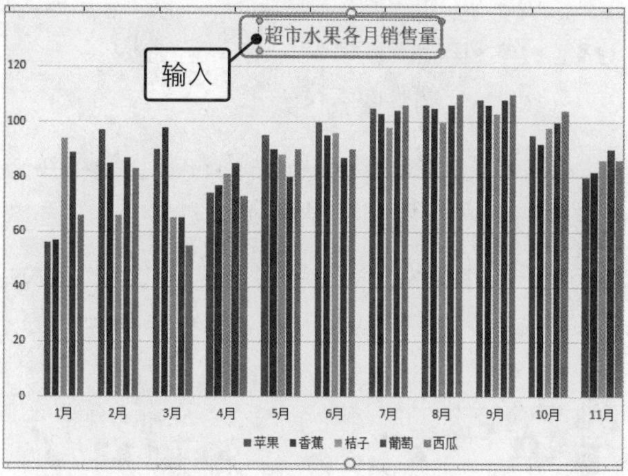

超市水果各月销售量

图3-3 设置图表标题

Step03 ❶选择图表标题，❷在"开始"选项卡"字体"组中设置标题的格式为"微软雅黑"、"加粗"、"14号"，字体颜色为黑色，如图3-4所示。

Step04 选择横坐标轴、纵坐标轴，在"开始"选项卡"字体"组中设置格式为"微软雅黑"、"12号"，字体颜色为黑色。设置图例为"微软雅黑"、"加粗""12号"格式，如图3-5所示。

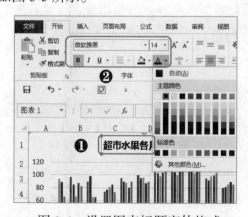

图3-4 设置图表标题字体格式

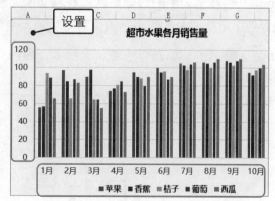

图3-5 设置图例以及坐标轴格式

Step05 选择图表，拖动图表边框上的控制柄调整图表区的大小，如图3-6所示。

Step06 在图表标题下添加副标题，在"开始"选项卡"字体"组中设置格式为"微软雅黑"、"12号"，如图3-7所示。

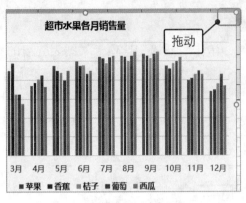

图 3-6　调整图表区大小

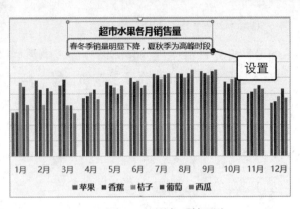

图 3-7　添加副标题

Step07 ❶选择图表纵坐标轴，右击，❷在弹出的快捷菜单中选择"设置坐标轴格式"命令，打开"设置坐标轴格式"窗格，如图 3-8 所示。

Step08 在打开的窗格中的"坐标轴选项"选项卡的"坐标轴选项"栏中的"主要"文本框中输入"25"，纵坐标则以 25 为单位显示，如图 3-9 所示。

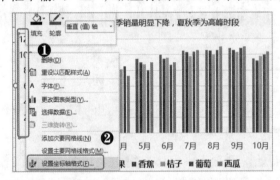

图 3-8　打开窗格

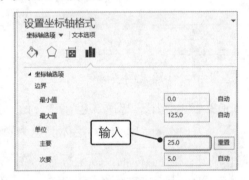

图 3-9　更改纵标轴格式

Step09 选择图表中的数据系列，在右侧的"设置数据系列格式"窗格的"系列选项"设置栏中更改"分类间距"值来调整数据系列的间距，如图 3-10 所示。

Step10 ❶单击"填充与线条"选项卡，❷在"填充"栏设置数据系列的填充颜色，如图 3-11 所示。

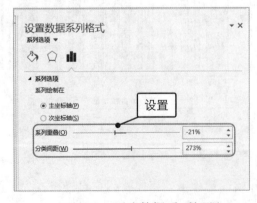

图 3-10　更改数据系列间距

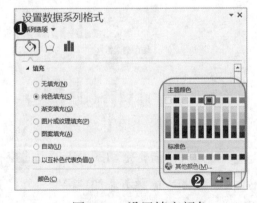

图 3-11　设置填充颜色

Step11 选择图表中的水平网格线，在右侧的"设置主要网格线格式"窗格的"填充与线条"选项卡的"线条"栏中设置"短划线类型"为短划线，如图 3-12 所示。

Step12 选择图表区，在窗格中的"填充与线条"选项卡的"填充"栏设置图表区的填充颜色为蓝色，如图 3-13 所示。

图 3-12　设置网格线格式

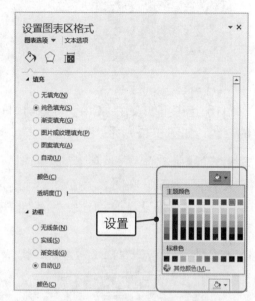

图 3-13　设置图表区填充颜色

Step13 ❶在"插入"选项卡的"插图"组中单击"形状"下拉按钮，❷在弹出的下拉菜单中选择"直线"选项，如图 3-14 所示。

Step14 在图表中的 3 月右侧拖动鼠标绘制直线，单击直线，在"设置形状格式"窗格中的"填充与线条"选项卡的"线条"栏设置线条颜色为黄色，如图 3-15 所示。

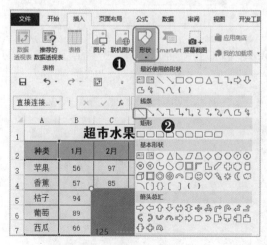

图 3-14　插入直线

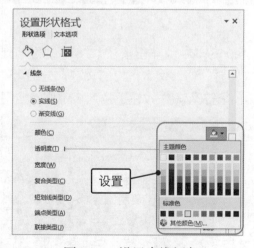

图 3-15　设置直线颜色

Step15 ❶在"线条"栏设置"短划线类型"为短划线，❷设置"宽度"为 1.5 磅，如图 3-16 所示。

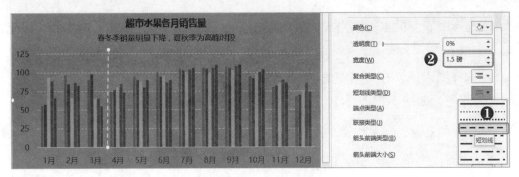

图 3-16　设置直线为短划线

Step16 选中直线按住【Ctrl】键拖动到 6 月、9 月右侧的合适位置，即可复制两个相同的直线，如图 3-17 所示。

Step17 ❶在"插入"选项卡的"插图"组中单击"形状"按钮，在弹出的列表中选择"文本框"选项。在图表上拖动绘制文本框，拖动到合适位置，在文本框中输入"第一季度"文本，❷设置其字体为"微软雅黑"、"加粗"、"11 号"，❸设置字体颜色为黄色，如图 3-18 所示。

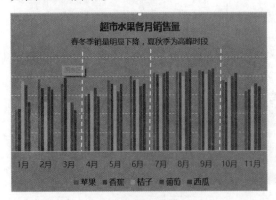

图 3-17　复制直线

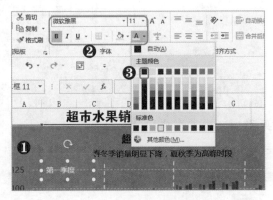

图 3-18　设置文字格式

Step18 选中文本框按住【Ctrl】键拖动到 3 条直线后的合适位置，即可复制 3 个相同的文本框，修改文本框内的文字，分别为"第二季度"、"第三季度"和"第四季度"。并在"图表元素"按钮下拉列表中取消"网格线"复选框，如图 3-19 所示。

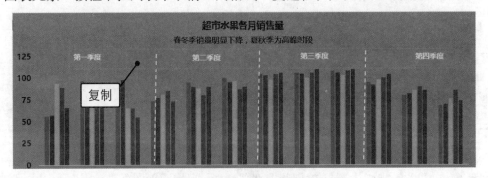

图 3-19　复制文本框并取消网格线

3.1.2 多指标数据整体的比较

在数据分析时，管理者不仅要着眼于数据的增减，而更应该通过数据关注内部结构的变化趋势。通常情况下，如果需要对多个指标数据进行整体比较，则可以使用堆积柱形图，能够直观地展示结果的变化情况。

 [分析实例]——公司营业结构分析

在电子产品销售表中记录了各季度电子产品的销售额，现在为了制定新的战略方针，需要通过堆积柱形图来分析各个电子产品各季度的变化情况，直观地显示公司各季度营收结构情况。

下面以在电子产品销售表中将其销售情况以堆积柱形图分析为例,讲解利用堆积柱形图进行数据分析的具体操作。如图 3-20 所示为公司各季度营收结构分析前后效果对比。

季度	电脑	iPod	手机	相机	游戏机	电视	总计
第一季度	14350	57890	35265	9920	10032	8800	136257
第二季度	15530	46842	35423	10320	9468	8500	126083
第三季度	20000	63421	40324	9500	9999	9946	153190
第四季度	15350	49560	27254	8700	9003	9000	118867

公司各类电子产品销售情况

◎下载/初始文件/第 3 章/电子产品销售.xlsx

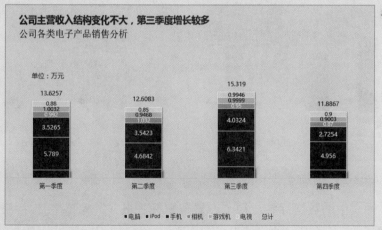

◎下载/最终文件/第 3 章/电子产品销售.xlsx

图 3-20 公司各季度营收结构分析前后效果对比

其具体操作步骤如下。

Step01 打开素材文件，❶选择数据表中的数据区域，单击"插入"选项卡"图表"组的"插入柱形图或条形图"下拉按钮，❷选择"堆积柱形图"选项，如图 3-21 所示。

Excel 数据处理与分析应用大全

Step02 调整图表的行和列，在"图表工具 设计"选项卡"数据"组中单击"切换行/列"按钮，如图 3-22 所示。

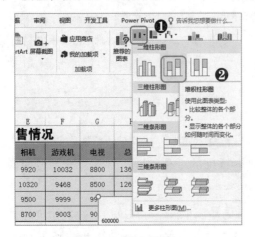

图 3-21　插入图表

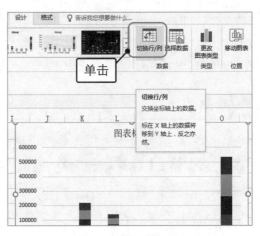

图 3-22　切换图表行/列

Step03 ❶选择图表总计数据系列，单击"图表元素"按钮，❷在打开的面板中选中"数据标签"复选框，为图表数据系列添加数据标签，如图 3-23 所示。

Step04 双击数据系列，打开"设置数据系列格式"窗格，在"填充与线条"选项卡的"填充"栏中选中"无填充"单选按钮，如图 3-24 所示。

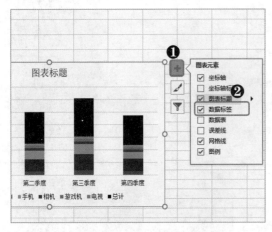

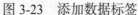

图 3-23　添加数据标签

图 3-24　设置数据系列格式

Step05 选择图表中的数据标签，在"设置数据标签格式"窗格中"标签选项"选项卡的"标签位置"栏中选中"轴内侧"单选按钮，使得数据标签贴近数据系列底部，如图 3-25 所示。

Step06 选择图表中的任意一个数据系列，❶打开"设置数据系列格式"窗格，在"填充与线条"选项卡的"填充"栏中单击"颜色"按钮，❷设置数据系列颜色为紫色，如图 3-26 所示。

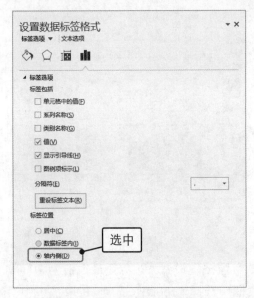

图 3-25 设置数据标签位置

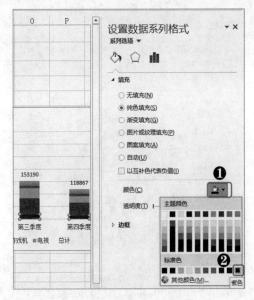

图 3-26 设置数据系列颜色

Step07 ❶打开"边框"栏，❷设置边框颜色为白色，❸设置宽度为 0.75 磅，如图 3-27 所示。

Step08 ❶单击"效果"选项卡，❷在"阴影"栏中单击"预设"下拉按钮，选择"右下斜偏移"选项，如图 3-28 所示。

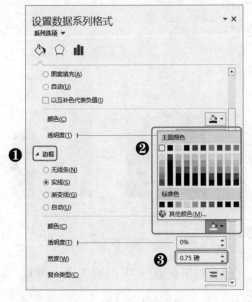

图 3-27 设置边框格式

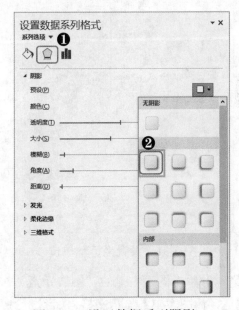

图 3-28 设置数据系列阴影

Step09 在"阴影"栏设置"模糊"为 2 磅，"距离"为 1 磅，"角度"为 45°，"透明度"为 60%，如图 3-29 所示。

Step10 使用同样的方法依次为其余数据系列添加相同的阴影效果和边框，设置不同深浅的颜色，如图 3-30 所示。

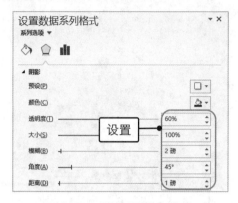

图 3-29　设置阴影参数

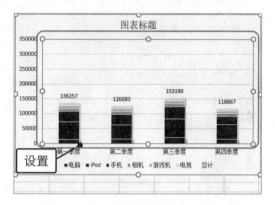

图 3-30　设置其余数据系列格式

Step11 ❶选择纵坐标轴，在"设置坐标轴格式"窗格中设置"边界"最大值为 200000，刻度单位为 40000，❷在"显示单位"下拉列表框中选择"10000"选项，❸取消选中"在图表上显示刻度单位标签"复选框，设置数据以万为单位，如图 3-31 所示。

Step12 按【Delete】键删除纵坐标轴，如图 3-32 所示。

图 3-31　设置坐标轴单位

图 3-32　删除纵坐标轴

Step13 ❶单击图表右侧的"图表元素"按钮，❷在打开的面板中取消选中"网格线"复选框，让图表中不显示网格，如图 3-33 所示。

Step14 选择图表标题，将其拖动到左上方，在文本框中输入主标题和副标题，在"开始"选项卡的"字体"组中设置标题格式，主标题格式为"微软雅黑"、"加粗"、"14 号"、"黑色"，副标题格式为"宋体"、"14 号"，如图 3-34 所示。

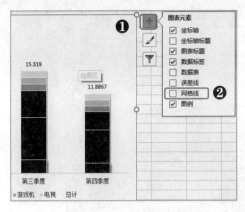

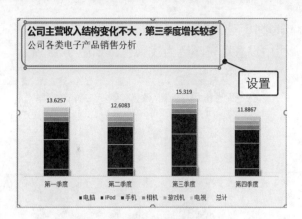

图 3-33　取消网格线显示　　　　　　图 3-34　设置图表标题

Step15 ❶单击图表右侧的"图表元素"按钮，❷在打开的列表框中选择"坐标轴标题/主要横坐标轴"选项，如图 3-35 所示。

Step16 拖动添加的横坐标轴文本框到图表标题下方合适位置，在文本框中输入"单位：万元"，并设置字体格式为"微软雅黑"，如图 3-36 所示。

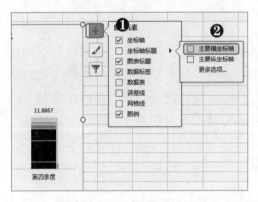

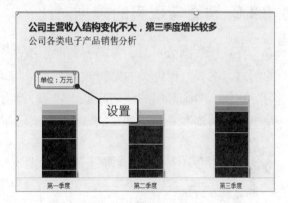

图 3-35　添加图表元素　　　　　　　图 3-36　输入文本

Step17 ❶依次选择图表数据系列，单击"图表元素"按钮，❷在面板中选中"数据标签"复选框，为数据系列添加数据标签，❸将数据标签字体格式设置为"微软雅黑"、"9号"，并设置合适的颜色，如图 3-37 所示。

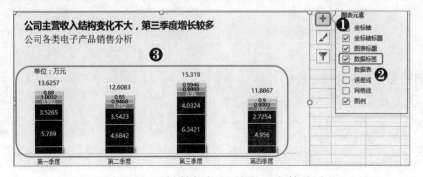

图 3-37　添加数据标签并设置字体格式

Step18 选择图表，在打开的"设置图表区格式"窗格"填充与线条"选项卡的"填充"栏中设置填充颜色为浅紫色，如图 3-38 所示。

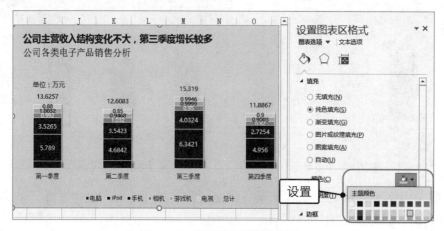

图 3-38　设置图表填充颜色

3.1.3　理想与现实的数据对比

在进行数据分析时，常需要将两个或多个数据进行对比，从而获得更直接、更准确的信息。例如，销售员的销售额和行业平均销售额比较、某个学生的某科成绩与该科平均分比较、两个部门的业绩高低比较等。为了更直接地反映比较结果，突出比较双方的差距，让阅读者一目了然，通常使用柱形图嵌套的方法进行分析展示。

 [分析实例]——销售任务完成情况分析

在销售任务统计表中记录了上半年各月的计划销售量与实际销售量，现需要使用柱形图嵌套方法分析数据表格。

下面以分析销售任务完成情况为例，讲解使用柱形图嵌套的具体操作。如图 3-39 所示为销售任务完成情况分析前后效果对比。

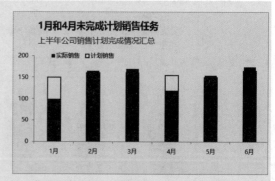

◎下载/初始文件/第 3 章/销售任务统计.xlsx　　　◎下载/最终文件/第 3 章/销售任务统计.xlsx

图 3-39　销售任务完成情况分析前后效果对比

其具体操作步骤如下。

Step01 打开素材文件，选择数据表中的数据区域，单击"插入"选项卡"图表"组的"插入柱形图或条形图"下拉按钮，在弹出的下拉菜单中选择"簇状柱形图"选项，如图 3-40 所示。

Step02 ❶单击"图表标题"文本框，添加标题文字。❷设置"1 月和 4 月未完成计划销售任务"格式为"微软雅黑"、"加粗"、"14 号"、"黑色"，❸设置"上半年公司销售计划完成情况汇总"格式为"微软雅黑"、"12 号"，如图 3-41 所示。

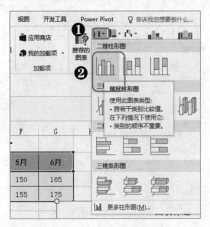

图 3-40　插入图表

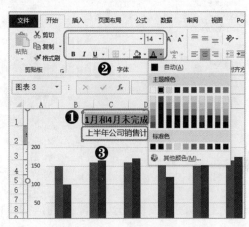

图 3-41　添加标题

Step03 ❶双击图表，打开"设置图表区格式"窗格，❷在"填充与线条"选项卡"填充"栏中设置图表填充颜色为蓝色，如图 3-42 所示。

Step04 在图表中选择"计划销售"数据系列，❶在"设置数据系列格式"窗格"系列选项"选项卡中选中"次坐标轴"单选按钮，❷设置"分类间距"为 200%，如图 3-43所示。

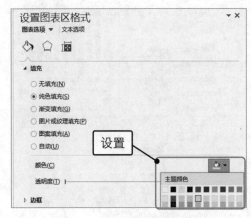

图 3-42　设置图表填充颜色

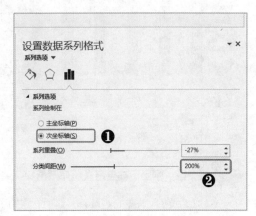

图 3-43　设置数据系列格式

Step05 ❶单击"填充与线条"选项卡，❷在"填充"栏选中"无填充"单选按钮，❸在"边框"栏将颜色设置为黑色，❹设置"宽度"为 1.5 磅，如图 3-44 所示。

Step06 在图表中分别选择主要纵坐标轴和次要纵坐标轴，在"设置坐标轴格式"窗格"坐标轴选项"选项卡中设置"最大值"为 200，"单位"为 50，如图 3-45 所示。

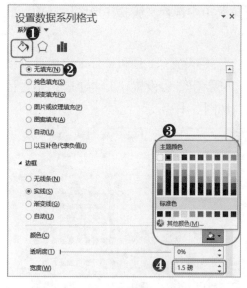

图 3-44 设置数据系列边框

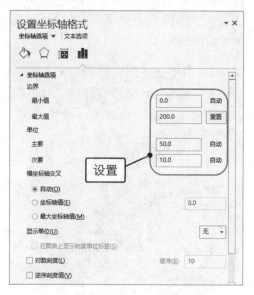

图 3-45 设置坐标轴格式

Step07 选择图表右侧的次要坐标轴，按【Delete】键删除，如图 3-46 所示。

Step08 选择横坐标轴，❶在"设置坐标轴格式"窗格"填充与线条"选项卡"线条"栏选中"实线"单选按钮，❷设置颜色为灰色（134,134,134），如图 3-47 所示。

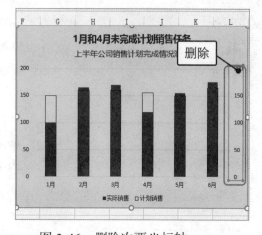

图 3-46 删除次要坐标轴

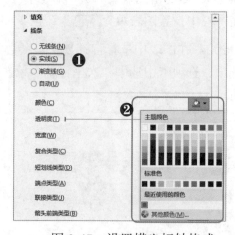

图 3-47 设置横坐标轴格式

> **提个醒：横坐标轴自定义填充颜色**
>
> 在"线条"栏单击"颜色"选项右侧的"轮廓颜色"下拉按钮，选择"其他颜色"命令，在打开的"颜色"对话框中，单击"自定义"选项卡即可输入具体的 RGB 数值进行设置。

Step09 单击"坐标轴选项"选项卡，在"刻度线"栏中设置刻度线标记的显示方式为"外部"选项，如图 3-48 所示。

Step10 用相同的方法设置纵坐标轴,并将"实际销售"数据系列的填充颜色设为深红色,如图 3-49 所示。

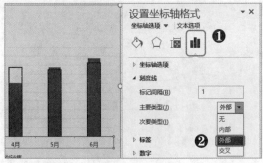

图 3-48　设置刻度线　　　　　图 3-49　设置数据系列填充颜色

Step11 ❶单击"图表元素"按钮,❷在面板中取消选中"网格线"复选框,如图 3-50 所示。

Step12 设置图例和坐标轴的文字格式为"微软雅黑"、"黑色",并将图例拖动到左上方,如图 3-51 所示。

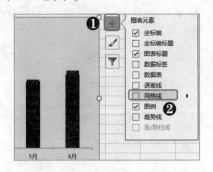

图 3-50　取消网格线　　　　　图 3-51　设置图例和坐标轴文字格式

3.1.4　用三维圆柱体对比数据的使用情况

在进行销售计划制订时,管理者必须先了解商品的库存情况,才能了解当前行业的销售情况,从而决定下一步的经营措施。因此,在销售活动中,对库存的监控是非常重要的一项工作。而通常情况下,可以使用三维圆柱体图表来表现库容情况,方便对比数据的使用情况。

 [分析实例]——公司库存统计分析

在公司成品油库存统计表中记录了 3 月公司各个油库的库容能力与实际库容,为了制定更准确有效的经营措施,现需要使用形象化的三维圆柱体图表来展示公司油库的具体情况。

下面以展示成品油库存统计表为例,讲解使用三维圆柱体图表的具体操作。如图3-52 所示为使用三维圆柱体图表展示前后效果对比。

◎下载/初始文件/第 3 章/成品油库存.xlsx

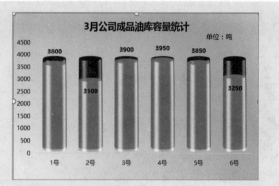
◎下载/最终文件/第 3 章/成品油库存.xlsx

图 3-52　三维圆柱体图表展示前后效果对比

其具体操作步骤如下。

Step01 打开素材文件,❶选择数据表中的数据区域,❷单击"插入"选项卡"图表"组的"插入柱形图或条形图"下拉按钮,在弹出的下拉菜单中选择"簇状柱形图"选项,如图 3-53 所示。

Step02 ❶在"插入"选项卡"插图"组中单击"形状"下拉按钮,❷在下拉列表中选择"椭圆"选项,按住【Shift】键在工作表中绘制一个椭圆形,如图 3-54 所示。

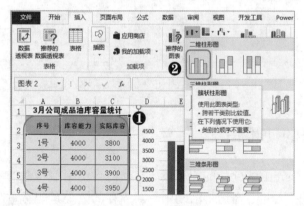

图 3-53　插入图表

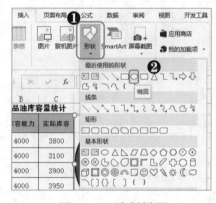

图 3-54　绘制椭圆

Step03 ❶右击绘制的椭圆形,❷在弹出的快捷菜单中选择"设置形状格式"命令打开"设置形状格式"窗格,如图 3-55 所示。

Step04 ❶在打开的窗格中单击"填充与线条"选项卡,❷在"填充"栏选中"纯色填充"单选按钮,❸设置椭圆形的填充颜色为紫色,❹在"线条"栏选中"无线条"单选按钮,取消椭圆形的边框线,如图 3-56 所示。

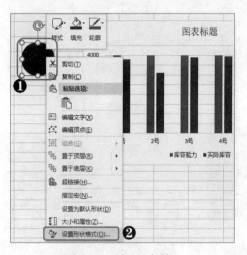

图 3-55　打开窗格

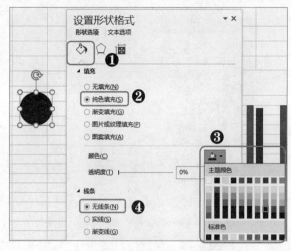

图 3-56　设置边框与填充颜色

Step05 ❶单击"效果"选项卡，❷展开"三维格式"栏，❸添加并设置顶部棱台的高度和宽度值分别为 250 磅和 1 磅，如图 3-57 所示。

Step06 ❶展开"三维旋转"栏，❷设置椭圆形的三维旋转角度，如图 3-58 所示。

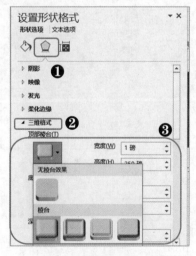

图 3-57　添加顶部棱台效果

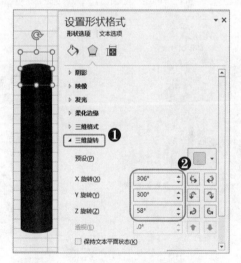

图 3-58　设置三维旋转角度

Step07 ❶单击"三维格式"栏的"材料"下拉按钮，❷在下拉列表中选择"塑料效果"选项，设置材料为塑料，如图 3-59 所示。

Step08 ❶单击"三维格式"栏的"光源"下拉按钮，❷在下拉列表中选择"对比"选项，设置其光源效果，如图 3-60 所示。

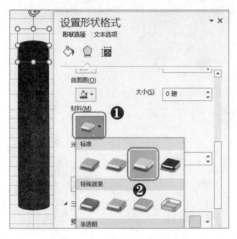

图 3-59　设置材料效果

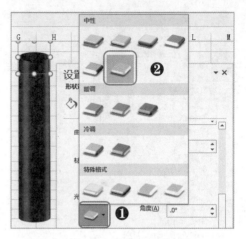

图 3-60　设置光源效果

Step09 ❶单击"三维格式"栏的"深度"下拉按钮，❷设置颜色为白色，❸设置大小为 6 磅，如图 3-61 所示。

Step10 复制绘制的椭圆形，设置"深度"的大小值为 0 磅。在"填充与线条"选项卡中设置填充颜色和透明度值，如图 3-62 所示。

图 3-61　设置图形深度

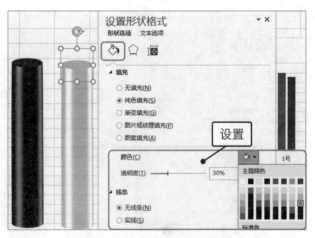

图 3-62　复制图形并设置格式

Step11 将绘制的两个圆柱体复制粘贴到图表中的"库容能力"和"实际库容"数据系列中。如图 3-63 所示。

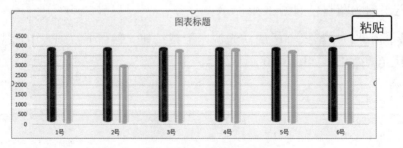

图 3-63　将图形粘贴到数据系列中

Step12 ❶选择图表中的"实际库容"数据系列，❷在"设置数据系列格式"窗格的"系列选项"选项卡中设置"系列重叠"值为100%，"分类间距"值为10%，如图3-64所示。

Step13 选择图表，❶在窗格中单击"填充与线条"选项卡，❷在"填充"栏选中"渐变填充"单选按钮，❸设置渐变颜色为浅蓝色，如图3-65所示。

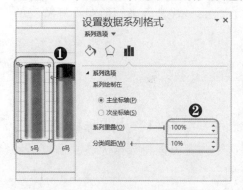

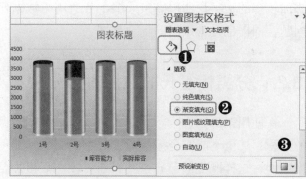

图 3-64　设置数据系列格式　　　　图 3-65　对图表区进行填充

Step14 ❶设置渐变的类型为射线，❷方向为"从左下角"，如图3-66所示。

Step15 ❶选择图表中的图表标题文本框，在文本框中输入图表标题，❷并对标题文字和坐标轴数字格式进行设置，删除图例，如图3-67所示。

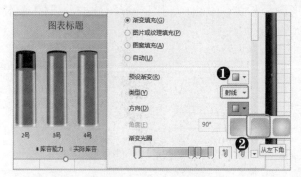

图 3-66　设置渐变方向和类型　　　　图 3-67　添加图表标题设置格式

Step16 选择"实际库存"数据系列，添加数据标签，并调整标签格式和位置，添加横坐标轴设置数据单位，如图3-68所示。

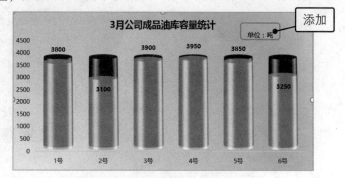

图 3-68　添加数据标签并调整

3.2 用条形图对比分析数据

条形图与柱形图相似,用户可以将其看作是柱形图旋转 90° 得到的。从布局上来说,条形图为横向排列,在很多时候有其独特的优势,如数据标签较多或者需要在数据点上添加较多的文字说明等。条形图十分适用于数据比较,能够解决许多柱形图不好解决的问题,同样也是常用的一种数据图表。

3.2.1 分类标签长的数据对比分析

在使用条形图进行数据对比分析时,可能会遇到分类标签较长,使得标签占据较大的面积,甚至不能完全显示标签文字的情况。处理这类问题可以将数据标签放于数据系列中间,这样既能够节省空间,还可使图表更加合理。

[分析实例]——网购差评原因统计

在网购差评原因统计表中记录了出现差评原因的数据占比情况,为了降低商品的差评率,现需要对差评的原因进行分析展示。

下面以将网购差评原因统计表用条形图分析为例,讲解利用条形图数据分析的具体操作。如图 3-69 所示为条形图分析数据前后效果对比。

◎下载/初始文件/第 3 章/网购差评原因统计.xlsx

◎下载/最终文件/第 3 章/网购差评原因统计.xlsx

图 3-69 条形图分析数据前后效果对比

其具体操作步骤如下。

Step01 打开素材文件，选择数据表中的数据区域，❶单击"插入柱形图或条形图"下拉按钮，❷选择"簇状条形图"选项，如图 3-70 所示。

Step02 选择纵坐标轴，按【Delete】键将其删除，❶选择工作表中的数据，按【Ctrl+C】组合键复制选择的数据，❷选择图表后，按【Ctrl+V】组合键粘贴向图表中添加一个新的数据系列，如图 3-71 所示。

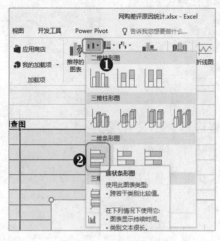

图 3-70　插入图表

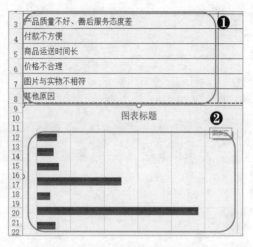

图 3-71　添加数据系列

Step03 选择新添加的数据系列，❶单击"图表元素"按钮，❷选择"数据标签/轴内侧"选项，如图 3-72 所示。

Step04 ❶双击该数据系列，在打开的窗格中单击"标签选项"选项卡，❷选中"类别名称"复选框，❸取消选中"值"和"显示引导线"复选框，如图 3-73 所示。

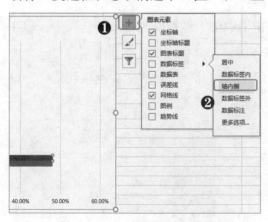

图 3-72　添加数据标签

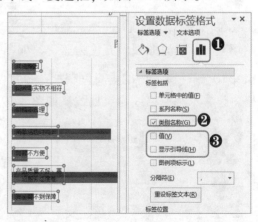

图 3-73　使数据只显示分类名称

Step05 选择新添加的数据系列，❶在窗格中单击"填充与线条"选项卡，❷在"填充"栏选中"无填充"单选按钮，如图 3-74 所示。

Step06 ❶选择原有的数据系列，❷在打开的窗格中的"系列选项"选项卡中设置"分类间距"值，如图 3-75 所示。

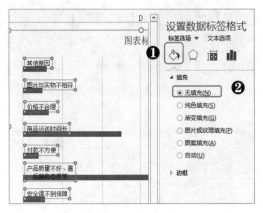

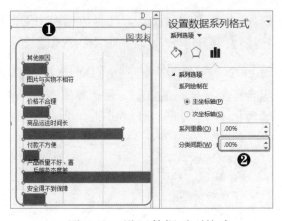

图 3-74　选中"无填充"　　　　　　图 3-75　设置数据系列格式

Step07 选择数据标签，拖动边框上的控制柄调整边框大小使标签文字完全显示，并修改标签文字字体格式，统一标签的对齐方式，如图 3-76 所示。

Step08 选择显示的数据系列，为其添加数据标签并设置其位置，如图 3-77 所示。

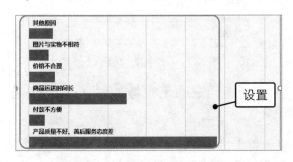

图 3-76　调整标签文字格式　　　　　　图 3-77　添加数据标签

Step09 选择图表，❶在"设置图表区格式"窗格中单击"填充与线条"选项卡，❷在"填充"栏设置图表填充色为蓝色，如图 3-78 所示。

Step10 删除图表中的垂直网格线，添加水平网格线，并在"设置主要网格线格式"窗格中设置水平网格线为点划线，如图 3-79 所示。

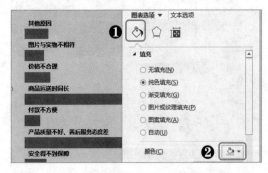

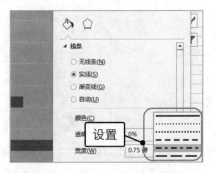

图 3-78　为图表添加背景色　　　　　　图 3-79　设置水平网格线格式

Step011 选择图表标题文本框，在文本框中输入图表标题，设置标题文字和横坐标数字格式，如图 3-80 所示。

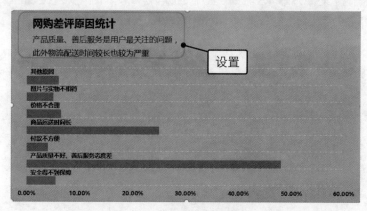

图 3-80　添加标题并修改文字格式

3.2.2　对称条形图的应用

面对不同的数据和场合应使用不同的图表类型，直观展示数据的大小是应用图表的基本要求。在对比两组数据时，大家想到的几乎都是普通的柱形图或条形图。普通的柱形图和条形图表现的是不同"数据对"之间的大小比例关系，对两组数据之间的相互作用关系表现得不是特别明显。下面介绍的对称条形图就是在普通条形图的基础上经过简单设置达成的效果，可以完美展示两组数据的相互关系。

 [分析实例]——近五年汽车进出口分析

在汽车进出口统计表中记录了近五年公司各年汽车的进口和出口详细情况，下面以将统计表中的数据制作图表并使相同年份在同一行，不同年份上下显示为例，讲解对称条形图应用的具体操作。如图 3-81 所示为应用对称条形图展示分析前后效果对比。

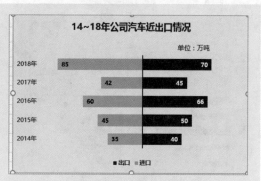

◎下载/初始文件/第 3 章/汽车进出口.xlsx　　　◎下载/最终文件/第 3 章/汽车进出口.xlsx

图 3-81　应用对称条形图展示分析前后效果对比

其具体操作步骤如下。

Step01 打开素材文件，❶选择数据表中数据区域，单击"插入柱形图或条形图"下拉按钮，❷选择"簇状条形图"选项，如图 3-82 所示。

Step02 ❶选择图表中的"进口"数据系列，❷打开"设置数据系列格式"窗格，在"系列选项"选项卡选中"次坐标轴"单选按钮，将数据系列绘制到次要坐标轴，如图 3-83 所示。

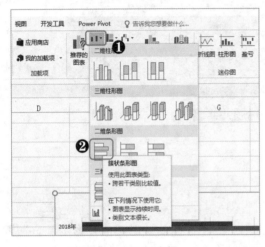

图 3-82　插入图表

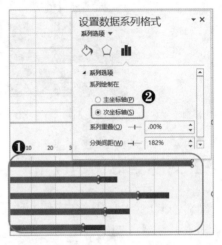

图 3-83　将数据系列绘制到次要坐标轴

Step03 选择上方的次要横坐标轴，❶在"设置坐标轴格式"窗格的"坐标轴选项"选项卡中选中"逆序刻度值"复选框，❷设置边界的最大值、最小值以及单位，如图 3-84 所示。

Step04 ❶选择主要横坐标轴，❷将边界的最大值、最小值以及单位设置与次坐标轴相同，如图 3-85 所示。

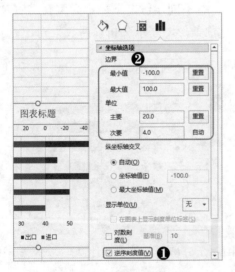

图 3-84　设置次要坐标

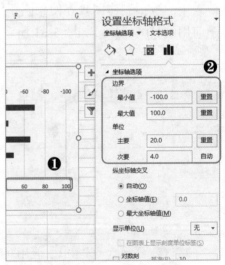

图 3-85　设置主要横坐标

Step05 ❶选择图表纵坐标轴，❷在"设置坐标轴格式"窗格中的"坐标轴选项"选项卡的"标签"栏设置标签位置为"低"，使标签在图表左侧显示，如图3-86所示。

Step06 ❶单击"填充与线条"选项卡，❷在"线条"栏设置纵坐标轴的线条颜色为黑色，❸设置宽度为1.5磅，如图3-87所示。

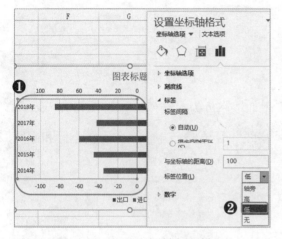

图3-86　设置坐标轴标签位置

图3-87　设置坐标轴线条颜色和宽度

Step07 分别选择图表的两个数据系列，依次在"系列选项"选项卡中设置其"分类间距"值同为60%，调整数据系列的宽度，如图3-88所示。

Step08 分别选择两个数据系列在"设置数据系列格式"窗格中设置填充颜色，分别设置为紫色和浅蓝色，如图3-89所示。

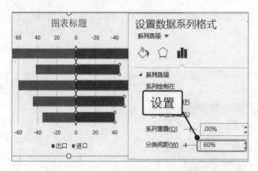

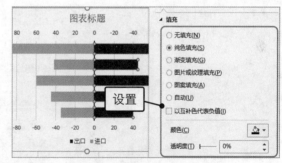

图3-88　调整数据系列宽度

图3-89　设置数据系列填充颜色

Step09 ❶在图表中分别选择两个数据系列，单击"图表元素"按钮，❷选择"数据标签/数据标签内"选项，使数据标签在数据系列内显示，如图3-90所示。

Step10 ❶选择右侧的"进口"数据标签，❷在"设置数据标签格式"窗格的"文本选项"选项卡中设置标签文字颜色为白色，如图3-91所示。

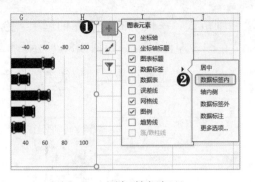

图 3-90　添加数据标签

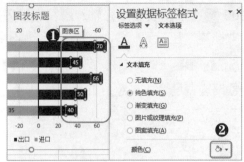

图 3-91　设置标签文字颜色

Step11 在"设置图表区格式"窗格中为图表添加填充色为水绿色，如图 3-92 所示。

Step12 在"图表元素"面板中取消选中"网格线"复选框，并删除主要横坐标和次要横坐标，如图 3-93 所示。

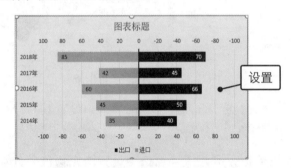

图 3-92　为图表添加背景色

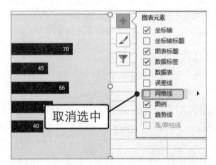

图 3-93　删除网格线和横坐标轴

Step13 单击图表标题文本框，输入图表标题，并调整图例、数据标签和标题文字格式，添加单位，如图 3-94 所示。

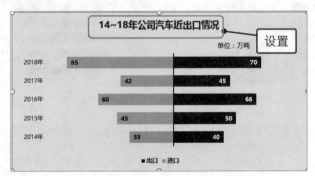

图 3-94　添加标题并调整

3.2.3　盈亏数据对比分析

　　企业的盈亏关系到企业所有人的切身利益，因此，在企业的经营报告中，每个下属单位的盈亏情况是管理者需要重点关注的。在对企业盈亏数据进行分析时，常使用条形图，在条形图中将企业的亏损和盈利数据区分开来。但图表中可能会出现负值的数据与坐标轴标签发生重叠并覆盖的情况，对于这种情况，一般是将坐标轴标签放在坐标轴的两侧，这样便能直观清楚地展示数据结果。

[分析实例]——公司销售盈亏分析

在盈亏统计表中记录了公司近段时间各下属门店销售盈亏的详细情况，下面以制作条形图分析展示公司的盈亏为例，讲解其具体操作。如图 3-95 所示为进行数据分析前后效果对比。

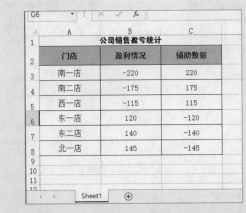
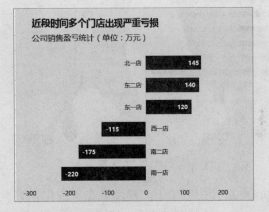

◎下载/初始文件/第 3 章/盈亏统计.xlsx　　◎下载/最终文件/第 3 章/盈亏统计.xlsx

图 3-95　进行数据分析前后效果对比

其具体操作步骤如下。

Step01 打开素材文件，为了方便分析数据，添加一列辅助数据列，辅助列数据为"盈利情况"数据的相反数，如图 3-96 所示。

Step02 选择数据表中数据区域，❷单击"插入柱形图或条形图"下拉按钮，选择"堆积条形图"选项，如图 3-97 所示。

	公司销售盈亏统计	
门店	盈利情况	辅助数据
南一店	-220	220
南二店	-175	175
西一店	-115	115
东一店	120	-120
东二店	140	-140
北一店	145	-145

图 3-96　添加辅助列

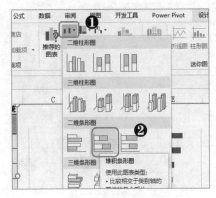

图 3-97　插入图表

Step03 ❶在图表中双击纵坐标轴，在打开的"设置坐标轴格式"窗格中单击"坐标轴选项"选项卡，❷展开"标签"栏，❸在"标签位置"的下拉列表框中选择"无"选项，如图 3-98 所示。

Step04 选择图表中的"辅助数据"数据系列，❶单击"图表元素"按钮，❷在打开的面板中选择"数据标签"复选框右侧的箭头按钮，在弹出的列表中选择"数据标签内"选项，如图 3-99 所示。

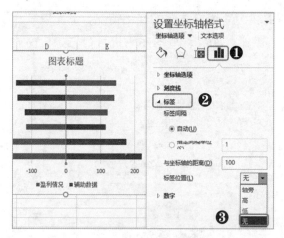

图 3-98　取消坐标轴标签显示　　　　图 3-99　添加数据标签

Step05 选择图表中的"辅助数据"数据系列，❶在打开的"设置数据系列格式"窗格中单击"系列选项"选项卡，❷在选项卡中设置"分类间距"值为 55%，如图 3-100 所示。

Step06 ❶单击"填充与线条"选项卡，❷在"填充"栏中选中"无填充"单选按钮，如图 3-101 所示。

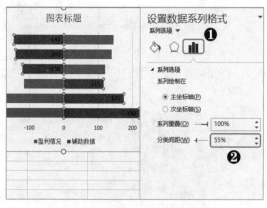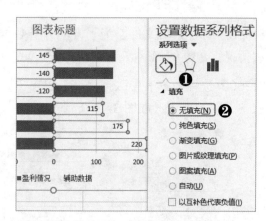

图 3-100　设置数据系列格式　　　　图 3-101　取消数据系列填充

Step07 ❶选择数据标签，❷在打开的窗格中单击"标签选项"选项卡，在"标签选项"栏中选中"类别名称"复选框，❸取消选中"值"和"显示引导线"复选框，如图 3-102 所示。

Step08 将图表中位于纵坐标轴右侧的数据标签拖到靠近坐标轴位置，如图 3-103 所示。

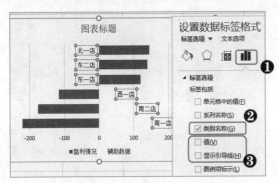

图 3-102　设置数据标签格式　　　　　　　　图 3-103　调整标签位置

Step09 为图表中显示的数据系列添加数据标签，并设置标签文字颜色为白色，如图 3-104 所示。

Step10 将右侧的 3 个数据标签移动到数据系列外侧，如图 3-105 所示。

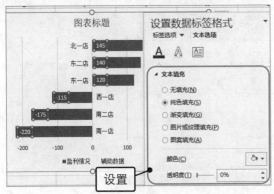
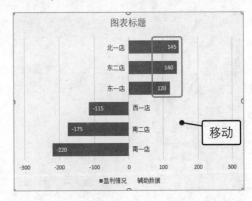

图 3-104　设置数据标签文字颜色　　　　　　图 3-105　调整标签位置

Step11 ❶在图表中依次选择图表中的数据系列，❷在右边的窗格中设置其填充颜色，如图 3-106 所示。

Step12 ❶选择图表，为图表添加填充色，❷并添加标题文字，调整文字格式，删除网格线、图例，如图 3-107 所示。

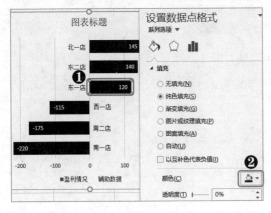
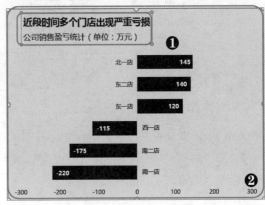

图 3-106　设置数据标签填充颜色　　　　　　图 3-107　添加图表标题和填充色并调整

3.2.4 不同项目不同时间下的对比分析

在经营活动中，通过对不同项目、不同时间或不同环境下的数据对比，可以得到更多的数据关系，为制订下一步计划奠定基础、提供指导，而使用对称条形图是进行数据对比分析的一种常用方式。

[分析实例]——汽车产销率分析

在汽车销售统计表中记录了公司近两年汽车的产销率详细情况，下面以分析汽车的产销率为例，讲解对不同项目不同时间下进行对比分析的具体操作。如图 3-108 所示为利用图表分析前后的效果对比。

◎下载/初始文件/第 3 章/汽车产销率.xlsx

◎下载/最终文件/第 3 章/汽车产销率.xlsx

图 3-108　利用图表分析前后的效果对比

其具体操作步骤如下。

Step01 打开素材文件，❶选择数据表中的数据区域，单击"插入"选项卡"图表"组中的"插入柱形图或条形图"下拉按钮，❷在弹出的下拉菜单中选择"簇状条形图"选项，如图 3-109 所示。

Step02 ❶选择图表，选择 2018 年产销率数据系列，双击打开"设置数据系列格式"窗格，❷在"系列选项"选项卡中选中"次坐标轴"单选按钮，如图 3-110 所示。

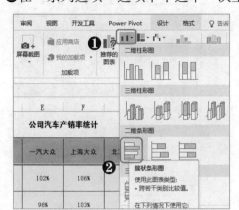

图 3-109　插入图表

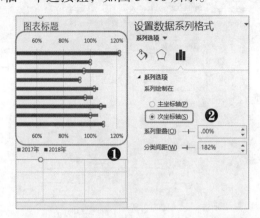

图 3-110　选中"次坐标轴"单选按钮

Step03　❶在图表中选择纵坐标轴，❷在打开的"设置坐标轴格式"窗格中单击"坐标轴选项"选项卡。❸展开"标签"栏，❹选中"指定间隔单位"单选按钮，在后面的文本框中输入"1"，如图 3-111 所示。

Step04　拖动图表边框上的控制点，适当放大图表。❶选择纵坐标轴，❷在右侧的窗格的"线条"栏中选中"无线条"单选按钮，如图 3-112 所示。

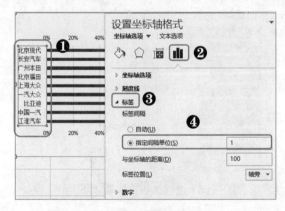

图 3-111　指定间隔单位

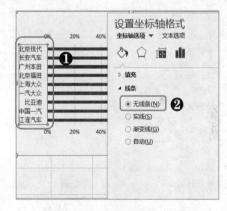

图 3-112　设置无线条效果

Step05　选择图表中的主要横坐标轴，❶在"设置坐标轴格式"窗格中单击"坐标轴选项"选项卡，❷展开"坐标轴选项"栏，设置最大值与最小值，❸选中"坐标轴值"单选按钮，在文本框中输入"0.25"，如图 3-113 所示。

Step06　❶选择图表中的次要横坐标轴，在"设置坐标轴格式"窗格中单击"坐标轴选项"选项卡，❷展开"坐标轴选项"栏，设置最大值与最小值，❸选中"坐标轴值"单选按钮，在文本框中输入"0.25"，❹选中"逆序刻度值"复选框，如图 3-114 所示。

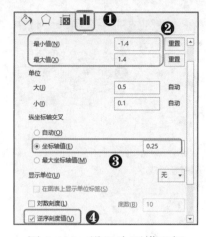

图 3-113　设置主要横坐标　　　　　　图 3-114　设置次要横坐标

Step07 分别选择图表中的两个数据系列，在"系列选项"选项卡中设置"分类间距"均为 25%，如图 3-115 所示。

Step08 ❶分别选择图表中的两个数据系列，❷在"填充与线条"选项卡中的"填充"栏设置两个数据系列填充颜色，这里选择"纯色填充"，如图 3-116 所示。

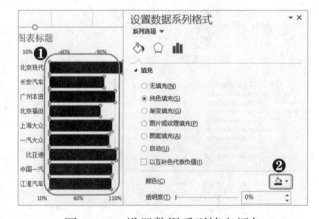

图 3-115　设置分类间距　　　　　　图 3-116　设置数据系列填充颜色

Step09 ❶依次选择图表中的两个数据系列，❷单击"图表元素"按钮，❸在打开的图表元素面板中为数据系列添加数据标签，如图 3-117 所示。

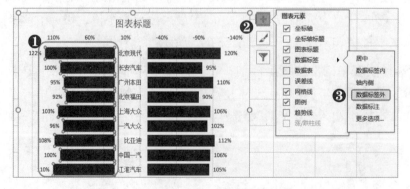

图 3-117　添加数据标签

Step10 设置数据标签字体颜色和格式，为图表添加填充色，删除纵坐标轴、网格线，如图 3-118 所示。

Step11 添加图表标题，设置图表中各部分文字颜色和字体，调整图表布局，如图 3-119 所示。

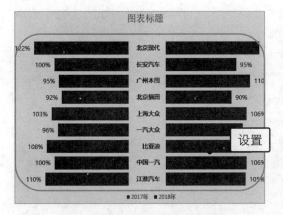

图 3-118　添加背景并调整

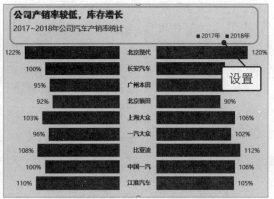

图 3-119　添加标题并调整

3.2.5　制作甘特图展示项目进度

许多时候，企业中的一个项目需要多名员工合作完成，而对于项目的任务分配和时间管理就显得尤为重要。决策者应随时掌握项目的进展情况，并能对其进行处理，甘特图是进行项目调度和进度评估的实用图表类型。

在使用甘特图进行分析之前，我们首先来认识一下甘特图。甘特图的特点是突出生产管理中最重要的因素——时间，它的作用表现在以下三个方面。

◆　计划产量与计划时间的对应关系。

◆　每日的实际产量与预定计划产量的对比关系。

◆　一定时间内实际累计产量与同时期计划累计产量的对比关系。

甘特图的优缺点如表 3-1 所示。

表 3-1　甘特图的优缺点

优　点	缺　点
图形化概要，通用技术，易于理解	甘特图事实上仅部分地反映了项目管理的三重约束（时间、成本和范围），因为它主要关注进程管理（时间）
有专业软件支持，无须担心复杂计算和分析	尽管能够通过项目管理软件描绘出项目活动的内在关系，但是如果关系过多，纷繁芜杂的线图必将增加甘特图的阅读难度

📉 [分析实例]——项目计划进度表的制作

在项目计划进度表中记录了项目完成的具体情况，现需要使用甘特图来展示不同阶段的计划任务以及任务完成情况。

下面以分析项目进度为例，讲解甘特图的制作及用法的相关操作。如图 3-120 所示为使用甘特图分析数据前后效果对比。

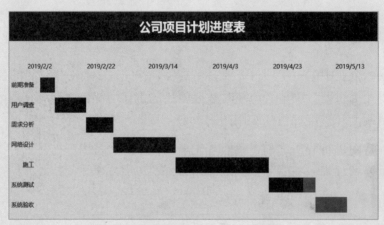

◎下载/初始文件/第 3 章/项目进度表.xlsx

◎下载/最终文件/第 3 章/项目进度表.xlsx

图 3-120　使用甘特图分析数据前后效果对比

其具体操作步骤如下。

Step01 打开素材文件，❶选择 B11 单元格，❷输入公式："=TODAY()"获取当前日期，如图 3-121 所示。

Step02 ❶在 F、G 列创建 2 个数据列，在 F3 单元格中输入 "=INT(IF($B$11>=D3,C3, IF($B$11>B3,$B$11-B3,0)))" 公式，在 G3 单元格输入 "=INT(IF($B$11<=B3,C3,IF ($B$11<D3,D3-$B$11,0)))" 公式，❷选择 F3、G3 单元格分别向下填充，计算出截至当天已完成和未完成的天数，如图 3-122 所示。

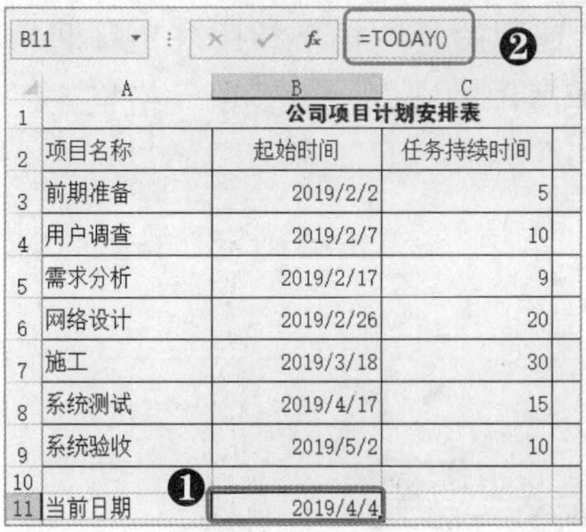

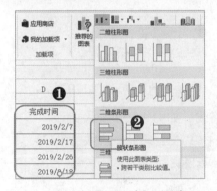

图 3-121 获取当前日期

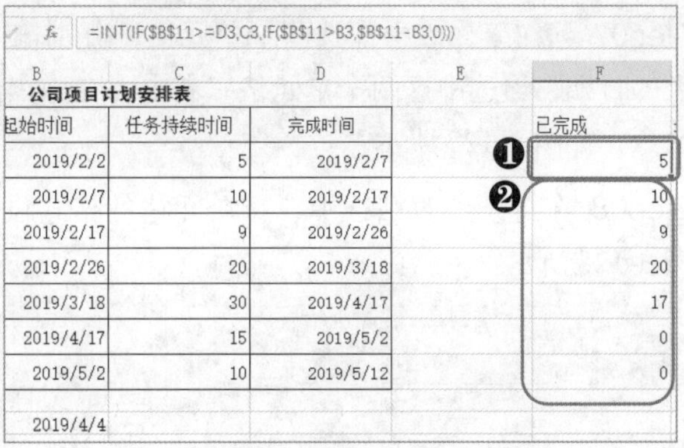

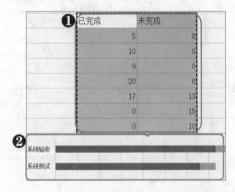

图 3-122 添加数据系列

Step03 在工作表中选择 A2:D9 单元格区域，插入堆积条形图，如图 3-123 所示。

Step04 ❶在工作表中选择 F2:G9 单元格区域，按【Ctrl+C】复制单元格中的区域，❷将其粘贴到条形图中，如图 3-124 所示。

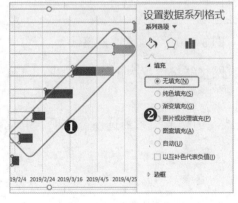

图 3-123 插入图表

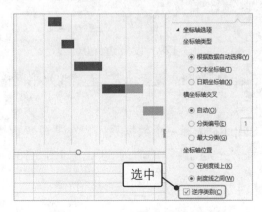

图 3-124 向图表中添加数据系列

Step05 ❶选择图表中的"起始时间"数据系列，❷在"设置数据系列格式"窗格的"填充"栏中选择"无填充"单选按钮，取消其填充颜色，如图 3-125 所示。

Step06 选择图表中的纵坐标轴，在"坐标轴选项"选项卡的"坐标轴选项"栏中选中"逆序类别"复选框，如图 3-126 所示。

图 3-125 取消填充色　　　　　　　　　图 3-126 设置坐标轴格式

Step07 ❶在工作表中任选两个单元格，分别输入一个比起始日期稍小和比终止日期稍大的日期，❷选中这两个单元格，右击，在弹出的快捷菜单中选择"设置单元格格式"命令，如图 3-127 所示。

Step08 在打开的对话框中，将单元格的格式设置为"常规"，单击"确定"按钮，如图 3-128 所示。

图 3-127　打开对话框

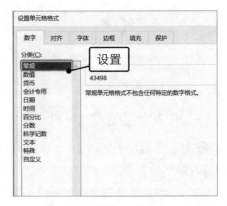

图 3-128　设置单元格格式

Step09 在图表中选择横坐标轴，在"设置坐标轴格式"窗格的"坐标轴选项"选项卡中将边界"最大值"和"最小值"设置为刚才的两个单元格值，如图 3-129 所示。

Step10 在"图表元素"面板中为图表添加水平网格线，如图 3-130 所示。

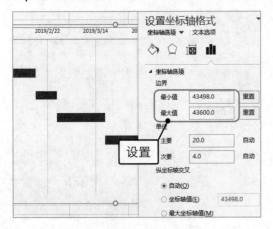

图 3-129　设置边界值

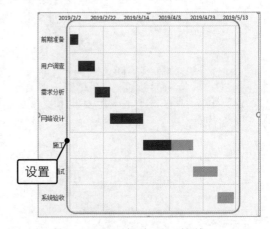

图 3-130　添加水平网格线

Step11 为图表设置填充颜色，将水平网格线和垂直网格线都设置为短划线，如图 3-131 所示。

Step12 选择一个数据系列，在"设置数据系列格式"窗格的"系列选项"选项卡中设置"分类间距"的值为 30%，如图 3-132 所示。

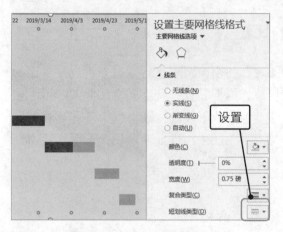

图 3-131　设置网格线格式　　　　　　图 3-132　设置数据系列格式

Step13 分别设置两个数据系列的填充颜色，如图 3-133 所示。

Step14 给绘图区添加边框线，并设置项目名称和坐标轴标签文字的字体颜色和格式，如图 3-134 所示。

图 3-133　更改数据系列填充色　　　　图 3-134　添加边框线并设置文字格式

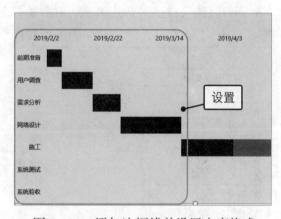

Step15 调整绘图区的大小，在图表区顶端添加标题文本框，在文本框中输入标题文字，设置文本框的填充色，并对其文字格式进行设置，如图 3-135 所示。

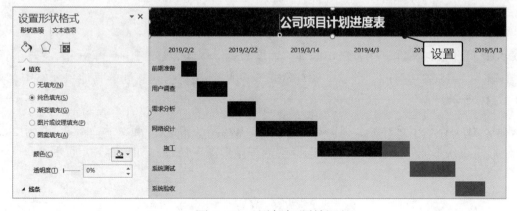

图 3-135　添加标题并调整

3.2.6 制作漏斗图展示数据所占的比重

漏斗图，顾名思义就是外观形似漏斗的图表，利用该图表进行数据分析也是常用的一种方法。该图表类型主要适用于流程比较规范、周期较长、环节较多的业务项目。使用该图表可以直观地展示业务流程，经营者可以直接从图表中发现流程中可能存在的问题，还可以直观表现数据所占的比重。用户可以在 Excel 中借助于堆积条形图，快速制作出漏斗图。

 [分析实例]——销售机会分析

在销售机会分析表中记录了从初次接触到签订合同各个流程的客户人数，现在为了使管理者可以方便快速发现问题并解决，需要将销售员与所有客户的销售进展分层累计，需要能够直接从图表中看到每个阶段的客户变化情况，这样可以极大方便管理者进行数据分析。

下面以销售机会分析表为例，讲解通过制作漏斗图展示销售数据所占比重的具体操作。如图 3-136 所示为使用漏斗图进行数据分析前后的效果对比。

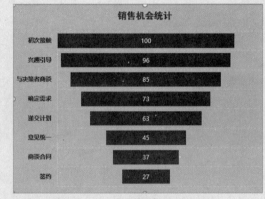

◎下载/初始文件/第 3 章/销售机会分析.xlsx　　　　◎下载/最终文件/第 3 章/销售机会分析.xlsx

图 3-136　使用漏斗图进行数据分析前后的效果对比

其具体操作步骤如下。

Step01 打开素材文件，在表格中添加"辅助数据"字段，❶选择 B4 单元格，❷在编辑栏中输入"=($C$3-C4)/2"公式，❸拖动填充柄将公式复制到该列的其他单元格中，如图 3-137 所示。

Step02 在工作表中选择 A2:C10 单元格区域，❶单击"插入"选项卡"图表"组中"插入柱形图或条形图"下拉按钮，❷选择"堆积条形图"选项，如图 3-138 所示。

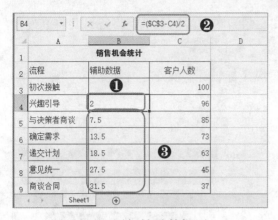

图 3-137　添加辅助数据列

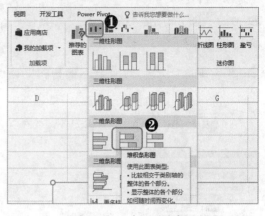

图 3-138　插入图表

Step03 ❶在创建的图表中，双击纵坐标轴，❷在打开的"设置坐标轴格式"窗格的"坐标轴选项"选项卡中选中"逆序类别"复选框，如图 3-139 所示。

Step04 ❶在图表中选择"辅助数据"数据系列，❷在"设置数据系列格式"窗格的"填充与线条"选项卡的"填充"栏中选中"无填充"单选按钮，如图 3-140 所示。

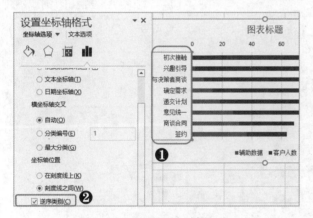

图 3-139　设置坐标轴格式

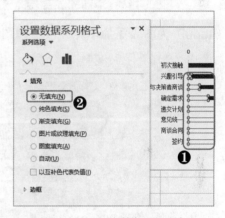

图 3-140　取消数据系列填充

Step05 在"系列选项"选项卡中设置"分类间距"值为 35%，如图 3-141 所示。

Step06 单击"图表元素"按钮，在打开的面板中为显示的数据系列添加数据标签，并设置数据标签文字颜色、字体格式以及数据系列的填充色，如图 3-142 所示。

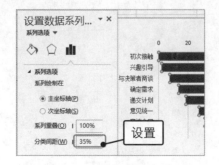

图 3-141　设置数据系列格式

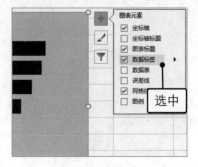

图 3-142　添加数据标签

Step07 ❶添加图表标题，并设置其标题格式，❷为图表添加水平网格线，并将其设置为短划线，如图 3-143 所示。

Step08 删除图表中的横坐标轴和图例，设置纵坐标轴标签文字字体格式，如图 3-144 所示。

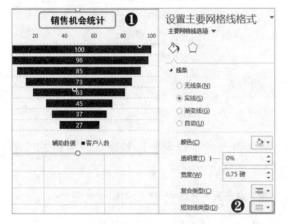

图 3-143　添加图表标题

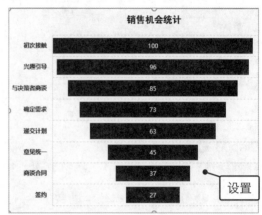

图 3-144　删除横坐标和图例

Step09 为图表添加填充颜色，如图 3-145 所示。

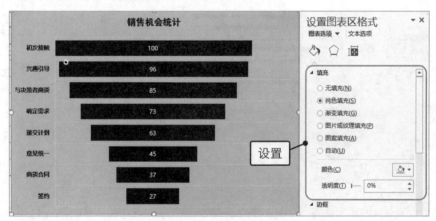

图 3-145　为图表添加填充颜色

第4章
图表应用
之构成关系的数据分析

在 Excel 中通常使用饼图或圆环图分析数据的占比。饼图适合显示个体与整体的比例关系，显示数据系列相对于总量的比例，每个扇区显示其占总体的百分比，所有扇区百分数的总和为 100%。在创建饼图时，可以将饼图的一部分拉出来与饼图分离，以更清晰地表达其效果。与饼图一样，圆环图也主要显示整体中各部分的关系，但与饼图不同的是，它能够绘制超过一列或一行的数据，圆环图的缺点是不容易阅读。本章将结合实际案例来介绍两种图表的具体用法。

|本|章|要|点|

· 用饼图分析数据占比
· 用圆环图分析数据占比

4.1 用饼图分析数据占比

在工作中如果遇到需要计算总费用或金额的各个部分构成比例的情况，用户可以使用饼形图表工具，能够直接以图形的方式显示各个组成部分所占的比例。

4.1.1 在饼图中显示合计值

一般创建的饼图为了方便数据分析，都会在图表区内或旁边显示百分比值或者具体的值。如果在图表中只显示了百分比，那么为了精确计算出具体的数据值，就需要在图中显示出合计值。

 [分析实例]——3 月部门日常费用分析

在 3 月部门日常费用分析表中用饼图展示了 3 月份各部门的日常费用占比情况，下面以在 3 月各部门日常费用图表中添加合计值为例，讲解在饼图中显示合计值的具体操作。如图 4-1 所示为添加合计值前后效果对比。

◎下载/初始文件/第 4 章/3 月部门日常费用分析.xlsx　◎下载/最终文件/第 4 章/3 月部门日常费用分析.xlsx

图 4-1　添加合计值前后效果对比

其具体操作步骤如下。

Step01 打开素材文件，❶单击"插入"选项卡"插图"组的"形状"下拉按钮，❷在弹出的下拉列表中选择"椭圆"选项，如图 4-2 所示。

Step02 在饼图上按住【Shift】键拖动鼠标绘制一个正圆，如图 4-3 所示。

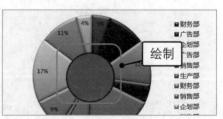

图 4-2　选择椭圆　　　　　　　　图 4-3　绘制圆形

Step03 ❶选择绘制的圆，❷在"绘图工具 格式"选项卡的"形状样式"组中应用内置
样式，如图 4-4 所示。

Step04 ❶保持绘制图形的选择状态，右击，❷在弹出的快捷菜单中选择"编辑文字"
命令，如图 4-5 所示。

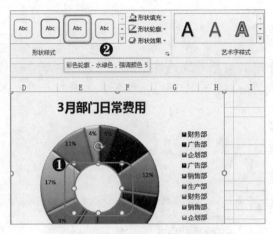

图 4-4 应用内置样式

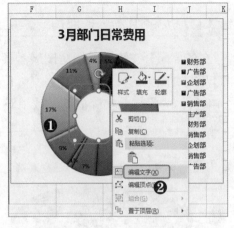

图 4-5 选择"编辑文字"命令

Step05 在文本框中输入"合计值 5 830 元"文本，完成后按【Shift】键拖动形状角上的
圆形空点使文本正常显示，设置文字的字体和段落格式，如图 4-6 所示。

Step06 ❶按住【Ctrl】键同时选择绘制的图形和图表，在"绘图工具 格式"选项卡的
"排列"组中单击"组合"下拉按钮，选择"组合"选项，即可将两个对象组合在一起，
如图 4-7 所示。

图 4-6 输入文本并设置格式

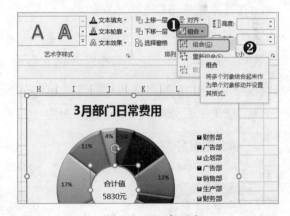

图 4-7 组合对象

提个醒：组合对象的移动

在本例中虽然将两个对象进行了组合，但用户在移动时需注意，选择组合后的整个对象后，
要将鼠标移到最外围再拖动，否则只能移动两个对象中的某一个。

4.1.2 让饼图显示实际值而非百分比

一般情况下，饼图的数据标签都是以百分比形式显示的，但有时候可能百分比并不重要，而更需要查看其实际值。

 [分析实例]——各部门一季度开支情况

在各部门开支表中使用饼图展示了一季度各部门开支占比情况，下面以将一季度各部门开支饼图中的百分比设置为实际值为例，讲解在饼图中显示实际值的具体操作。如图 4-8 所示为设置为实际值前后效果对比。

◎下载/初始文件/第 4 章/各部门开支表.xlsx　　　◎下载/最终文件/第 4 章/各部门开支表.xlsx

图 4-8　设置为实际值前后效果对比

其具体操作步骤如下。

Step01 打开素材文件，❶单击任意一个数据标签从而选择所有标签，❷右击，在打开的快捷菜单中选择"设置数据标签格式"命令，如图 4-9 所示。

Step02 ❶在打开的窗格的"标签选项"选项卡的"标签选项"栏中选中"值"复选框，❷取消选中"百分比"复选框，如图 4-10 所示。

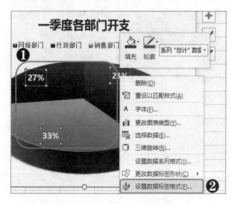

图 4-9　打开窗格　　　　　　　　　　　图 4-10　设置数据标签格式

4.1.3 分离饼图的某个扇区

在对饼图中的各个数据系列进行占比分析时，除了明确各数据系列的占比大小外，有时还可以通过将饼图的某个数据系列进行分离，从而强调该数据系列的特殊性。

[分析实例]——突出显示"三亚"数据系列

在各分公司销售业绩表中使用饼图展示了各城市分公司3月的具体销售情况，现需要将销售业绩最好的分公司进行强调显示。下面以将分公司业绩表饼图中业绩最好的城市分公司分离出来为例，讲解将饼图中某个数据系列进行分离的具体操作。如图 4-11 所示为将"三亚"数据系列进行分离前后效果对比。

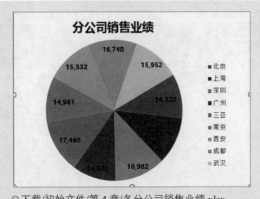
◎下载/初始文件/第4章/各分公司销售业绩.xlsx

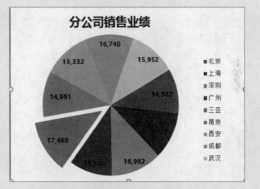
◎下载/最终文件/第4章/各分公司销售业绩.xlsx

图 4-11　将"三亚"数据系列进行分离前后效果对比

其具体操作步骤如下。

Step01 打开素材文件，❶双击"三亚"数据系列，单独选中该数据系列并右击，❷在弹出的快捷菜单中选择"设置数据点格式"命令，如图 4-12 所示。

Step02 在打开的窗格的"系列选项"选项卡中设置"点爆炸型"值为 15%即可完成操作，如图 4-13 所示。

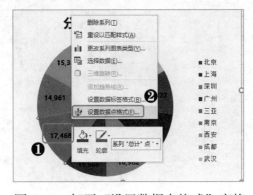
图 4-12　打开"设置数据点格式"窗格

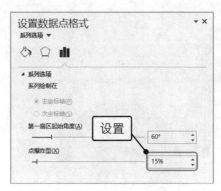
图 4-13　设置数据点格式

4.1.4 突出显示饼图的边界

二维饼图通常强调的是每个扇区的面积，一般都是通过彩色图案填充进而区分。但有时候如果为了方便打印不进行填充，这时可以将扇区之间的边界突出显示。

[分析实例]——突出显示图表边界

某公司新品上市，现已对各个铺货地点的销售情况使用饼图进行了分析展示。下面以将图表中的各数据系列的边界突出显示为例，讲解突出显示饼图边界的具体操作。如图 4-14 所示为边界突出显示前后效果对比。

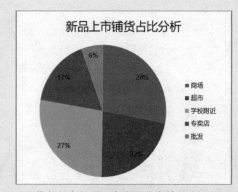
◎下载/初始文件/第 4 章/新品上市铺货分析..xlsx

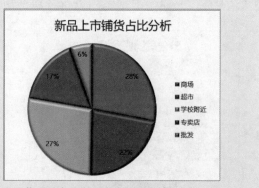
◎下载/最终文件/第 4 章/新品上市铺货分析.xlsx

图 4-14　边界突出显示前后效果对比

其具体操作步骤如下。

Step01 打开素材文件，❶选择任意扇区从而选中所有数据系列，❷单击"图表工具 格式"选项卡的"形状样式"组的"形状效果"下拉按钮，如图 4-15 所示。

Step02 ❶在弹出的下拉菜单中选择"棱台"命令，❷在其子菜单的"棱台"栏中选择"圆"选项即可完成，如图 4-16 所示。

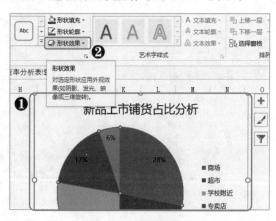

图 4-15　选择形状效果

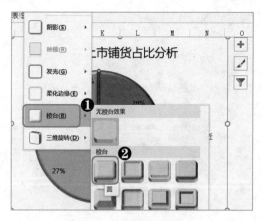

图 4-16　设置棱台效果

4.1.5 制作半圆形饼图

在一些报刊杂志上，有时可以看到一些半圆形的饼图，该类饼图与传统的圆形饼图相比，具有一定的创新性，而且在某些版面布局中可以达到更好的效果。

 [分析实例]——半圆饼图分析问卷调查学历结构

在问卷调查学历结构统计表中记录了各个学历的人数和占比情况，为了排版需要，需要制作半圆形饼图。下面以使用半圆形饼图分析问卷调查学历结构统计表为例，讲解半圆形饼图制作的具体操作，如图 4-17 所示为制作半圆饼图前后效果对比。

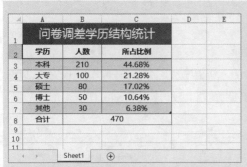
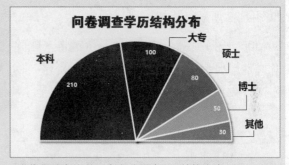

◎下载/初始文件/第 4 章/问卷调查学历结构统计.xlsx　　◎下载/最终文件/第 4 章/问卷调查学历结构统计.xlsx

图 4-17　制作半圆饼图前后效果对比

其具体操作步骤如下。

Step01 打开素材文件，❶选择 A2:B7 单元格区域，❷插入饼图，如图 4-18 所示。

Step02 ❶选择图表，❷拖动数据源区域控制柄将合计项添加到图表中，如图 4-19 所示。

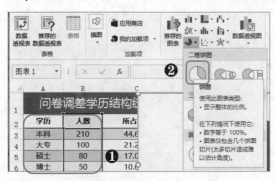
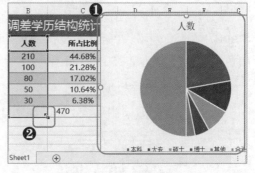

图 4-18　插入图表　　　　　　　　　图 4-19　添加合计项

Step03 ❶选择数据系列，右击，❷在弹出的快捷菜单中选择"设置数据系列格式"命令，如图 4-20 所示。

Step04 在窗格中"系列选项"选项卡的"第一扇区起始角度"栏下方的数值框中输入"270°"，如图 4-21 所示。

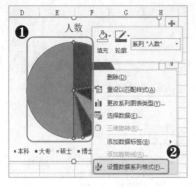

图 4-20　打开窗格

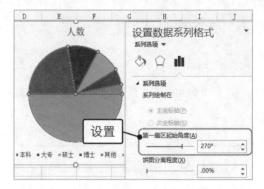

图 4-21　设置数据系列起始角度

Step05 ❶选择数据系列，❷单击"图表元素"按钮，添加数据标签，并设置标签格式，如图 4-22 所示。

Step06 选择图例，按【Delete】键将其删除，选择"合计"数据系列，❶在"图表工具 格式"选项卡的"形状样式"组中单击"形状填充"下拉按钮，❷在弹出的下拉菜单中选择"无填充颜色"选项，然后依次选择其他数据系列，为其设置合适的填充色，如图 4-23 所示。

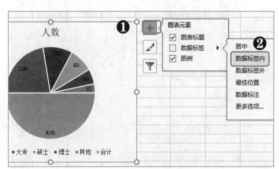

图 4-22　添加数据标签

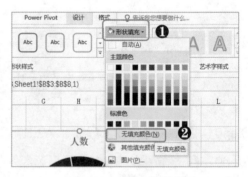

图 4-23　设置形状填充

Step07 删除下半圆数据标签按钮，选择所有数据系列在"形状轮廓"下拉菜单中设置白色轮廓，粗细为 2.25 磅，如图 4-24 所示。

Step08 ❶选择所有数据系列，单击"形状效果"下拉按钮，❷设置为"右下斜偏移"阴影效果，取消下半圆阴影效果，如图 4-25 所示。

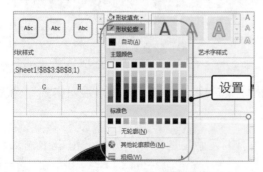

图 4-24　设置形状轮廓

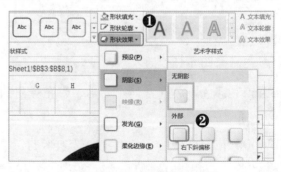

图 4-25　设置形状效果

Step09 ❶修改图表标题，❷添加 5 个文本框，依次在对应的文本框中输入学历名称，如图 4-26 所示。

Step10 将学历名称和对应数据系列利用插入线条连接，调整图表的文字格式、尺寸，如图 4-27 所示。

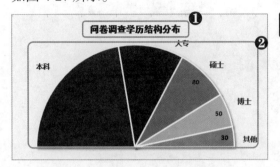

图 4-26　修改标题添加文本框

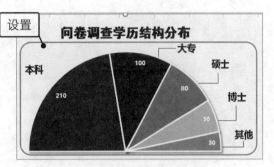

图 4-27　连接并调整

4.1.6　使用完整的图片填充整个饼图

在 Excel 中使用图表分析展示数据时，为了使图表更美观，可以为其添加一张背景图。如果在图表添加和主题有关的背景，更会起到画龙点睛的效果。例如，在制作市场占有率的图表时，可以将饼图制作为形象的蛋糕分割形式。

[分析实例]——添加图片背景展示市场占有率

在市场占有率分析表中记录了各个企业的市场占有率情况。下面以用蛋糕图片为背景制作饼图为例，讲解使用完整的图片填充整个饼图的具体操作，如图 4-28 所示为制作带背景的饼图前后效果对比。

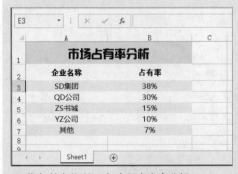

◎下载/初始文件/第 4 章/市场占有率分析.xlsx

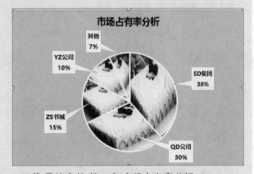

◎下载/最终文件/第 4 章/市场占有率分析.xlsx

图 4-28　制作带背景的饼图前后效果对比

其具体操作步骤如下。

Step01 打开素材文件，❶选择创建图表的单元格区域，❷单击"插入饼图或圆环图"

下拉按钮，❸选择"饼图"选项，如图 4-29 所示。

Step02 ❶选择图表，❷在"图表工具 设计"选项卡的"数据"组中单击"选择数据"按钮，如图 4-30 所示。

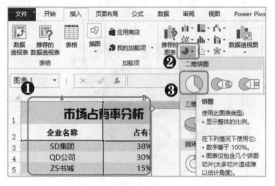

图 4-29　插入图表

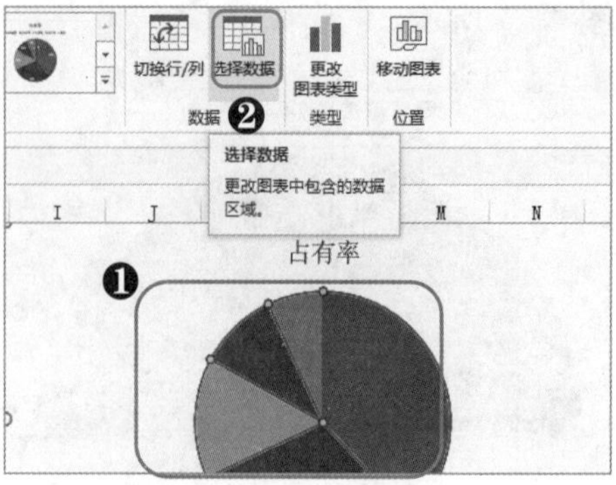

图 4-30　选择数据

Step03 在打开的"选择数据源"对话框中单击"添加"按钮，打开"编辑数据系列"对话框，如图 4-31 所示。

Step04 ❶选择源数据区域内包含数值的任意单元格，即可引用到对话框中，❷单击"确定"按钮，如图 4-32 所示。

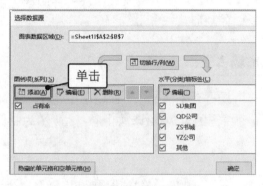

图 4-31　打开对话框

图 4-32　引用源数据

Step05 ❶在返回的对话框中可以查看添加的数据源，❷在确认后单击"确定"按钮即可，如图 4-33 所示。

Step06 ❶在图表中选择所有数据系列，右击，❷在弹出的快捷菜单中选择"设置数据系列格式"命令，如图 4-34 所示。

图 4-33　确认添加的数据源

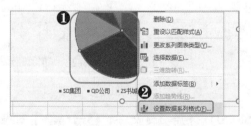

图 4-34　打开窗格

Step07 在"设置数据系列格式"窗格的"系列选项"选项卡中选中"次坐标轴"单选按钮，如图 4-35 所示。

Step08 ❶保持图表处于选择状态，在"图表工具 格式"选项卡的"形状样式"组中单击"形状填充"下拉按钮，❷在弹出的下拉菜单中选择"无填充颜色"命令，如图 4-36 所示。

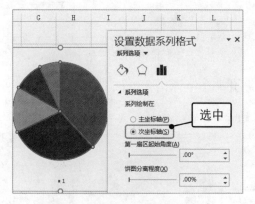

图 4-35 设置数据系列格式

图 4-36 设置形状填充

Step09 在"图表工具 格式"选项卡的"当前所选内容"组中的下拉列表框中选择"系列'38%'"选项，如图 4-37 所示。

Step10 ❶在"设置数据系列格式"窗格的"填充与线条"选项卡中选中"图片或纹理填充"单选按钮，❷在下方"插入图片来自"栏中单击"文件"按钮，如图 4-38 所示。

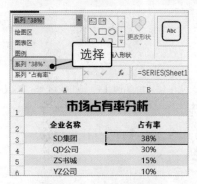

图 4-37 选择数据系列

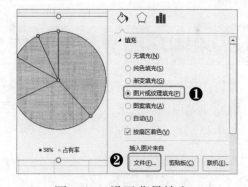

图 4-38 设置背景填充

Step11 在打开的"插入图片"对话框中选择要填充的图片，单击"插入"按钮。在返回的对话框中设置其偏移值，如图 4-39 所示。

Step12 单击图表中的"占有率"数据系列，在"图表工具 格式"选项卡的"形状轮廓"下拉菜单中为其设置白色轮廓，且粗细值为 2.25 磅，如图 4-40 所示。

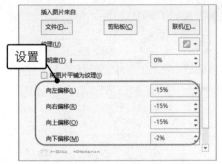

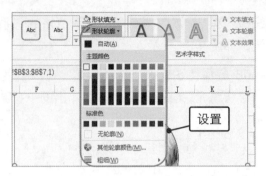

<table>
<tr><td>图 4-39　调整图片位置</td><td>图 4-40　设置形状轮廓</td></tr>
</table>

Step13 删除图例，添加数据标注、添加标题并调整字体格式，如图 4-41 所示。

Step14 最后为图表添加填充色，如图 4-42 所示。

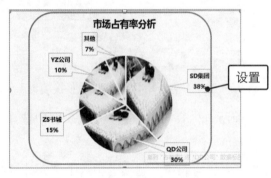

图 4-41　添加标注和标题

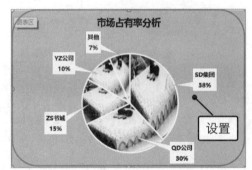

图 4-42　设置图表填充色

4.2　用圆环图分析数据占比

　　像饼图一样，圆环图也可以显示部分与整体的关系，但圆环图可以包含多个数据系列。圆环图是以圆环的形式显示数据，其中每个圆环分别代表一个数据系列。如果在数据标签中显示百分比，则每个圆环总计为 100%，常用于分析数据占比的情况。

4.2.1　创建半圆圆环图

　　在一些情况下，为了实际需要可能要创建半圆圆环图来进行数据分析，它可以给用户带来更加直观的观感，主要用于反映数据的具体值以及所占的百分比。

　　[分析实例]——创建半圆圆环图展示学生成绩

　　在学生成绩表中统计了赵彬同学本次考试的各科成绩，现需要使用半圆圆环图展示其各科具体成绩。

　　下面以利用半圆圆环图分析学生成绩为例，讲解制作半圆圆环图的具体操作。如

图 4-43 所示为使用半圆圆环图分析成绩的前后效果对比。

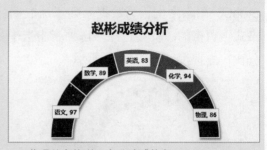

图 4-43　使用半圆圆环图分析成绩的前后效果对比

其具体操作步骤如下。

Step01 打开素材文件，❶选择数据表中的数据区域，❷插入圆环图，如图 4-44 所示。

Step02 ❶选择图表，❷在"图表工具 设计"选项卡的"数据"组中单击"切换行/列"按钮，如图 4-45 所示。

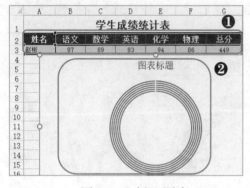

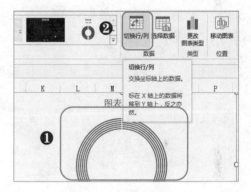

图 4-44　插入图表　　　　　　　　　　图 4-45　切换行列

Step03 双击图表中的数据系列，在打开窗格的"系列选项"选项卡中设置"第一扇区起始角度"值为"270°"，如图 4-46 所示。

Step04 两次单击"总分"数据系列将其单独选中，在"图表工具 格式"选项卡的"形状样式"组中设置为无填充色、无轮廓样式，如图 4-47 所示。

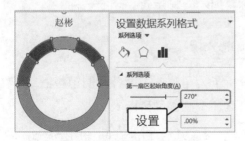

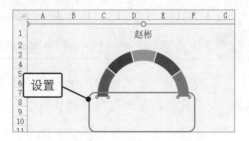

图 4-46　设置数据系列格式　　　　　　图 4-47　设置形状样式

Step05 依次给每个数据系列设置填充颜色和轮廓颜色，并在"形状效果"下拉菜单中设置阴影效果为向下斜偏移，如图 4-48 所示。

Step06 删除图例，为数据系列添加数据标签，❶选择数据标签，❷在"设置数据标签格式"窗格的"标签选项"选项卡中选中"类别名称"和"值"复选框，取消选中"百分比"复选框，如图 4-49 所示。

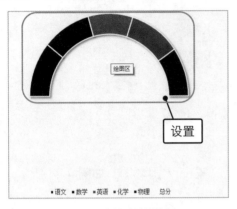

图 4-48 设置形状效果

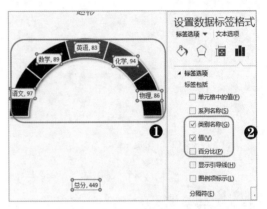

图 4-49 添加标签并设置其格式

Step07 删除"总分"数据标签，添加图表标题。然后设置字体格式，最后进行调整，如图 4-50 所示。

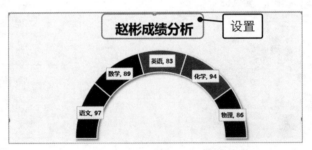

图 4-50 添加标题并调整

4.2.2 在圆环图中显示系列名称

用户可以将圆环图看成由多个具有不同内半径的同心圆拼合而成的。通常情况下，圆环图的图例都是显示各环中的数据系列的名称，但不会显示每一环的名称。

 [分析实例]——第一季度各分部销售情况分析

在各分部一季度销售情况表中使用圆环图分析了公司第一季度各月的销售额，但在图表中不会显示圆环每一环所代表的数据名称，这样不利于分析图表。

下面以在第一季度销售分析圆环图中显示各环名称为例，讲解在圆环图中显示系列名称的具体操作。如图 4-51 所示为在圆环图中显示系列名称前后效果对比。

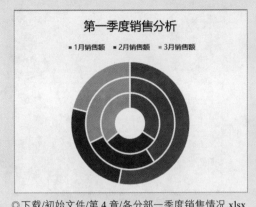

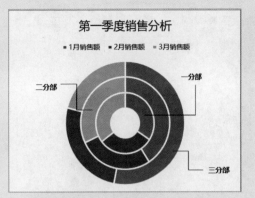

图 4-51　在圆环图中显示系列名称前后效果对比

其具体操作步骤如下。

Step01 打开素材文件，选择图表，❶在"插入"选项卡的"插图"组单击"形状"下拉按钮，❷在弹出的下拉列表中选择"文本框"选项，在图表中拖动鼠标绘制文本框，如图 4-52 所示。

Step02 ❶绘制完成后，文本插入点会自动定位到文本框中，❷在编辑栏中输入"="，❸单击 C3 单元格引用地址，按【Enter】键确认输入，如图 4-53 所示。

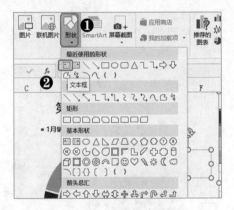

图 4-52　添加文本框

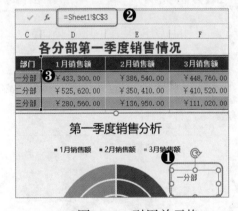

图 4-53　引用单元格

Step03 ❶用同样的方法绘制余下两个文本框，再引用相应的系列名称所在的单元格地址，❷设置字体格式，如图 4-54 所示。

Step04 在"形状"下拉列表中选择"肘形连接符"选项，❶拖动鼠标在图表上绘制连接线，将系列名称和与之对应的系列联系起来，按照同样的办法依次为另外两个系列绘制连接符，❷选择绘制的连接符，在"绘图工具 格式"选项卡的"形状样式"组中应用内置样式以区分圆环颜色，如图 4-55 所示。

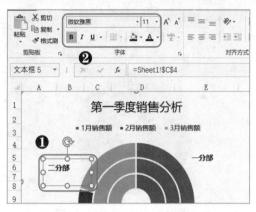
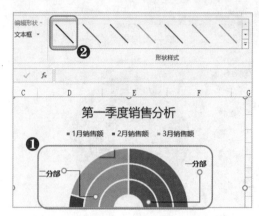

图 4-54 添加文本框并设置字体格式	图 4-55 添加连接符并应用样式

4.2.3 调整内环大小

在创建的圆环图中，通常其内半径都比较大，这种情况下就容易造成圆环的环宽较小。而在数据分析时往往会添加数据标签，这样会很不方便，可能会出现标签显示特别拥挤的情况。为了解决这一问题，用户可以调整圆环内环的大小。

[分析实例]——日用品销售分析

在日用品销售报表中用圆环图展示了前 4 个月面类和奶类的销售情况，但由于圆环的环宽较小导致数据标签显示太过拥挤。

下面以使图表中的标签美观显示为例，讲解调整圆环内环大小的具体操作。如图 4-56 所示为调整内环大小前后效果展示对比。

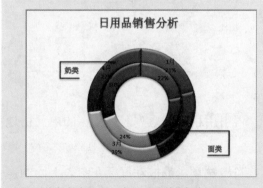
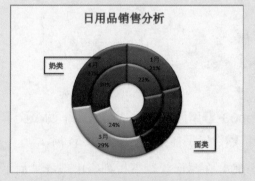

◎下载/初始文件/第 4 章/日用品销售报表.xlsx　　　　◎下载/最终文件/第 4 章/日用品销售报表.xlsx

图 4-56 调整内环大小前后效果展示对比

其具体操作步骤如下。

Step01 打开素材文件，❶单击圆环图的任意数据系列，选中其中一环，❷右击，在弹出的快捷菜单中选择"设置数据系列格式"命令，如图 4-57 所示。

Step02 在打开的"设置数据系列格式"窗格的"系列选项"选项卡中拖动"圆环图内径大小"栏的滑块，即可调整其内径大小，如图4-58所示。

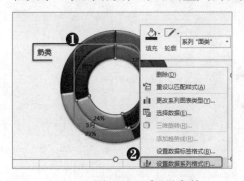

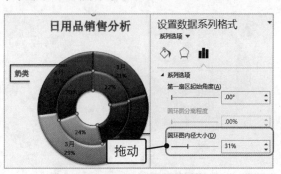

图4-57　打开窗格　　　　　　　　　　图4-58　拖动滑块

4.2.4 更改圆环分离程度

在一些商业报刊中常常可以看到不同分离程度的圆环图展示，与饼图类似，圆环图默认情况下是不分离的。但如果遇到圆环的颜色相近或者需要强调最外面的一环时，就可以将圆环图进行分离，甚至在觉得不满意时，还可以更改其分离程度。

[分析实例]——年度销售报表分析

在年度销售报表中用圆环图展示了公司一整年的销售情况，下面以强调圆环图中最外面一环为例，讲解更改圆环分离程度的具体操作。如图4-59所示为分离圆环前后效果展示对比。

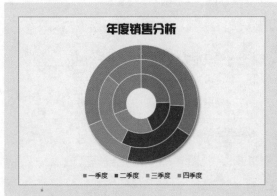

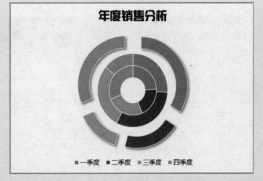

◎下载/初始文件/第4章/年度销售报表.xlsx　　　　◎下载/最终文件/第4章/年度销售报表.xlsx

图4-59　分离圆环前后效果展示对比

其具体操作步骤如下。

Step01 打开素材文件，❶选择圆环图的最外面一环，❷右击，在弹出的快捷菜单中选择"设置数据系列格式"命令，如图4-60所示。

Step02 在打开的"设置数据系列格式"窗格的"系列选项"选项卡中拖动"圆环图分离程度"栏的滑块,即可分离圆环,如图 4-61 所示。

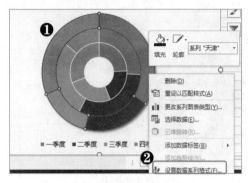

图 4-60 打开窗格

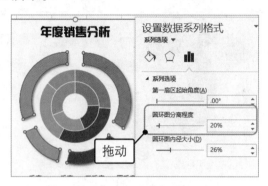

图 4-61 拖动滑块设置分离程度

知识延伸　将圆环图环与环之间进行分离

上例是使用任务窗格来对圆环图进行分离,只能对最外面的一环按照数据系列进行分离,而对其他环没有效果。用户如果希望将环与环分开,则要用到辅助系列,其具体操作步骤如下。

Step01 在圆环图的数据源区域的每个数据系列之间插入空白行,选择图表,单击"图表工具 设计"选项卡的"数据"组中的"选择数据"按钮,如图 4-62 所示。

Step02 打开"选择数据源"对话框后,❶在源数据表格中拖动鼠标选择之前选择的数据区域和空白辅助系列所在的区域,❷单击"确定"按钮即可完成,如图 4-63 所示。

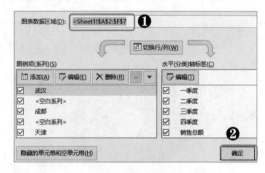

图 4-62 添加空行　　　　　　　　　　图 4-63 选择数据区域

> **小技巧:既对环进行分离又对各环的数据系列进行分离**
>
> 想要既对环进行分离又对各环的数据系列进行分离,只需依次选中每一环,然后对其设置与背景色相同的轮廓颜色,并设置较大磅值的粗细度即可。

第5章
图表应用之趋势关系的数据分析

在数据分析中，对数据的趋势变化分析是较重要的数据分析目的。通过对一组数据的趋势变化情况进行研究，可以对数据在一段时间内的涨跌情况进行判断，以及对未来趋势变化的预测提供数据支持。在图表中，对于趋势关系可以通过折线图和面积图来展示。本章就具体来介绍这两种图表的具体应用方法以及一些使用技巧。

|本|章|要|点|

· 用折线图分析数据趋势
· 用面积图分析数据趋势

5.1 用折线图分析数据趋势

在 Excel 中，折线图是分析数据趋势最常见的图表类型，该图表是通过折线的形式来表现数据的变化趋势。在本小节中将介绍折线图的具体应用，以及一些常见的折线图处理技巧。

5.1.1 突出预测数据

在商务办公中，经常使用折线图来预测未来的发展趋势，但是默认情况下创建的折线图，同一数据系列的格式是相同的。为了更好地将实际数据与预测数据区分开，可以通过设置预测数据标记对应的格式，从而让其与真实数据的数据标记格式显示不同的效果。为了便于对照选择数据点，如果折线图中没有坐标轴刻度，还需要对坐标轴的刻度进行显示设置。

 [分析实例]——突出显示公司预测的盈利同比增长率数据

在"公司盈利同比增长率分析"工作簿中创建了一个"公司盈利同比增长率分析"图表，其中 2019～2021 年的数据为预测值，现在通过设置让这 3 年的数据在折线图中以虚线显示来突出预测数据。如图 5-1 所示为编辑"公司盈利同比增长率分析"图表的前后效果对比。

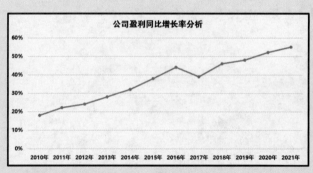

◎下载/初始文件/第 5 章/公司盈利同比增长率分析.xlsx

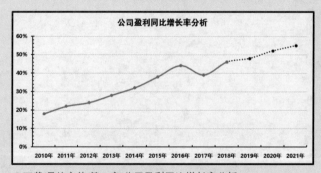

◎下载/最终文件/第 5 章/公司盈利同比增长率分析.xlsx

图 5-1 编辑"公司盈利同比增长率分析"图表的前后效果对比

其具体的操作步骤如下。

Step01 打开素材文件，❶选择图表中的纵坐标轴，在其上右击，❷在弹出的快捷菜单中选择"设置坐标轴格式"命令，如图 5-2 所示。

Step02 ❶在打开的"设置坐标轴格式"任务窗格中展开"刻度线"栏，单击"主要类型"下拉列表框右侧的下拉按钮，❷在弹出的下拉列表中选择"交叉"选项，如图 5-3 所示。

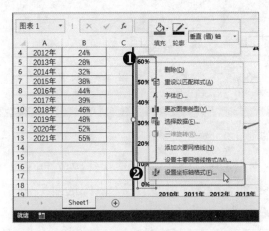

图 5-2　选择"设置坐标轴格式"命令　　图 5-3　设置纵坐标轴的主要类型刻度线

Step03 ❶单击"次要类型"下拉列表框右侧的下拉按钮，❷在弹出的下拉列表中选择"内部"选项，如图 5-4 所示。

Step04 ❶选择横坐标轴，❷单击"主要类型"下拉列表框的下拉按钮，❸在弹出的下拉列表中选择"内部"选项，如图 5-5 所示。

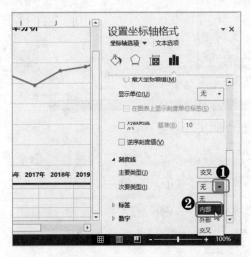
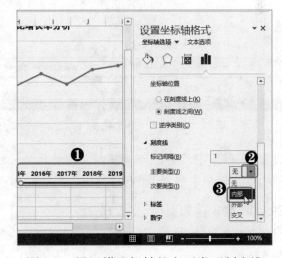

图 5-4　设置纵坐标轴的次要类型刻度线　　图 5-5　设置横坐标轴的主要类型刻度线

Step05 ❶保持横坐标轴的选择状态，单击"填充与线条"选项卡，❷展开"线条"栏，设置线条的颜色为"黑色，文字 1"，❸设置宽度为 1.25 磅，如图 5-6 所示。用相同的方法设置纵坐标轴刻度线的格式与横坐标轴刻度线格式相同。

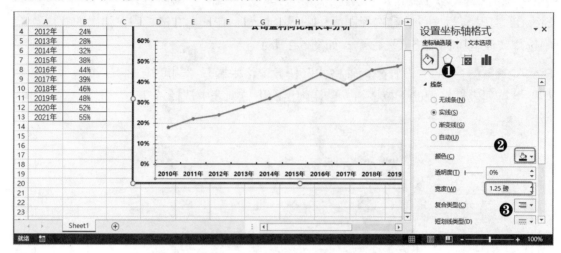

图 5-6 设置横坐标轴刻度线的颜色和粗细

Step06 ❶两次单击 2019 年的数据点将该数据点选中，❷在"颜色"下拉列表框中选择"红色"选项，❸单击"短划线类型"下拉按钮，❹在弹出的下拉列表中选择"圆点"选项，将 2018～2019 年的连接线更改为圆点形状，如图 5-7 所示。

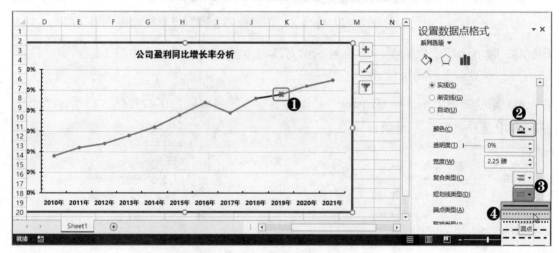

图 5-7 设置 2019 年数据点对应的折线线条格式

Step07 ❶单击"标记"选项卡，❷展开"边框"栏，单击"颜色"下拉按钮，❸在弹出的下拉菜单中选择"红色"选项，更改 2019 年数据点形状的边框颜色，如图 5-8 所示。

Step08 ❶保持数据标记点的选择状态，展开"填充"栏，❷单击"颜色"下拉按钮，❸在弹出的下拉菜单中选择"红色"选项，更改 2019 年数据点形状的填充颜色，如图 5-9 所示。

Step09 用相同的方法分别将 2020 年数据点和 2021 年数据点对应的折线线段和标记轮廓与填充色设置为与 2019 年数据点的格式相同。

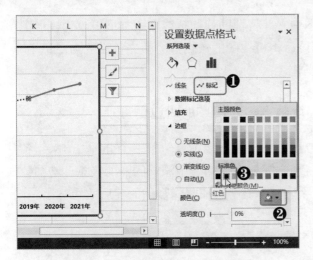
图 5-8　更改数据标记的边框颜色

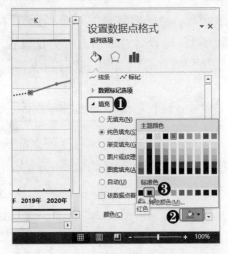
图 5-9　更改数据标记的填充颜色

Step10 ❶选择整个数据系列将任务窗格切换到"设置数据系列格式"任务窗格，❷选中"平滑线"复选框将折线的转角设置为平滑效果，如图 5-10 所示。关闭任务窗格即可完成整个操作。

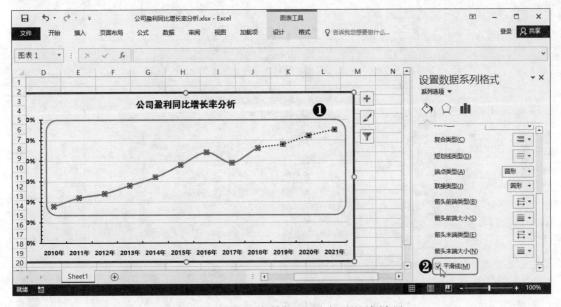
图 5-10　设置折线数据系列为平滑线效果

5.1.2　让折线图中的时间点更易辨识

在折线图中，为了通过数据点一目了然地查看到对应的时间点，可以设置间隔的竖条来分隔折线图中的数据点。这里的分隔条不是手动绘制的，因为逐个绘制不准确，而且麻烦，这里介绍一种添加辅助列的方式来自动添加间隔竖条。

其具体的原理是：添加一列辅助列，其值为图表数值坐标轴的最大值和最小值的重复序列，然后将该辅助列添加到折线图中，并将辅助列的折线图表类型更改为柱形图图表类型，接着对柱形图进行美化设置，最后将折线图的数据点的填充色设置为白色填充，增加数据点的识别度，从而完成整个操作。

 [分析实例]——让同比涨跌幅度数据与时间点的对应更直观

在"居民消费价格月度同比涨跌幅度分析"工作簿中创建了一个分析 2018 年各月居民消费价格同比涨跌幅度的折线图，现在需要在该图表中添加间隔的竖条，增加数据与时间点之间的识别度。如图 5-11 所示为在图表中添加间隔竖条的前后效果对比。

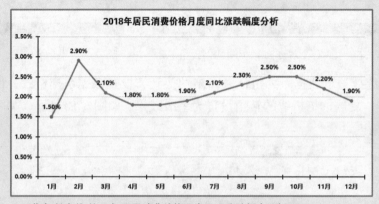
◎下载/初始文件/第 5 章/居民消费价格月度同比涨跌幅度分析.xlsx

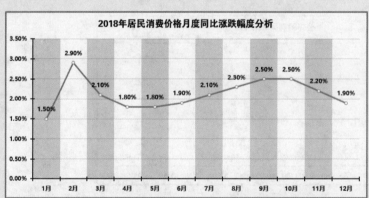
◎下载/最终文件/第 5 章/居民消费价格月度同比涨跌幅度分析.xlsx

图 5-11　在图表中添加间隔竖条的前后效果对比

其具体的操作步骤如下。

Step01 打开素材文件，❶在 C1 单元格中输入"辅助列"文本，❷分别在 C2:C3 单元格区域中输入"3.50%"和"0"，选择该单元格区域，按【Ctrl+C】组合键执行复制操作，如图 5-12 所示。

Step02 选择 C4:C13 单元格区域，直接按【Ctrl+V】组合键即可将复制的数据填充到 C4:C13 单元格区域中，完成辅助列的添加，如图 5-13 所示。

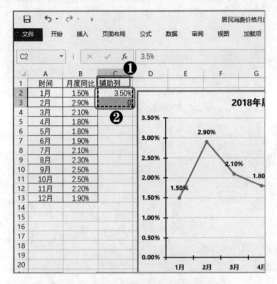
图 5-12　添加数据并复制数据

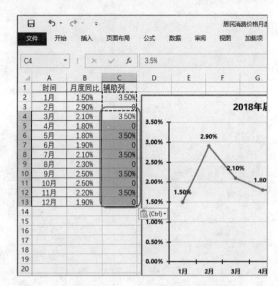
图 5-13　完成辅助列的添加

Step03 ❶选择图表，❷在数据源中拖动蓝色矩形框到 C13 单元格，将辅助列数据添加到图表中，如图 5-14 所示。

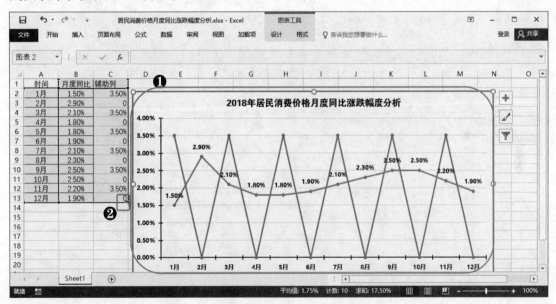
图 5-14　将辅助列数据添加到折线图中

Step04 ❶选择添加的辅助列数据系列，在其上右击，❷在弹出的快捷菜单中选择"更改系列图表类型"命令，如图 5-15 所示。

Step05 在打开的"更改图表类型"对话框中自动切换到"组合"选项卡，❶单击"辅助列"数据系列对应的下拉列表框右侧的下拉按钮，❷在弹出的下拉列表中选择"簇状柱形图"选项，❸单击"确定"按钮将辅助列数据系列的图表类型更改为柱形图图表类型，如图 5-16 所示。

Excel 数据处理与分析应用大全

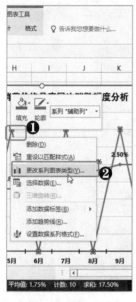

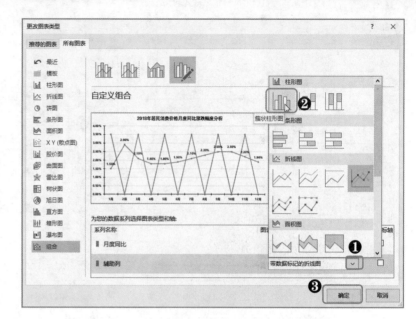

图 5-15　打开对话框　　　　　　　图 5-16　更改辅助列数据系列的图表类型

Step06 ❶选择图表中的纵坐标轴，在其上右击，❷在弹出的快捷菜单中选择"设置坐标轴格式"命令，如图 5-17 所示。

Step07 ❶在打开的"设置坐标轴格式"任务窗格中展开"坐标轴选项"栏，❷在"最大值"文本框中输入文本"0.035"，按【Enter】键确认设置的最大坐标轴刻度，如图 5-18所示。

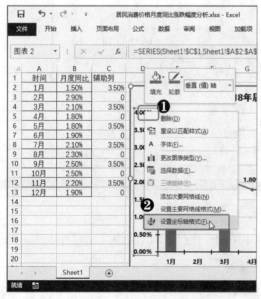

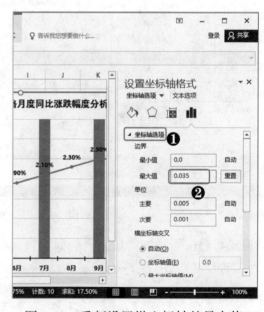

图 5-17　选择"设置坐标轴格式"命令　　　图 5-18　重新设置纵坐标轴的最大值

Step08 ❶选择辅助列数据系列切换到"设置数据系列格式"任务窗格，❷展开"填充"栏，❸选中"纯色填充"单选按钮，如图 5-19 所示。

Step09 ❶在"颜色"下拉菜单中选择"红色"填充色，❷在"透明度"数值框中输入"80%"，为柱形图数据系列的填充色设置透明效果，如图 5-20 所示。

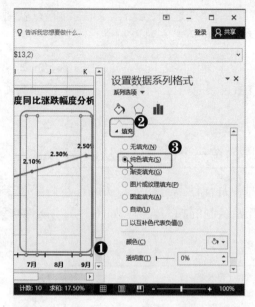

图 5-19　选中"纯色填充"单选按钮

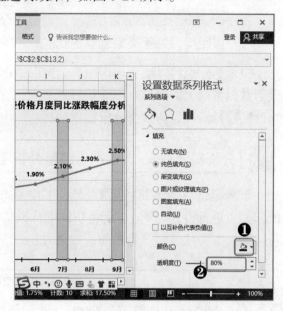

图 5-20　设置透明效果

Step10 ❶单击"系列选项"选项卡，❷展开"系列选项"栏，❸将分类间距设置为 0，如图 5-21 所示。

Step11 ❶选择折线数据系列，❷单击"填充与线条"选项卡，❸单击"标记"选项卡，展开"填充"栏，❹单击"颜色"下拉按钮，❺在弹出的下拉菜单中选择"白色，背景 1"选项，更改数据点的填充色，❻单击"关闭"按钮关闭任务窗格完成整个操作，如图 5-22 所示。

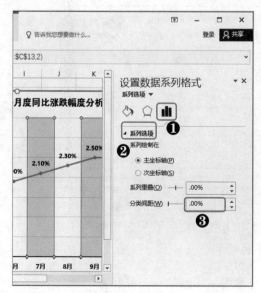

图 5-21　设置数据系列的分类间距

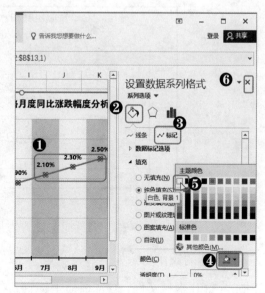

图 5-22　更改数据点的填充色

5.1.3 让折线图从纵轴开始绘制

程序默认将创建的折线图的坐标轴位置设置在刻度线之间，这样，折线的起点就离纵轴有一段距离，处于类似悬空的状态，不便于查看起始点及对准刻度。

由于起始点离纵轴有一段距离，所以数据点位于刻度线之间，从而让横轴上的刻度线与数据系列上的数据点不能很好地对应。在 Excel 图表中，可以通过设置坐标轴选项来改变这种情况，为数据分析提供便捷。

[分析实例]——调整产量趋势分析图表的第一个横轴分类从纵轴开始

下面通过在"产品生产量统计"工作簿中对各月预计产量趋势与实际产量趋势图表的起始点进行设置为例，讲解将折线图从纵轴开始绘制的相关操作。如图 5-23 所示为将折线图设置为从纵轴开始的前后效果对比。

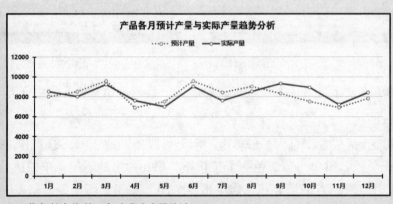

◎下载/初始文件/第 5 章/产品生产量统计.xlsx

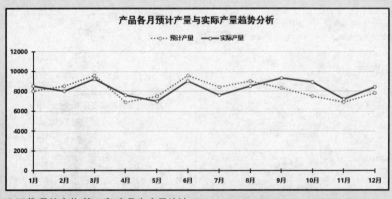

◎下载/最终文件/第 5 章/产品生产量统计.xlsx

图 5-23　将折线图设置为从纵轴开始的前后效果对比

其具体的操作步骤如下。

Step01 打开素材文件，❶选择横坐标轴，在其上右击，❷在弹出的快捷菜单中选择"设置坐标轴格式"命令，如图 5-24 所示。

Step02 ❶在打开的"设置坐标轴格式"任务窗格的"坐标轴选项"选项卡的"坐标轴位置"栏中选中"在刻度线上"单选按钮，❷单击"关闭"按钮关闭任务窗格，即可完成整个操作，如图 5-25 所示。

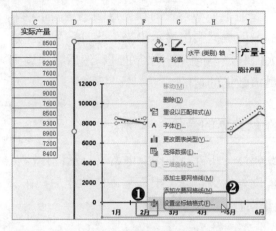

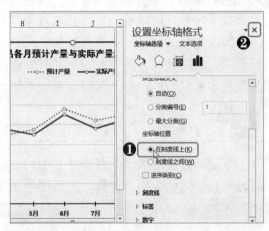

图 5-24　选择"设置坐标轴格式"命令　　　图 5-25　选中"在刻度线上"单选按钮

【注意】该方法不仅适用于折线图，也可用于柱形图、条形图（从横坐标轴开始绘制）、散点图、股价图和面积图（默认即为从纵坐标轴开始绘制）等图表类型。

提个醒：在折线图中添加垂直线

　　创建到折线图中的数据系列所包含的数据项比较多的时候，用户通常很难将横轴上的数据点名称和数据系列上的数据点进行逐一对应。通过在绘图区添加垂直线的方式，将数据系列中的数据点和下方横坐标轴上的数据点名称连接起来，这样用户在读取图表的时候就可以很方便地进行对照了。其具体操作是：选择图表，单击"图表工具 设计"选项卡，在"图表布局"组中单击"添加图表元素"下拉按钮，在弹出的下拉菜单中选择"线条/垂直线"命令即可，如图 5-26 所示。

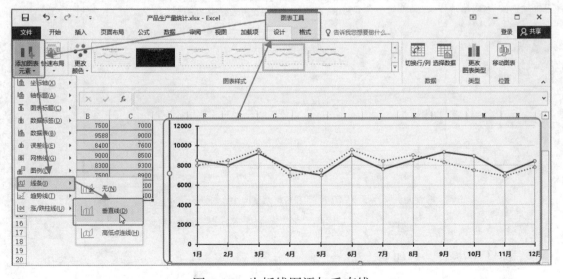

图 5-26　为折线图添加垂直线

5.1.4 始终显示最值

在折线图中，如果需要将最大值和最小值突出显示出来，可以将对应的数据点的填充色设置为单独的颜色，从而达到突显的目的。但是手动设置的数据点颜色是固定的，当最值发生改变后，系统不会自动将更新后的最值数据突出显示出来。此时，可以通过辅助列，利用公式将折线图的数据源中的最大值和最小值进行判断处理，然后将辅助列的数据添加到折线图中，即可实现始终显示最值数据的目的。

 [分析实例]——始终显示同比消费涨跌数据的最值

下面通过在"居民消费价格月度同比涨跌幅度分析 1"工作簿中始终显示同比消费涨跌数据的最值为例，讲解在折线图中利用辅助列始终自动突出显示最值的相关操作。如图 5-27 所示为突出显示最值数据的前后效果对比。

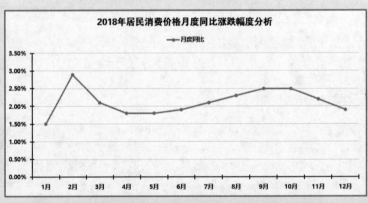

◎下载/初始文件/第 5 章/居民消费价格月度同比涨跌幅度分析 1.xlsx

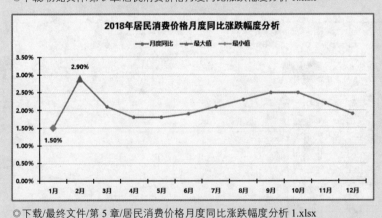

◎下载/最终文件/第 5 章/居民消费价格月度同比涨跌幅度分析 1.xlsx

图 5-27　突出显示最值数据的前后效果对比

其具体的操作步骤如下。

Step01 打开素材文件，❶在 C1 单元格中输入"最大值"文本，❷选择 C2:C13 单元格区域，❸在编辑栏中输入"=IF(B2=MAX($B$2:$B$13),B2,NA())"公式，按【Ctrl+Enter】组合键确认输入的公式，并获取最大值，如图 5-28 所示。

Step02 ❶在 D1 单元格中输入"最小值"文本，❷选择 D2:D13 单元格区域，❸在编辑栏中输入"=IF(B2=MIN($B$2:$B$13),B2,NA())"公式，按【Ctrl+Enter】组合键确认输入的公式，并获取最小值，如图 5-29 所示。

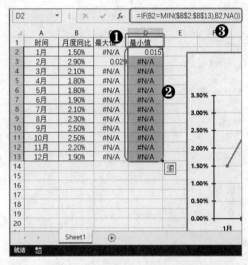

图 5-28　获取最大值　　　　　　　　图 5-29　获取最小值

Step03 ❶为添加的辅助列表格设置单元格格式和数据格式，❷选择图表，❸在数据源中拖动蓝色矩形框到 D13 单元格，将最大值辅助列和最小值辅助列的数据添加到图表中，如图 5-30 所示。

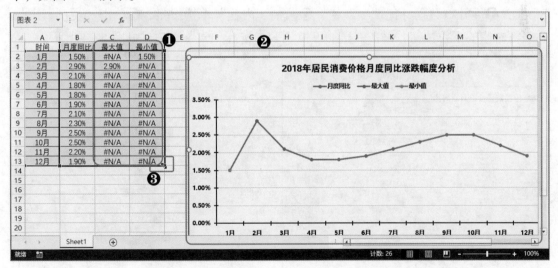

图 5-30　设置辅助列的表格格式并将辅助列的数据添加到图表中

Step04 ❶选择图表，❷单击"图表工具 格式"选项卡，❸在"当前所选内容"组中单击下拉列表框右侧的下拉按钮，❹在弹出的下拉列表中选择"系列'最大值'"选项，选择图表中的最大值数据系列，如图 5-31 所示。

Step05 ❶单击"图表工具 设计"选项卡，❷在"图表布局"组中单击"添加图表元素"下拉按钮，❸在弹出的下拉菜单中选择"数据标签/上方"命令添加最大值数据标签，如图 5-32 所示。

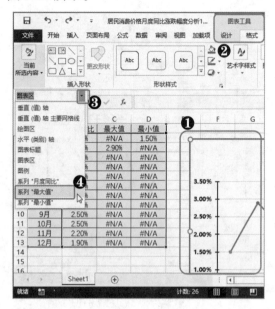

图 5-31 选择最大值数据系列　　　图 5-32 添加最大值数据标签

Step06 ❶保持数据系列的选择状态，打开"设置数据系列格式"任务窗格，❷单击"填充与线条"选项卡，❸单击"标记"选项卡，如图 5-33 所示。

Step07 ❶展开"数据标记选项"栏，❷选中"内置"单选按钮，❸单击"类型"下拉列表框右侧的下拉按钮，❹在弹出的下拉列表中选择"▲"选项，如图 5-34 所示。

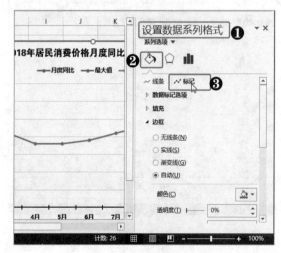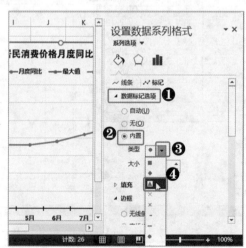

图 5-33 单击"标记"选项卡　　　图 5-34 更改数据标记样式

Step08 在"大小"数值框中设置形状的大小为11，完成最大值的突出显示，如图5-35所示。用相同的方法设置最小值数据系列的格式，最后设置最大值和最小值数据系列标签的格式完成整个操作。

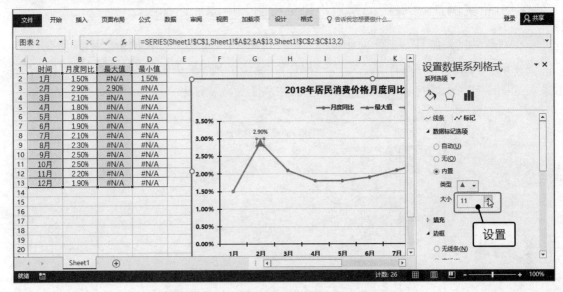

图5-35　更改数据标记形状的大小

【注意】在本例中，突出显示的最大值和最小值其实是一个数据系列，由于该数据系列中只有一个有效数值，因此显示为一个数据点。所以在最大值和最小值辅助列中，除了最值以外的其他单元格的数据不能用0值或者空值替代，因为0值和空值都会以数据0产生一个数据点，从而与最值连接，显示成折线数据系列，如图5-36所示的最大值数据系列的显示效果。

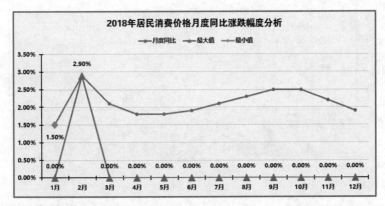

图5-36　非最大值数据用0值或空值代替#N/A值的最大值数据系列效果

5.1.5　添加目标值参考线

折线图的作用是对数据的变化趋势进行展示。如果要了解每个数据与目标数据之间的对比情况，是高于、低于还是等于目标数据，可以在折线图中添加一条表示目标值的

参考线，这样就可以让折线图中的各数据点与目标值之间的关系一目了然。这根参考线
也是通过辅助列的数据添加到图表中的。

[分析实例]——在产品销量趋势分析图表中添加达标线

在"产品销量统计"工作簿中创建了一个某产品销量趋势分析的折线图，现在要求
以当年的平均销量为达标销量，添加一根达标线来分析各月销量数据与达标线之间的关
系。如图 5-37 所示为在折线图中添加达标线的前后效果对比。

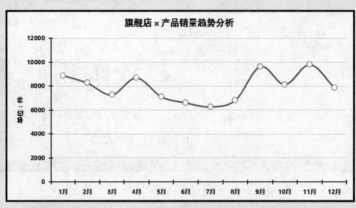

◎下载/初始文件/第 5 章/产品销量统计.xlsx

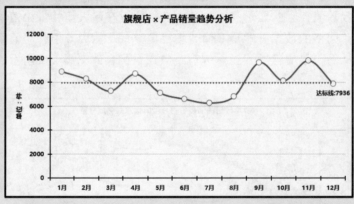

◎下载/最终文件/第 5 章/产品销量统计.xlsx

图 5-37　在折线图中添加达标线的前后效果对比

其具体的操作步骤如下。

Step01 打开素材文件，❶在 C1 单元格中输入"达标销量"文本，❷选择 C2:C13 单元
格区域，❸在编辑栏中输入"=INT(AVERAGE($B$2:$B$13))"公式，按【Ctrl+Enter】
组合键确认输入的公式，获取平均值的整数，如图 5-38 所示。

Step02 ❶选择图表，❷在数据源中拖动蓝色矩形框到 C13 单元格，将辅助列数据添加
到图表中，如图 5-39 所示。

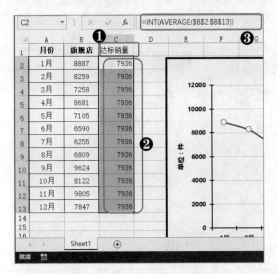

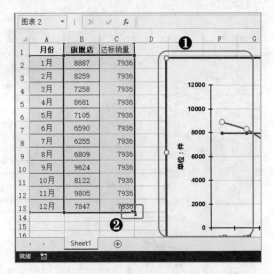

图 5-38 获取平均销量并取整 　　　图 5-39 将辅助列数据添加到图表中

Step03 ❶选择添加的达标销量数据系列，打开"设置数据系列格式"任务窗格，❷单击"填充与线条"选项卡，❸单击"标记"选项卡，❹展开"数据标记选项"栏，❺选中"无"单选按钮取消数据系列线上的数据点的显示，如图 5-40 所示。

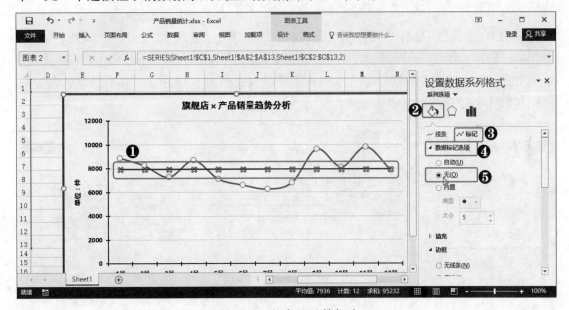

图 5-40 取消显示数据点

Step04 ❶保持数据系列的选择状态，在"边框"栏中单击"短划线类型"下拉按钮，❷在弹出的下拉列表中选择"圆点"选项，更改数据系列的折线线条样式，如图 5-41所示。

Step05 ❶单独选择辅助列数据系列的最后一个数据点，单击"图表工具 设计"选项卡，❷在"图表布局"组中单击"添加图表元素"下拉按钮，❸在弹出的下拉菜单中选择"数据标签/下方"命令为数据点添加数据标签，如图 5-42 所示。

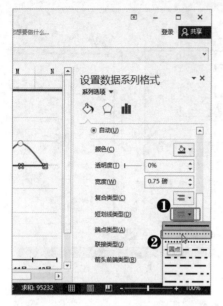

图 5-41 设置折线线条样式

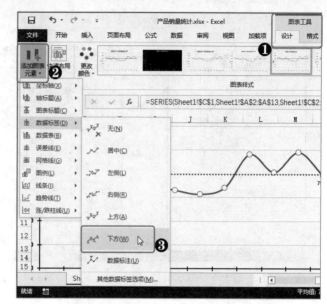

图 5-42 为数据点添加数据标签

Step06 ❶选择添加的数据标签，❷在"开始"选项卡"字体"组中设置标签文本的字体格式为微软雅黑、加粗，字体颜色为"黑色，文字 1"，如图 5-43 所示。

Step07 ❶在"设置数据标签格式"任务窗格中单击"标签选项"选项卡，❷展开"数字"栏，❸在"格式代码"文本框中的"G/通用格式"文本前面输入"达标线:"文本，单击"添加"按钮完成数据标签文本的自定义设置，如图 5-44 所示。最后关闭"设置数据标签格式"任务窗格完成整个操作。

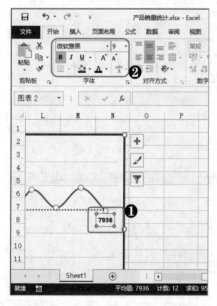

图 5-43 设置数据标签文本的格式

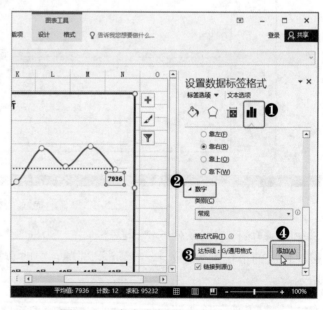

图 5-44 自定义标签文本的显示内容

5.1.6 处理折线图的断裂问题

当图表数据源中有空白数据时，创建的折线图就会出现断裂。对于断裂的折线图，可以通过三种不同的方法处理，包括使用空距处理、使用零值处理和使用直线连接处理。

◆ **使用空距处理断裂的折线图**：空距处理断裂的折线图是 Excel 默认的处理方式，其中的空白数据点没有图形绘制。

◆ **使用零值处理断裂的折线图**：使用零值处理断裂的折线图可将断裂前后的数据连接起来，其中空白的数据在图表中以零值显示。

◆ **使用直线连接处理断裂的折线图**：用直线连接断裂的折线图就是在数据系列上直接忽略空值（坐标轴上会继续显示），断裂前后的数据用直线连接起来，这样就显示为一个完整的折线图。

以上三种处理折线图中断裂的问题，都是通过单击"选择数据源"对话框中的"隐藏的单元格和空单元格"按钮，在打开的"隐藏和空单元格设置"对话框中进行处理。

 [分析实例]——将断裂的股票开盘与收盘分析折线图连接起来

在"个股行情分析"工作簿中根据开盘价和收盘价创建了一个折线图，由于股票只有工作日开盘交易，因此周六、周日和法定节假日是没有交易数据的，从而导致折线图在这两日前后出现了断裂现象，现在需要通过直线连接的方式来处理断裂的折线图。如图 5-45 所示为处理断裂折线图的前后效果对比。

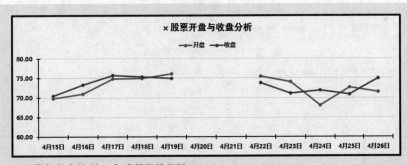

◎下载/初始文件/第 5 章/个股行情分析.xlsx

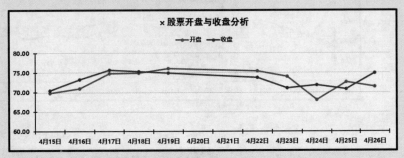

◎下载/最终文件/第 5 章/个股行情分析.xlsx

图 5-45　处理断裂折线图的前后效果对比

其具体的操作步骤如下。

Step01 打开素材文件，❶选择图表，在其上右击，❷在弹出的快捷菜单中选择"选择数据"命令，如图 5-46 所示。

Step02 在打开的"选择数据源"对话框中单击左下角的"隐藏的单元格和空单元格"按钮，如图 5-47 所示。

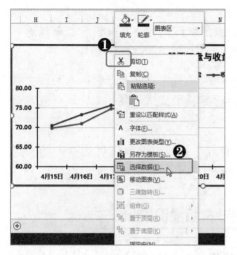

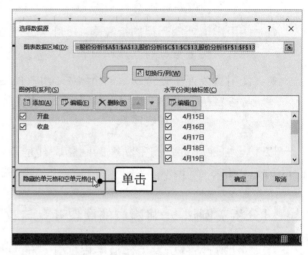

图 5-46　选择"选择数据"命令　　　图 5-47　单击"隐藏的单元格和空单元格"按钮

Step03 ❶在打开的"隐藏和空单元格设置"对话框的"空单元格显示为"栏中选中"用直线连接数据点"单选按钮，❷单击"确定"按钮，在返回的"选择数据源"对话框中单击"确定"按钮确认设置，完成整个操作，如图 5-48 所示。（如果选中"零值"单选按钮，则是使用零值来处理断裂的折线图）。

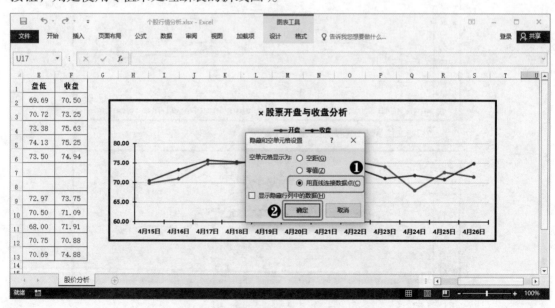

图 5-48　设置空单元格的显示方式

5.1.7 利用控件动态显示最近 N 个数据的变化趋势

在实际工作中，有时候采集的数据很多，但在分析时，可能只需要查看某段时间内的数据变化趋势。为了更加灵活地设置数据的查看范围，此时可以使用系统提供的数值调节按钮控件来提供一个区域内连续数据的变化，从而实现动态显示最近 N 个数据的变化趋势。

▨ [分析实例]——制作最近 N 天的价格变化曲线

某超市为了查询方便，将某种商品每天的供货价和零售价都记录下来，现在需要制作一张价格走势图来查看最近 1 ~ 31 天内的价格变化情况，具体查看区间由用户自己选择。由于具体的天数是一个动态的数据，因此必须要制作一个辅助数据区域来获取用户选择的天数内的数据，并根据所选的区域制作折线图。

这里要查看的天数可以使用数值调节按钮来控制，而返回的数据区域可以最后一条记录为基准点，通过 OFFSET() 函数向上偏移 N 行（N 为通过数值调节按钮获得的数字）来获得。如图 5-49 所示为制作的动态价格走势图的前后效果对比。

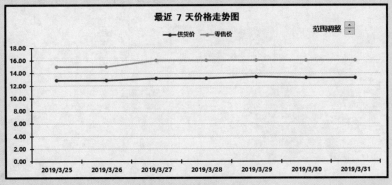

◎下载/初始文件/第 5 章/商品价格变化情况.xlsx

◎下载/最终文件/第 5 章/商品价格变化情况.xlsx

图 5-49 制作的动态价格走势图的前后效果对比

其具体的操作步骤如下。

Step01 打开素材文件，选择 A1:C2 单元格区域，按【Ctrl+C】组合键复制，再粘贴到 O1:Q2 单元格区域中，如图 5-50 所示。

Step02 ❶单击"开发工具"选项卡（如果应用程序当前没有显示该选项卡，首先需要将该选项卡在功能区中显示出来），❷在"控件"组中单击"插入"下拉按钮，❸在弹出的下拉列表的"表单控件"栏中选择"数值调节钮"选项，如图 5-51 所示。

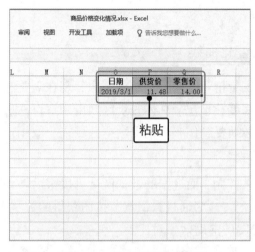

图 5-50　复制并粘贴数据

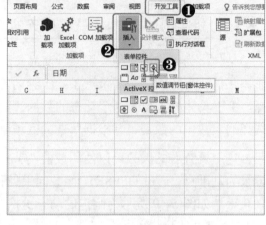

图 5-51　选择"数值调节钮"选项

Step03 ❶拖动鼠标光标在工作表中绘制一个数值调节按钮，在其上右击，❷在弹出的快捷菜单中选择"设置控件格式"命令，如图 5-52 所示。

Step04 ❶在打开的"设置控件格式"对话框中将当前值、最小值和最大值分别设置为 7、2 和 31，并将单元格链接设置为 N1 单元格，❷单击"确定"按钮，如图 5-53 所示。

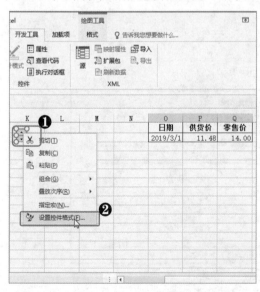

图 5-52　选择"设置控件格式"命令

图 5-53　设置控件格式

Step05 ❶选择 O2:Q32 单元格区域，❷在编辑栏中输入"=OFFSET($A$32,0,0,-$N$1,3)"

公式，按【Ctrl+Shift+Enter】组合键完成公式输入，如图 5-54 所示。

Step06 ❶选择 O2 单元格，❷单击"开始"选项卡"剪贴板"组中的"格式刷"按钮，❸拖动鼠标选择 O3:O32 单元格区域，将复制的格式应用到该单元格区域中，如图 5-55 所示。用相同的方法将 P2 单元格、Q2 单元格的格式应用到 P3:P32、Q3:Q32 单元格区域中。

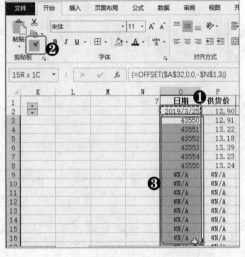

图 5-54　输入公式引用数据　　　　图 5-55　利用格式刷按钮复制格式

Step07 ❶选择 O1:P32 单元格区域，❷在"插入"选项卡的"图表"组中单击"插入折线图或面积图"下拉按钮，❸在弹出的下拉菜单中选择"带数据标记的折线图"选项，创建一个折线图，如图 5-56 所示。

Step08 保持图表的选择状态，在"图表工具 设计"选项卡的"数据"组中单击"选择数据"按钮，如图 5-57 所示。

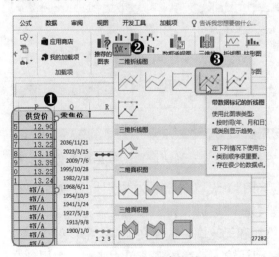

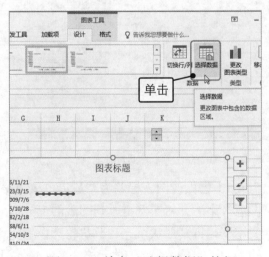

图 5-56　创建折线图　　　　　　图 5-57　单击"选择数据"按钮

Step09 在打开的"选择数据源"对话框的"图例项"列表框中默认选择"日期"图例

选项，直接单击"删除"按钮将该图例项删除，如图 5-58 所示。

Step10 在"水平（分类）轴标签"列表框中单击"编辑"按钮打开"轴标签"对话框，如图 5-59 所示。

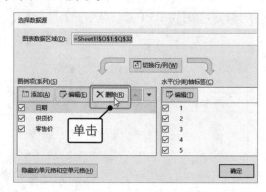

图 5-58　单击"删除"按钮

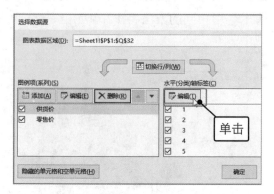

图 5-59　单击"编辑"按钮

Step11 ❶将文本插入点定位到"轴标签区域"参数框中，在工作表中选择 O2:O32 单元格区域，❷单击"确定"按钮，如图 5-60 所示。

Step12 在返回的对话框的"水平（分类）轴标签"列表框中即可查看到分类坐标轴的数据已经变为日期，单击"确定"按钮关闭对话框，如图 5-61 所示。

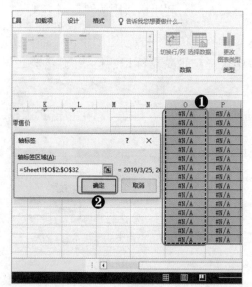

图 5-60　设置轴标签区域

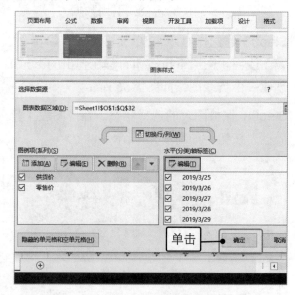

图 5-61　确认设置的数据源操作

Step13 ❶修改图表标题为"最近　天价格走势图"，设置图表中文本字体的对应格式、图表大小，并将图例更改到图表的上方显示，❷在"最近"和"天"文本之间绘制一个文本框，将其形状填充和形状轮廓设置为无填充和无轮廓，选择文本框，❸在编辑栏中输入"="，❹选择 N1 单元格，按【Enter】键确认输入，完成将该单元格的值引用到文本框中，如图 5-62 所示。

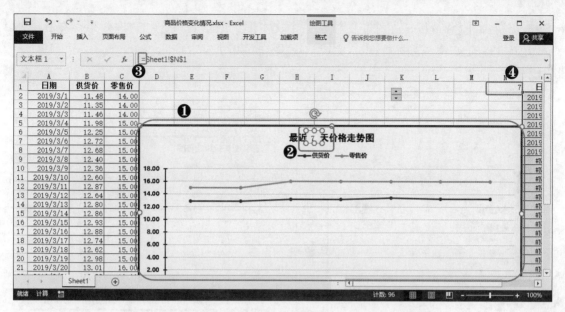

图 5-62　格式化图表效果并为添加的文本框引用数据

Step14 ❶保持文本框的选择状态，将其字体格式设置为"方正大黑简体，14，居中对齐"，打开"设置形状格式"任务窗格，❷单击"大小与属性"选项卡，❸在"垂直对齐方式"下拉列表框中选择"中部对齐"选项，❹设置左边距、右边距、上边距和下边距的值为 0 厘米，❺单击"关闭"按钮关闭任务窗格，如图 5-63 所示。

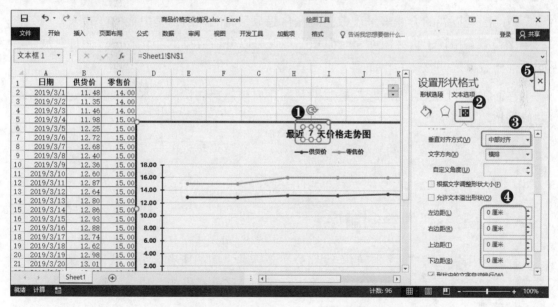

图 5-63　设置文本框的字体格式、垂直对齐方式和边距

Step15 ❶选择数值调节按钮控件，将其移动到图表的合适位置，❷单击"绘图工具 格式"选项卡的"排列"组中的"上移一层"按钮，将控件置于图表的上方显示，如图 5-64 所示。

Step16 在数值调节按钮控件左侧添加一个文本框，取消其填充和边框效果，在其中输入指定格式的文本"范围调整"，完成整个操作，如图 5-65 所示。

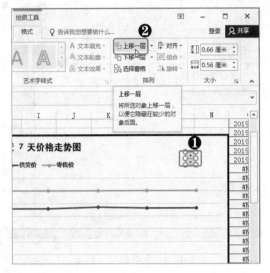

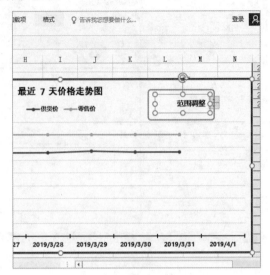

图 5-64　设置控件的位置和排列　　　　图 5-65　添加指定格式的文本框并输入文本

5.2　用面积图分析数据趋势

折线图是以线的方式来呈现数据的变化趋势，而面积图则是以面的方式来呈现数据的变化趋势。相较于折线图而言，面积图不仅可以分析数据的变化趋势，而且对展示不同系列的数据之间整体大小而言，也更直观。

在面积图中，最大的问题就是数据系列存在被遮挡的情况，本节主要对处理面积图的遮挡技巧进行讲解。

【注意】利用面积图来分析数据的趋势时，注意数据系列不要太多，否则面积块过多，颜色过艳，反而影响数据的分析。

5.2.1　指定系列的绘制顺序

面积图用实心填充数据点的连线到分类坐标轴之间的所有区域。默认情况下，程序会自动将各个数据系列按表格中的顺序进行排列，这就有可能造成一些数据值较小的数据系列被遮挡。

这种情况对数据分析是很不利的，所以用户需要将数据系列的绘制顺序进行调整，确保所有数据系列都能显示出来。

[分析实例]——调整员工扩展情况面积图的图例顺序

在"各分公司员工扩展情况"工作簿中创建了一个分析上海、北京、广州三家分公司的员工扩展情况面积图，由于上海分公司的扩展人数少，以致于在图表中被遮挡了。现在需要通过调整图例顺序，让该分公司扩展情况数据显示出来。如图 5-66 所示为调整面积图图例顺序的前后效果对比。

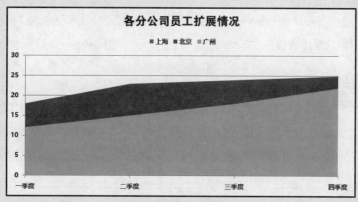

◎下载/初始文件/第 5 章/各分公司员工扩展情况.xlsx

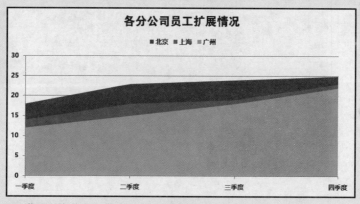

◎下载/最终文件/第 5 章/各分公司员工扩展情况.xlsx

图 5-66　调整面积图图例顺序的前后效果对比

其具体的操作步骤如下。

Step01 打开素材文件，❶选择图表，在其上右击，❷在弹出的快捷菜单中选择"选择数据"命令，如图 5-67 所示。

Step02 在打开的"选择数据源"对话框中的"图例项（系列）"列表框中自动选择位于第一位的上海图例项，❶单击"下移"按钮将上海图例项下移到第二位，❷单击"确定"按钮确认设置完成整个操作，如图 5-68 所示。

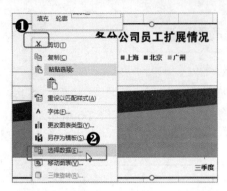

图 5-67　选择"选择数据"命令

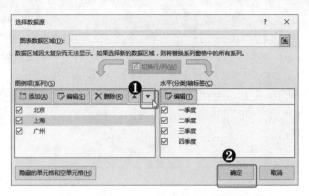

图 5-68　更改图例项的顺序

知识延伸　树状图的应用

在 Excel 2016 中，程序提供了树状图图表类型，一般用来表示数据按层级组成关系。它通过矩形的面积、颜色和排列来显示数据之间的关系，如图 5-69 所示。

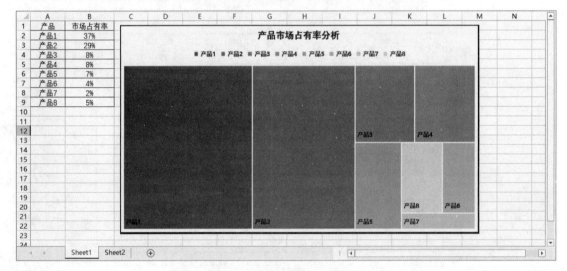

图 5-69　产品市场占有率分析树状图

早期版本的 Excel 软件中没有内置这种图表类型，如果用户要制作出如图 5-69 所示的图表效果，就只能通过面积图来演变，但是设置过程非常复杂。

5.2.2　使用透明效果处理遮挡问题

在面积图中，当不同数据系列在同一个位置有相互交错的情况时，数据展示效果也达不到理想的状态，特别是较小的数据会被较大数据遮挡。此时使用透明效果来处理重叠的面积也是一种不错的解决办法。

【注意】设置数据系列的透明填充效果时，面积的边框最好不要设置透明效果，这样可以确保各数据点能够清晰地展示。

 [分析实例]——为上市铺货分析面积图设置透明填充效果

在"产品上市铺货分析"工作簿中创建了一个新产品上市第一个月的铺货分析面积图，由于数据存在交叉情况，导致各大商场铺货地点的部分数据被遮挡了，不利于对该系列的数据变化趋势进行查看和分析。现在通过设置透明效果来处理遮挡问题，如图 5-70 所示是为面积图设置透明效果的前后效果对比。

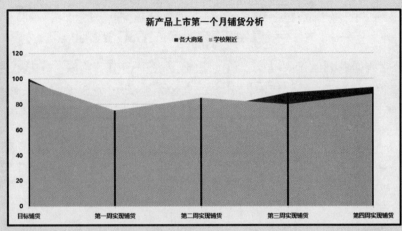

◎下载/初始文件/第 5 章/产品上市铺货分析.xlsx

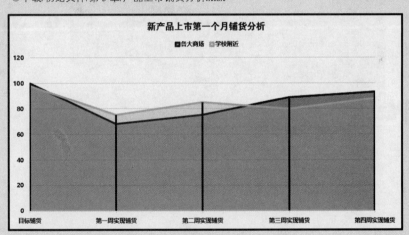

◎下载/最终文件/第 5 章/产品上市铺货分析.xlsx

图 5-70　为面积图设置透明效果的前后效果对比

其具体的操作步骤如下。

Step01 打开素材文件，❶选择图表中的"学校附近"数据系列，打开"设置数据系列格式"任务窗格，❷单击"填充与线条"选项卡，❸在展开的"填充"栏中选中"纯色填充"单选按钮，❹设置填充颜色为"橙色"，❺在"透明度"数值框中输入"60%"，如图 5-71 所示。

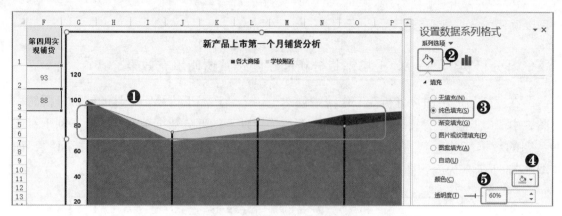

图 5-71　设置数据系列的填充色并设置透明效果

Step02 保持数据系列的选择状态，在"边框"栏中选中"实线"单选按钮，设置边框颜色为"橙色"，在"宽度"数值框中输入"3 磅"，即可完成该数据系列格式的设置，如图 5-72 所示。用相同的方法设置各大商场数据系列的格式，完成整个操作。

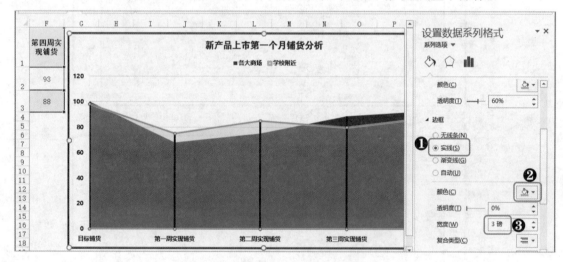

图 5-72　设置数据系列的边框格式

第6章
图表应用之相关关系的数据分析

在数据分析中，数据之间存在的关系有很多种，其中相关关系也是比较常见的一种。对于相关关系，一般可以使用 Excel 中的散点图、气泡图等图表类型来呈现数据分析结果。在本章中将具体针对这两种常见图表的应用和设置技巧进行具体讲解。让读者了解这种图表的实战应用，以及如何处理一些常见问题。

|本|章|要|点|

· 用散点图分析数据
· 用气泡图分析数据

6.1 用散点图分析数据

在 Excel 中，散点图是一种通过点来显示成对数据之间的相关关系的图表，由于散点图能够表现不同数据之间的相对位置和绝对位置，进而可以分析数据的分布情况。在本小节中将介绍散点图的具体应用与设置技巧。

6.1.1 用四象限散点图分析双指标数据

在使用散点图分析数据时，多个数据点无规律地分散在绘图区中，这对数据的分析和观察是不方便的。此时可以将绘图区划分为四个区域，实现数据的差异化分类，从而方便对同一个区域中的数据间的强弱关系进行分析。

 [分析实例]——制作手机品牌知名度和忠诚度调查结果四象限图

在"手机品牌知名度和忠诚度调查结果"工作簿中记录了各种品牌手机的知名度和忠诚度调查数据，现在要求根据这些数据创建一个四象限散点图来分析数据的相关性。如图 6-1 所示为创建的四象限散点图图表的前后效果对比。

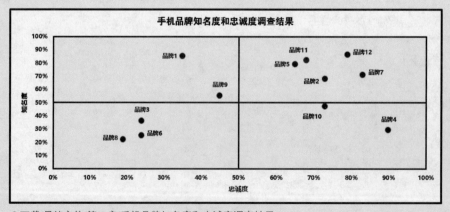

◎下载/初始文件/第 6 章/手机品牌知名度和忠诚度调查结果.xlsx

◎下载/最终文件/第 6 章/手机品牌知名度和忠诚度调查结果.xlsx

图 6-1　创建的四象限散点图图表的前后效果对比

其具体的操作步骤如下。

Step01 打开素材文件，❶选择任意空白单元格，❷在"插入"选项卡的"图表"组中单击"插入散点图（X、Y）或气泡图"下拉按钮，❸在弹出的下拉菜单中选择"散点图"选项创建一个空白的散点图图表，如图 6-2 所示。

Step02 ❶保持图表的选择状态，单击"图表工具 设计"选项卡"数据"组中的"选择数据"按钮，❷在打开的"选择数据源"对话框中单击"添加"按钮，如图 6-3 所示。

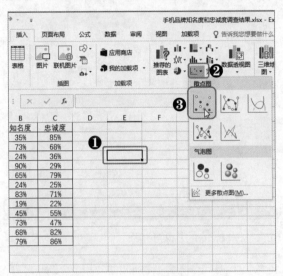

图 6-2　创建空白散点图

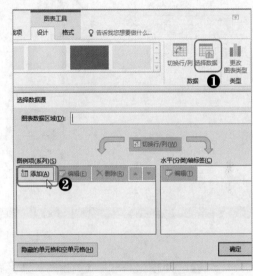

图 6-3　单击"添加"按钮

Step03 ❶在打开的"编辑数据系列"对话框中设置系列名称为 B1 单元格，设置 X 轴系列值为 B2:B13 单元格区域，设置 Y 轴系列值为 C2:C13 单元格区域，❷单击"确定"按钮，如图 6-4 所示。

Step04 在返回的对话框中直接单击"确定"按钮，确认添加的图表数据并关闭对话框，如图 6-5 所示。

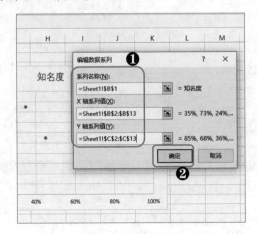

图 6-4　编辑数据系列

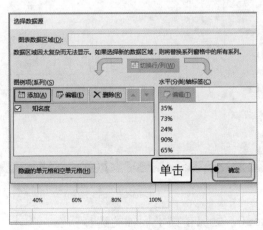

图 6-5　确认添加的数据源

Step05 ❶双击纵坐标轴打开"设置坐标轴格式"任务窗格，❷在"横坐标轴交叉"栏中选中"坐标轴值"单选按钮，并设置其值为 0.5，❸单击"标签"栏中的"标签位置"下拉列表框右侧的下拉按钮，选择"低"选项，从而更改纵坐标轴的标签位置，如图 6-6 所示。

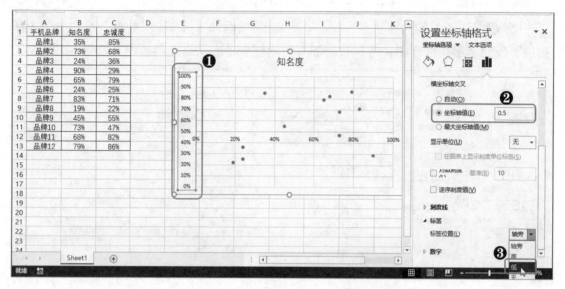

图 6-6　上移横坐标轴并修改纵坐标轴的标签位置

Step06 ❶选择横坐标轴，❷在"纵坐标轴交叉"栏中选中"坐标轴值"单选按钮，并设置其值为 0.5，将纵坐标轴右移，❸单击"标签"栏中的"标签位置"下拉列表框右侧的下拉按钮，选择"低"选项，更改横坐标轴的标签位置，如图 6-7 所示。

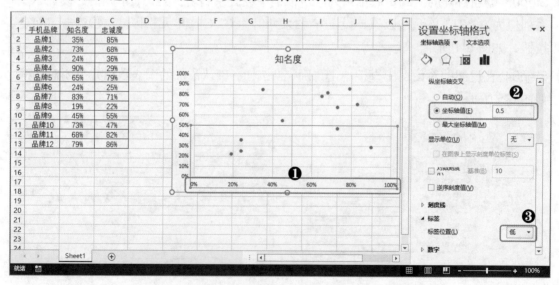

图 6-7　右移纵坐标轴并修改横坐标轴的标签位置

Step07 ❶保持横坐标轴的选择状态，单击"填充与线条"选项卡，❷设置边框颜色为"黑色，文字 1"，❸在"宽度"数值框中输入"2 磅"更改横坐标轴线条格式，如图 6-8

所示。用相同的方法更改纵坐标轴的线条为相同格式。

Step08 选择绘图区，将其边框格式设置为与坐标轴线条相同的颜色和粗细格式，单击"图表元素"按钮，取消选中"网格线"复选框，取消绘图区中显示的网格线，如图 6-9 所示。

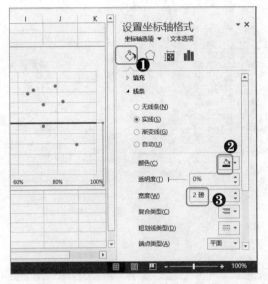

图 6-8　修改横坐标轴的线条格式　　　　图 6-9　设置绘图区边框并取消网格线

Step09 ❶选择数据系列，❷单击"填充与线条"选项卡，❸在"标记"选项卡中选中"内置"单选按钮，将其标记大小设置为 10，❹将标记的填充色设置为红色，如图 6-10 所示。关闭任务窗格即可完成整个操作。

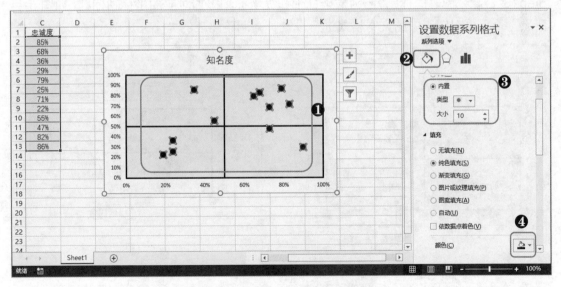

图 6-10　设置标记的大小和颜色

Step10 ❶为数据系列添加数据标签，❷在"设置数据标签格式"任务窗格中展开"标签选项"栏，取消选中"显示引导线"复选框，仅选中"Y 值"复选框，如图 6-11 所示。

Step11 ❶单独选择一个数据标签，❷在编辑栏中输入"="符号后，❸选择 Y 值对应的手机品牌单元格（如果存在相同的 Y 值，则可以将该数据点的 X 值显示出来，结合两个数据来判断对应的品牌名称），按【Enter】键确认输入的公式，完成该数据点数据标签文本的修改，如图 6-12 所示。

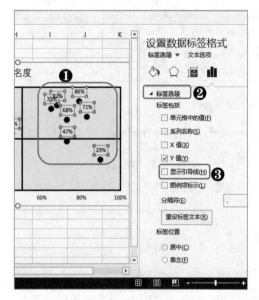

图 6-11　添加数据标签　　　　　　　　图 6-12　更改数据点的数据标签文本

Step12 用相同的方法更改其他数据点对应的数据标签文本，并对每个数据点的数据标签位置进行调整，使其显示在合适的位置，如图 6-13 所示。

Step13 ❶修改图表的标题，❷为横坐标轴和纵坐标轴添加对应的坐标轴标题，如图 6-14 所示。最后再对图表中的文本格式进行设置，并调整图表的大小完成整个操作。

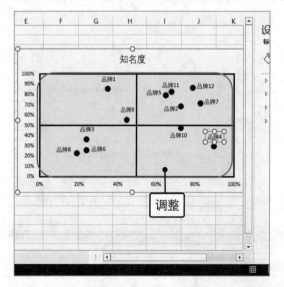
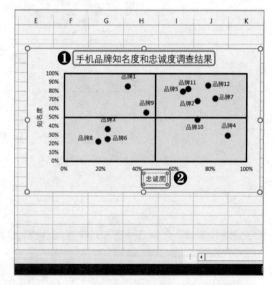

图 6-13　完成数据标签文本的修改并调整位置　　　图 6-14　修改标题并添加坐标轴标题

6.1.2 使用对数刻度让散点图更清晰

在散点图中，使用带有线条的散点图图表类型来进行相关性分析时，由于横坐标对应一个值，纵坐标对应一个值，如果按照这两个值来绘制散点图，则最终只会出现一条带折线的散点图，这种效果是看不出两个数据有什么关系的。此时可以添加一个辅助列，将横坐标变为两个，从而让一个变量对应一条折线，便可以绘制出两条带折线的散点图，这样就能分析两个数据的相关关系了。

【注意】如果两个变量之间的数据有点大，此时绘制出来的散点图，其中变量较小的值对应的散点图折线就会变成一根横线，必须将纵坐标轴设置为对数刻度来解决该问题。

 [分析实例]——利用散点图分析月入店铺次数和平均消费的关系

在"顾客月平均入店铺次数和平均消费金额分析"工作簿中根据记录的月入店铺次数和平均消费金额数据创建了一个带折线的散点图，现在需要借助辅助列和对数刻度对该图表进行优化编辑，从而让两个数据之间的相关关系更加直观。如图 6-15 所示为使用对数刻度显示散点图的前后效果对比。

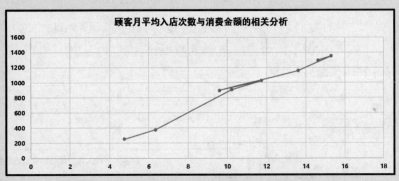

◎下载/初始文件/第 6 章/顾客月平均入店铺次数和平均消费金额分析.xlsx

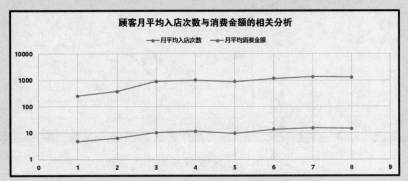

◎下载/最终文件/第 6 章/顾客月平均入店铺次数和平均消费金额分析.xlsx

图 6-15　使用对数刻度显示散点图的前后效果对比

其具体的操作步骤如下。

Step01 打开素材文件，❶在"月平均入店次数"列左侧插入一列空白列，在 A2:A3 单元格区域中输入"1"和"2"，❷选择该单元格区域，将鼠标光标移动到单元格区域的控制柄上，按住鼠标左键不放进行拖动，当拖动到 A9 单元格的位置时释放鼠标左键完成数据的填充，如图 6-16 所示。

图 6-16　添加辅助列数据

Step02 选择图表中的数据系列，按【Delete】键将其删除，❶复制 A1:C9 单元格的数据，❷选择图表，按【Ctrl+V】组合键将复制的数据添加到散点图中，重新创建一个新的散点图，如图 6-17 所示。

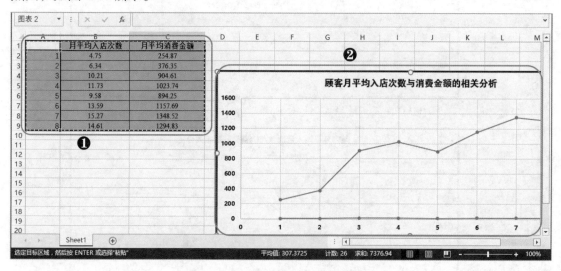

图 6-17　更改散点图中的数据

Step03 ❶双击纵坐标轴打开"设置坐标轴格式"任务窗格，❷选中"对数刻度"复选框，让月平均入店次数折线显示清晰，❸单击"关闭"按钮，关闭"设置坐标轴格式"任务窗格，如图 6-18 所示。

Step04 ❶选择图表，单击右上角的"图表元素"按钮，❷在弹出的面板中将鼠标光标移动到"图例"选项上，当出现向右的三角形按钮时，单击该按钮，❸在弹出的菜单中选择"顶部"选项为图表添加图例元素，如图 6-19 所示。对图例的文本设置"微软雅黑，加粗"格式，设置字体颜色为"黑色，文字 1"颜色，完成整个操作。

图 6-18　选中"对数刻度"复选框

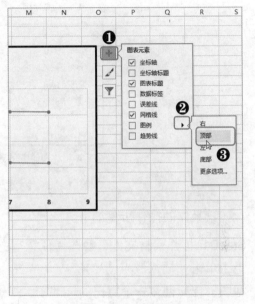

图 6-19　添加图例

6.2　用气泡图分析数据

气泡图以两组数据构建坐标轴，并将各数据点分布到坐标轴中（这与散点图相同），而第三组数据则代表了气泡的大小。下面就来介绍一下使用气泡图分析数据需要掌握的方法和技巧。

6.2.1　气泡图的正确创建方式

与柱形图、条形图不一样，由于气泡图的特殊性，通常我们在创建的时候如果按照既定的思路进行操作，那么创建出来的气泡图很可能就不是我们所需要的效果。创建气泡图，首先要创建一个空白图表，然后逐个将数据点添加到图表中。

[分析实例]——创建牛奶销售分析气泡图

下面通过在"超市牛奶销量分析"工作簿创建牛奶销量分析气泡图为例，讲解正确创建气泡图的相关操作。如图 6-20 所示为创建气泡图的前后效果对比。

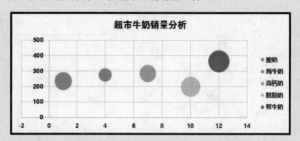

	A	B	C	D	E	F	G
1	品牌名称	每次购买量	购买频次	同类产品销量占比			
2	酸奶	1	235	51%			
3	纯牛奶	4	276	29%			
4	高钙奶	7	284	47%			
5	脱脂奶	10	197	63%			
6	鲜牛奶	12	364	75%			
7							

◎下载/初始文件/第 6 章/超市牛奶销量分析.xlsx

◎下载/最终文件/第 6 章/超市牛奶销量分析.xlsx

图 6-20   创建气泡图的前后效果对比

其具体的操作步骤如下。

Step01 打开素材文件，❶选择任意空白单元格，单击"插入"选项卡，❷在"图表"组中单击"插入散点图（X、Y）或气泡图"下拉按钮，在弹出的下拉菜单中选择"气泡图"选项创建一个空白的气泡图，如图 6-21 所示。

Step02 ❶保持图表的选择状态，单击"图表工具 设计"选项卡"数据"组中的"选择数据"按钮，❷在打开的"选择数据源"对话框中单击"添加"按钮，如图 6-22 所示。

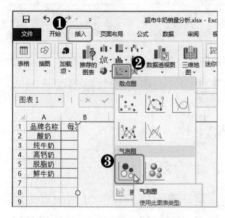

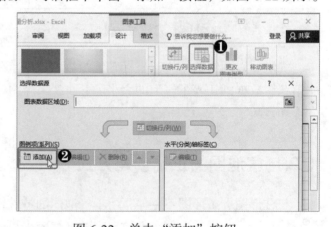

图 6-21   新建空白气泡图　　　　　　图 6-22   单击"添加"按钮

Step03 ❶在打开的"编辑数据系列"对话框中设置系列名称、X 轴系列值、Y 轴系列值、系列气泡大小分别为 A2、B2、C2、D2 单元格中的值，❷单击"确定"按钮完成第一个气泡数据系列的绘制，如图 6-23 所示。

Step04 ❶用相同的方法添加其他牛奶的销量情况，❷在"选择数据源"对话框中单击"确定"按钮关闭对话框，如图 6-24 所示。对图表进行简单设置和美化完成整个操作。

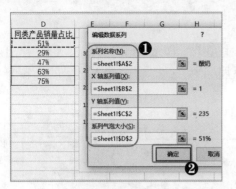

图 6-23　绘制气泡

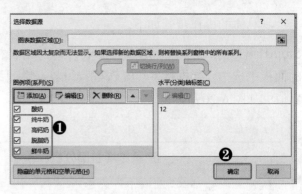

图 6-24　添加其他气泡

6.2.2　在标签中显示气泡大小

由于气泡图是由三个数据绘制而成的，它不像柱形图、条形图、折线图那样，直接添加标签文本，即可描述数据形状的大小。在默认情况下，直接添加数据标签不显示气泡大小，此时用户需要手动更改。

[分析实例]——为产品市场份额气泡图的数据点添加标签

下面通过为产品市场份额气泡图添加表示气泡大小的数据标签为例，讲解在标签中显示气泡大小的相关操作。如图 6-25 所示为添加标签的前后效果对比。

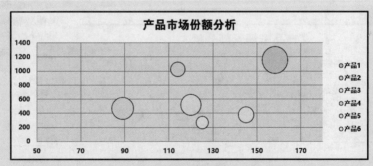

◎下载/初始文件/第 6 章/产品市场份额分析.xlsx

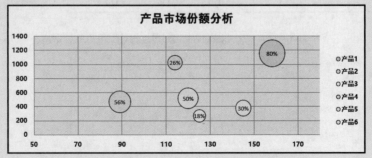

◎下载/最终文件/第 6 章/产品市场份额分析.xlsx

图 6-25　添加标签的前后效果对比

其具体的操作步骤如下。

Step01 打开素材文件，❶选择图表，单击图表右上角的"图表元素"按钮，❷在弹出的面板中选中"数据标签"复选框，为数据系列添加标签，此时程序默认显示的标签为Y值，如图 6-26 所示。

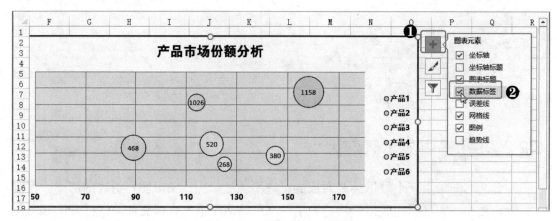

图 6-26　添加数据标签

Step02 ❶选择一个数据标签，打开"设置数据标签格式"任务窗格，❷在"标签选项"栏中取消选中"Y 值"复选框，❸选中"气泡大小"复选框即可在气泡上显示描述该气泡大小的数值，如图 6-27 所示，通过该数值就可以直观地对各个气泡的大小进行比较。用相同的方法为其他气泡更改对应的标签值，完成整个操作。

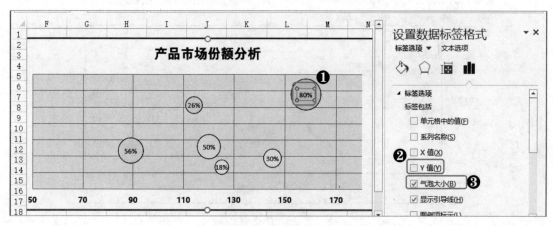

图 6-27　更改数据标签的显示值为气泡大小

第7章
识数据透视表
方知 Excel 数据分析真本领

数据透视表（Pivot Table）是一种交互式的表，可以进行某些计算，如求和与计数等。之所以称为数据透视表，因为其可以动态地改变它们的版面布置，以便按照不同方式分析数据，也可以重新安排行号、列标和页字段。本章将详细讲解数据透视表的用途、布局和创建等基本操作，让用户认识数据透视表。

|本|章|要|点|

· 数据透视表——Excel 数据分析的必然选择
· 将不符合要求的数据源规范化
· 认识数据透视表布局的主要工具
· 创建数据透视表

7.1 数据透视表——Excel 数据分析的必然选择

在人们的日常生活和工作中，数据分析变得越来越重要。当用户面对数以万计、亿计的数据分析时就能体会到数据透视表的强大，它是 Excel 数据分析的必然选择。

7.1.1 数据透视表能做什么

数据透视表是一种可以快速汇总大量数据和建立交叉列表的交互式表格，可以快速处理数据，主要有以下一些功能。

◆ 多种方式查询数据。

◆ 能帮助用户分析、组织数据，创建自定义计算和公式。

◆ 从不同角度对数据进行分类汇总，查看明细。

◆ 通过移动数据透视表的行和列，可以查看源数据的不同汇总结果。

◆ 对数据进行筛选、排序、分组和格式设置等。

◆ 对重要的数据信息进行联机或打印报表。

如 7-1 上图中所示的工作表记录了某公司 1 月份员工工资的信息情况，现在需要计算出公司 1 月所有员工工资的总和以及对税后工资从高到低进行排序。

要解决上述问题，如果不使用数据透视表，可能就需要利用公式、函数进行计算，对于不熟悉公式、函数的用户来说是比较麻烦的。但是，如果使用数据透视表则可以轻松解决这些问题，如 7-1 下图所示。

	A	B	C	D	E	F	G	H	I	J	K
1	编号	姓名	部门	基本工资	保险总额	考勤扣除	奖金总额	实际工资	个人所得税	税后工资	实发工资
2	QD2001104	赵杰	财务部	¥ 2,500.00	¥ 465.00	¥ 30.00	¥ 3,045.00	¥ 5,050.00	¥ 1.50	¥ 5,048.50	¥ 5,048.50
3	QD2001105	钟亭亭	财务部	¥ 2,500.00	¥ 465.00	¥ 10.00	¥ 1,275.00	¥ 3,300.00	¥ -	¥ 3,300.00	¥ 3,300.00
4	QD2001108	张伟	财务部	¥ 3,000.00	¥ 558.00	¥ 20.00	¥ 300.00	¥ 2,722.00	¥	¥ 2,722.00	¥ 2,722.00
5	QD2001121	龚燕	财务部	¥ 2,500.00	¥ 465.00	¥ 30.00	¥ 3,045.00	¥ 5,050.00	¥ 1.50	¥ 5,048.50	¥ 5,048.50
6	QD2001126	王宏涛	财务部	¥ 3,000.00	¥ 558.00	¥ 10.00	¥ 300.00	¥ 2,732.00	¥	¥ 2,732.00	¥ 2,732.00
7	QD2001129	张文泉	财务部	¥ 4,500.00	¥ 837.00	¥ 10.00	¥ 5,815.00	¥ 9,468.00	¥ 164.04	¥ 9,303.96	¥ 9,303.96
8	QD2001132	谢晋	财务部	¥ 2,500.00	¥ 465.00	¥ 30.00	¥ 3,045.00	¥ 5,050.00	¥ 1.50	¥ 5,048.50	¥ 5,048.50
9	QD2001133	赵磊	财务部	¥ 2,500.00	¥ 465.00	¥ 10.00	¥ 1,275.00	¥ 3,300.00	¥ -	¥ 3,300.00	¥ 3,300.00
10	QD2001136	陈东	财务部	¥ 3,000.00	¥ 558.00	¥ 20.00	¥ 300.00	¥ 2,722.00	¥	¥ 2,722.00	¥ 2,722.00
11	QD2001141	王小涛	财务部	¥ 2,500.00	¥ 465.00	¥ 30.00	¥ 250.00	¥ 2,255.00	¥	¥ 2,255.00	¥ 2,255.00

	A	B	C	D	E	F	G
3	行标签	求和项:税后工资	求和项:基本工资	求和项:保险总额	求和项:考勤扣除	求和项:奖金总额	求和项:实际工资	求和项:个
4	陈昭翔	9303.96	4500	837	10	5815	9468
5	张文泉	9303.96	4500	837	10	5815	9468
6	张佳	9303.96	4500	837	10	5815	9468
7	赵磊	6012	5500	1023	40	1575	6012
8	谢晋	5048.5	2500	465	30	3045	5050
9	龚燕	5048.5	2500	465	30	3045	5050
10	赵杰	5048.5	2500	465	30	3045	5050
11	周丽华	5000	2500	465	10	2975	5000
12	董晓佳	5000	2500	465	10	2975	5000
13	李聘	5000	2500	465	10	2975	5000
14	薛敏	4860	2500	465	10	2835	4860
15	冯家燕	4860	2500	465	10	2835	4860
16	赵伟	4860	2500	465	10	2835	4860

Sheet1 1月 ⊕

图 7-1   使用数据透视表将员工税后工资从高到低排列

7.1.2 什么时候用数据透视表

当用户需要对错综复杂、数量庞大的数据进行汇总、分析，并从中提炼出具有价值的信息时，数据透视表是最简单、效率最高的方式。它还可以随时改变分析、校对以及计算的方法，那么在什么时候适合使用数据透视表呢？

◆ 需要对大量数据进行分类、多条件统计，但利用公式和函数进行统计效率非常低时。

◆ 需要调整统计结果的行和列，将数据移动到不同位置得到不同的数据及更有价值的数据信息，满足不同的需求。

◆ 通过统计结果获得所有原始数据，并可以将其制作成一张表格。

◆ 在原始数据变更后，需要分析的数据随之同步更新，从而能随时随地保证数据分析的准确性。

◆ 需要在统计结果中找到数据的内部关系，并且可以将这些数据按照一定的方式进行分组。

◆ 将统计结果利用图表展示出来，筛选出哪些数据需要在表格中显示，哪些数据不需要在表格中显示。

7.1.3 了解数据透视表的四大区域

在制作数据透视表时，通过不同的排序组合方式，针对同一个源数据，可以得到不同的数据报表，也就是可以从不同的角度了解源数据。数据透视表按结构分可分为四部分，分别为报表筛选区域、行标签区域、列标签区域以及数值区域，如图 7-2 所示。

图 7-2　数据透视表的四大区域

四大部分的作用各不相同，其具体的用法如下所示。

◆ **报表筛选区域**：控制透视表的数据范围，即通过筛选区域可以直接控制在其他三个区域中的哪些数据可以出现。

◆ **行标签区域**：该区域按钮将作为数据透视表的行字段。当行区域放入一个以上的字段时，将按照放入排序，嵌套展开显示，排在前面的字段先展开。

◆ **列标签区域**: 该区域按钮将作为数据透视表的列字段。当列区域放入一个以上的字段时, 将按照放入排序, 嵌套展开显示, 排在前面的字段先展开。

◆ **数值区域**: 数值区域就是统计的数据区域。通过数值区域, 可以选择统计的数据和统计方式, 该区域将显示数据透视表汇总后的数据。

7.1.4 数据透视表的常用术语

认识和了解数据透视表相关的术语是掌握数据透视表的第一步, 下面介绍一些常用的数据透视表术语及其含义, 如表 7-1 所示。

表 7-1 数据透视表的常用术语

名称	含义
总计	在数据透视表中为一行或一列的所有单元格显示总和的行或列。可以指定为行或列求和
组	作为单一项目看待的一组项目的集合, 可以手动或自动地为项目组合 (例如, 把日期归纳为月份)
项目	字段中的一个元素, 在数据透视表中作为行或列的标题显示
刷新	改变源数据后, 重新计算数据透视表
数据源	用来创建数据透视表的数据, 该数据可以位于工作表中, 也可位于外部的数据库中
分类总汇	在数据透视表中, 显示一行 (列) 中的详细单元格的分类汇总
轴	数据透视表中的一维, 如行、列、页等
列字段	在数据透视表中拥有列方向的字段, 字段的每一项目占用一列
行字段	在数据透视表中拥有行方向的字段, 字段的每个项目占用一行, 允许行字段的嵌套
页字段	在数据透视表中拥有分页方向的字段, 和三维立方体的一个片断相似。在一个页面字段内一次只可以显示一个项目 (或所有项目)
字段标题	描述字段内容, 默认状态为数据源中列标题
透视	调整一个或者多个字段的位置来重新安排数据透视表
汇总函数	计算表格中数值的函数, 如求和、求平均值、计数等

7.2 将不符合要求的数据源规范化

如果使用 Excel 中的数据作为数据透视表的数据源, 那么在创建数据表之前需要判断数据源的结构是否符合数据透视表对数据源的要求。如果不符合要求, 则需要对这些数据源进行整理。

7.2.1 删除数据透视表区域中的空行或者空列

在作为数据源的数据表中有时可能会出现空行或空列的情况，不符合数据透视表的要求，就需要将这些空行或空列删除。删除指定区域中的空行或空列的方法多种多样，常用的有排序法、高级筛选法、查找替换法以及 VB 代码法等。

在这些方法中，排序法最为简单并且使用频率最高。但该方法可能会对数据区域中的数据排列顺序造成一定的影响。为了避免对数据源的数据排列顺序造成影响，推荐使用查找替换法。

 [分析实例]——删除发货明细数据表中的空行

为了方便区分各个公司的发货数据，在发货明细数据表中，使用空行将其隔开。为符合数据透视表数据源的要求，需要将其中的空行删除。

下面以将发货明细表中的空行删除为例，讲解利用查找替换法删除数据源表格中的空行的相关操作，如图 7-3 所示为删除空行前后效果对比。

	A	B	C	D	E	F	G
173	2018/11/22	AY分公司	李江峡	叶财富	ZS16-16-16	1*50	24
174	2018/11/23	AY分公司	李江峡	魏月明	ZS25-7-8	1*50	6.9
175	2018/12/5	AY分公司	李江峡	魏月明	ZS17-8-15	1*50	3
176	2018/12/5	AY分公司	李江峡	魏金远	ZS17-8-15	1*50	2
177	2018/12/7	AY分公司	李江峡	魏月明	ZS25-7-8	1*50	-6.9
178	2018/12/7	AY分公司	李江峡	魏月明	ZS25-7-8	1*50	6.9
179							
180	2018/2/10	DN分公司	张仁俊	叶雪山	ZS15-15-15	1*50	0.5
181	2018/2/14	DN分公司	赖伟坚	赖昌全	ZS15-15-15	1*50	1

发货明细

◎下载/初始文件/第 7 章/发货明细.xlsx

	A	B	C	D	E	F	G
173	2018/11/22	AY分公司	李江峡	叶财富	ZS16-16-16	1*50	24
174	2018/11/23	AY分公司	李江峡	魏月明	ZS25-7-8	1*50	6.9
175	2018/12/5	AY分公司	李江峡	魏月明	ZS17-8-15	1*50	3
176	2018/12/5	AY分公司	李江峡	魏金远	ZS17-8-15	1*50	2
177	2018/12/7	AY分公司	李江峡	魏月明	ZS25-7-8	1*50	-6.9
178	2018/12/7	AY分公司	李江峡	魏月明	ZS25-7-8	1*50	6.9
179	2018/2/10	DN分公司	张仁俊	叶雪山	ZS15-15-15	1*50	0.5
180	2018/2/14	DN分公司	赖伟坚	赖昌全	ZS15-15-15	1*50	1
181	2018/2/15	DN分公司	赖伟坚	郭福平	ZS15-15-15	1*50	1

发货明细

◎下载/最终文件/第 7 章/发货明细.xlsx

图 7-3   删除空行前后效果对比

其具体操作步骤如下。

Step01 打开素材文件，❶单击"开始"选项卡"编辑"组中的"查找和选择"下拉按钮，❷选择"查找"命令，或者直接按【Ctrl+F】组合键，如图 7-4 所示。

Step02 ❶在打开的"查找和替换"对话框中单击"查找全部"按钮，❷保持"查找和替换"对话框处于激活状态，按【Ctrl+A】组合键选择表格所有空行，如图 7-5 所示。

图 7-4　打开"查找和替换"对话框

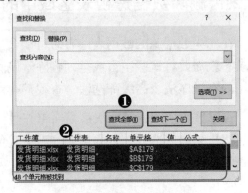

图 7-5　选中所有空行

Step03 ❶关闭"查找和替换"对话框，在任意已选择的单元格上右击，❷在弹出的快捷菜单中选择"删除"命令，如图 7-6 所示。

Step04 ❶在打开的"删除"对话框中选中"整行"单选按钮，❷单击"确定"按钮，如图 7-7 所示。

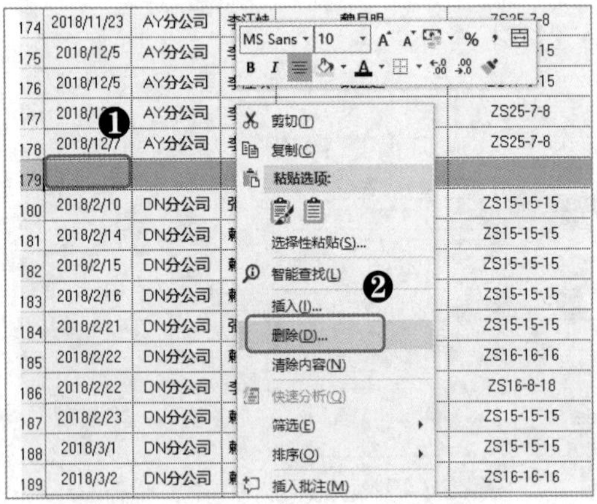

图 7-6　打开"删除"对话框

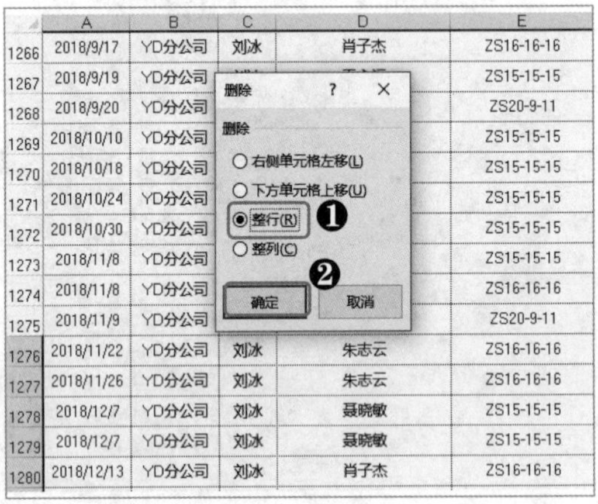

图 7-7　删除所有空行

知识延伸　*利用定位条件删除空行*

　　除了前面列举的几种删除指定区域中空行或空列的方法，通过定位条件功能也可以删除空行或空列。

　　在 Excel 中，利用定位条件中的空值定位条件可以巧妙地删除表格中的空行或者空列。使用条件定位功能可直接定位到单元格，而且这些单元格已经被选择，直接删除即可，所以其步骤要比查找替换法少。

Step01 ❶单击"开始"选项卡"编辑"组中的"查找和选择"下拉按钮，❷选择"定位条件"命令，如图 7-8 所示。

Step02 ❶在打开的"定位条件"对话框中选中"空值"单选按钮，❷单击"确定"按钮，即可选中所有空格，如图 7-9 所示。

图 7-8　打开"定位条件"对话框

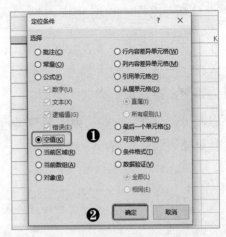

图 7-9　设置定位条件

Step03 在任意选择的单元格上右击，❶在弹出的快捷菜单中选择"删除"命令，❷在打开的"删除"对话框中选中"整行"单选按钮，❸单击"确定"按钮即可删除表格中所有空行，如图 7-10 所示。

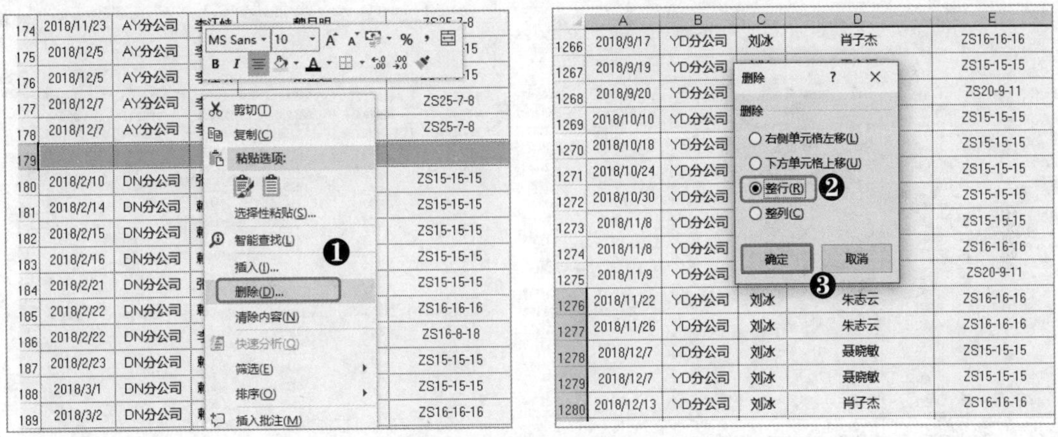

图 7-10　删除所有空行

7.2.2 将同一列中的分类行单独列出来

为了方便管理较多的数据源，都会对数据进行分类，将对数据明细的分类与数据明细放置在同一列中。如果数据源数据比较多，这样做还可以节省表格空间。但如果直接将其作为数据透视表的数据源，那么在使用数据透视表进行数据统计的时候会出现多余的数据，可能会出现统计结果错误的情况。并且只能得到数据源中的分类数据，不能进一步详细分析数据。

想要解决这个问题就需要在数据源表格中将对数据明细的分类单独列出，并对每一

Excel 数据处理与分析应用大全

条数据添加分类。

 [分析实例]——将北京市城乡人口普查工作表中的区县单独列为一列

在北京市城乡人口普查数据表中可以看到，该表将街道、乡镇及其所属的区县全部都输入在"地区"字段中。为了方便数据分析整理，需要将其中的区县单独列为一列，并且为每个乡镇、街道添加所属区县。

以此为例，讲解将同一列中的分类行单独列举出来的相关操作方法，如图 7-11 所示为区县单独列为一列的前后效果对比。

	A	B	C	D	E	F	G	H	I	J	K
5	合　　计	13569194	7074518	6494676	4096844	11922945	5925670	5997275	1843768	958876	884892
6	市辖区	11509595	6020903	5488692	3483627	9983850	4953054	5030796	1447299	752948	694351
7	东城区	535558	269492	266066	169723	489295	235784	253511	60348	31068	29280
8	东华门街道	61795	31477	30318	18101	53061	25167	27894	6399	3328	3071
9	景山街道	37380	18745	18635	12011	34607	16720	17887	4276	2211	2065
10	交道口街道	40351	21442	18909	12370	34655	16754	17901	4323	2228	2095
11	安定门街道	44691	22104	22587	14817	42562	20660	21902	5309	2713	2596
12	北新桥街道	65791	32903	32888	21229	61638	30142	31496	7671	3983	3688
13	东四街道	40773	20200	20573	13788	38189	18407	19782	4867	2464	2403
14	朝阳门街道	34692	17549	17143	10660	31470	15093	16377	3775	1884	1891
15	建国门街道	57922	28979	28943	18537	52833	25463	27370	6269	3220	3049
16	东直门街道	48232	24375	23857	15148	44667	21623	23044	5405	2767	2638
17	和平里街道	103931	51718	52213	33062	95613	45755	49858	12054	6292	5784
18	西城区	706691	360472	346219	230554	630535	305665	324870	77320	40140	37180
19	西长安街街	57145	28621	28524	20182	52536	25247	27289	6384	3297	3087
20	广桥街道	68984	34467	34517	22797	59904	28694	31210	7797	3991	3806

◎下载/初始文件/第 7 章/北京市城乡人口普查 1.xlsx

	A	B	C	D	E	F	G	H	I	J	K
6	市辖区	市辖区	市辖区	11509595	6020903	5488692	3483627	9983850	4953054	5030796	1447299
7	市辖区	东城区	东城区	535558	269492	266066	169723	489295	235784	253511	60348
8	市辖区	东城区	东华门街道	61795	31477	30318	18101	53061	25167	27894	6399
9	市辖区	东城区	景山街道	37380	18745	18635	12011	34607	16720	17887	4276
10	市辖区	东城区	交道口街道	40351	21442	18909	12370	34655	16754	17901	4323
11	市辖区	东城区	安定门街道	44691	22104	22587	14817	42562	20660	21902	5309
12	市辖区	东城区	北新桥街道	65791	32903	32888	21229	61638	30142	31496	7671
13	市辖区	东城区	东四街道	40773	20200	20573	13788	38189	18407	19782	4867
14	市辖区	东城区	朝阳门街道	34692	17549	17143	10660	31470	15093	16377	3775
15	市辖区	东城区	建国门街道	57922	28979	28943	18537	52833	25463	27370	6269
16	市辖区	东城区	东直门街道	48232	24375	23857	15148	44667	21623	23044	5405
17	市辖区	东城区	和平里街道	103931	51718	52213	33062	95613	45755	49858	12054
18	市辖区	西城区	西城区	706691	360472	346219	230554	630535	305665	324870	77320
19	市辖区	西城区	西长安街街	57145	28621	28524	20182	52536	25247	27289	6384
20	市辖区	西城区	广桥街道	68984	34467	34517	22797	59904	28694	31210	7797
21	市辖区	西城区	新街口街道	69993	36988	33005	23713	61814	30258	31556	7323
22	市辖区	西城区	福绥境街道	64734	32281	32453	23202	61283	29828	31455	7522
23	市辖区	西城区	丰盛街道	41556	21354	20202	13631	36877	17831	19046	4663

◎下载/最终文件/第 7 章/北京市城乡人口普查 1.xlsx

图 7-11　区县单独列为一列的前后效果对比

其具体操作步骤如下。

Step01 打开素材文件，❶在"地区"字段前插入"区县"字段，❷在 A6 单元格中输入公式，❸向下填充，如图 7-12 所示。

Step02 ❶单击"开始"选项卡的"编辑"组中的"查找和选择"下拉按钮，❷选择"定位条件"命令，如图 7-13 所示。

142

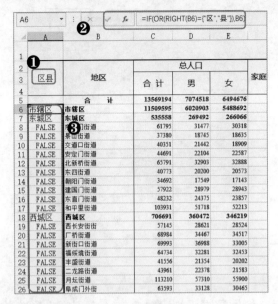

图 7-12　添加"区县"列

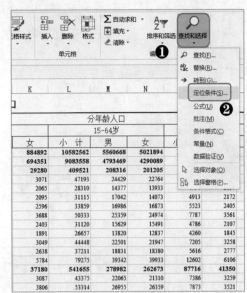

图 7-13　打开"定位条件"对话框

Step03 ❶在打开的"定位条件"对话框中选中"公式"单选按钮，❷取消选中公式组中的其他复选框，仅选中"逻辑值"复选框，单击"确定"按钮，如图 7-14 所示。

Step04 保持单元格的选择状态，在编辑栏中输入公式"=A7"，按【Ctrl+Enter】组合键，添加获取"区县"数据，如图 7-15 所示。

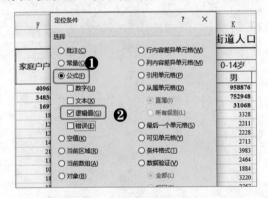

图 7-14　设置定位条件

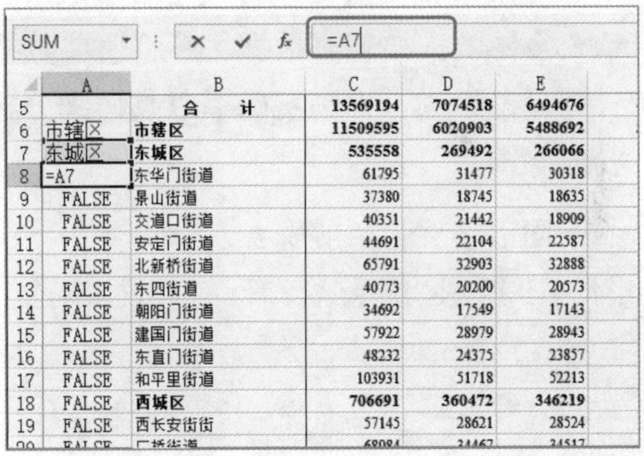

图 7-15　输入公式

Step05 ❶在"区县"字段前添加"范围"字段，❷在 A6 单元格输入公式，❸并向下填充，如图 7-16 所示。

Step06 按照本例的第 3～4 步相同的方法选中"错误"复选框，单击"确认"按钮，保持单元格的选择状态，在编辑栏中输入公式"=A6"，按【Ctrl+Enter】组合键，获取"范围"字段数据，如图 7-17 所示。

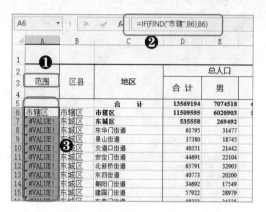

图 7-16　添加"范围"列　　　　　图 7-17　输入公式

7.2.3　删除数据区域中的小计行

在许多的数据表格中都会有小计行，但在使用数据透视表时会在一定程度上影响数据的统计汇总结果，并且在数据透视表中会自动添加各项目类别的小计，所以在使用数据透视表之前一般都会将其删除。

[分析实例]——删除北京市城乡人口普查数据表中的小计行

在北京市城乡人口普查数据表中可看到，在进行数据统计时该表格不仅记录了各个街道、乡镇的人口普查数据，还将这些数据进行了小计。但在使用数据透视表进行数据统计整理前，为了提高精确率以及详细分析各个乡镇、街道人口数据，则需要将这些小计行删除掉。

下面以将"北京市城乡人口普查 2"工作簿中的合计行删除为例，讲解其相关操作，如图 7-18 所示为删除合计行前后效果对比。

	A	B	C	D	E	F	G	H	I	J	K
7	东城区	535558	269492	266066	169723	489295	235784	253511	60348	31068	29280
8	东华门街道	61795	31477	30318	18101	53061	25167	27894	6399	3328	3071
9	景山街道	37380	18745	18635	12011	34607	16720	17887	4276	2211	2065
10	交道口街道	40351	21442	18909	12370	34655	16754	17901	4323	2228	2095
11	安定门街道	44691	22104	22587	14817	42562	20660	21902	5309	2713	2596
12	北新桥街道	65791	32903	32888	21229	61638	30142	31496	7671	3983	3688
13	东四街道	40773	20200	20573	13788	38189	18407	19782	4867	2464	2403
14	朝阳门街道	34692	17549	17143	10660	31470	15093	16377	3775	1884	1891
15	建国门街道	57922	28979	28943	18537	52833	25463	27370	6269	3220	3049

◎下载/初始文件/第 7 章/北京市城乡人口普查 2.xlsx

	A	B	C	D	E	F	G	H	I	J	K
7	交道口街道	40351	21442	18909	12370	34655	16754	17901	4323	2228	2095
8	安定门街道	44691	22104	22587	14817	42562	20660	21902	5309	2713	2596
9	北新桥街道	65791	32903	32888	21229	61638	30142	31496	7671	3983	3688
10	东四街道	40773	20200	20573	13788	38189	18407	19782	4867	2464	2403
11	朝阳门街道	34692	17549	17143	10660	31470	15093	16377	3775	1884	1891
12	建国门街道	57922	28979	28943	18537	52833	25463	27370	6269	3220	3049
13	东直门街道	48232	24375	23857	15148	44667	21623	23044	5405	2767	2638
14	和平里街道	103931	51718	52213	33062	95613	45755	49858	12054	6270	5784
15	西长安街道	57145	28621	28524	20182	52536	25247	27289	6384	3297	3087

◎下载/最终文件/第 7 章/北京市城乡人口普查 2.xlsx

图 7-18　删除合计行前后效果对比

其具体操作步骤如下。

Step01 打开素材文件，❶选择 M 列，❷单击"编辑"组中的"查找和选择"下拉按钮，❸选择"查找"命令，或者直接按【Ctrl+F】组合键，如图 7-19 所示。

Step02 ❶在打开的"查找和替换"对话框中单击"选项"按钮，❷单击"格式"右侧的下拉按钮，❸在下拉菜单中选择"格式"命令，如图 7-20 所示。

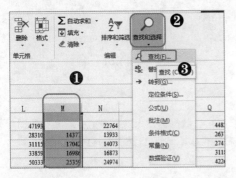

图 7-19 打开"查找和替换"对话框

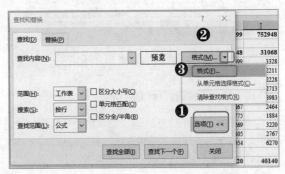

图 7-20 打开"查找格式"对话框

Step03 ❶在打开的"查找格式"对话框中单击"字体"选项卡，❷在"字形"列表框中选择"加粗"选项，单击"确定"按钮，如图 7-21 所示。

Step04 在返回的"查找和替换"对话框中单击"查找全部"按钮查找具有加粗格式的单元格，如图 7-22 所示。

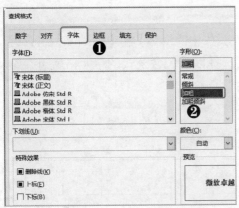
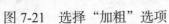

图 7-21 选择"加粗"选项

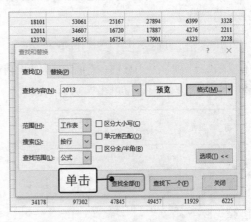

图 7-22 查找全部加粗单元格

Step05 保持"查找和替换"对话框处于激活状态，按【Ctrl+A】组合键选择表格所有加粗单元格，关闭对话框，如图 7-23 所示。

Step06 ❶在任意一个已选择的加粗单元格上右击，选择"删除"命令，在打开的"删除"对话框中选中"整行"单选按钮，❷单击"确定"按钮即可完成删除表格中所有合计行的操作，如图 7-24 所示。

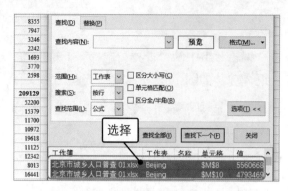

图 7-23　选择所有加粗单元格

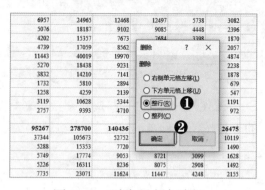

图 7-24　删除所有合计行

提个醒：查找选择所有小计行

在查找所有小计行时，如果在整个表格区域进行查找，当数据量过大时，可能会导致查找时间过长甚至导致 Excel 无响应，需要重启软件。一般只需要选择某一列进行查找，这样就不会出现 Excel 无响应而且可以节约大量的查找时间。

知识延伸　将包含公式的单元格转化为值类型单元格

删除小计行之前，需先确认删除部分的数据是否被公式和函数所引用，以免造成统计结果出现错误，为了避免这种情况的发生，一般需要先将公式转换为普通值，再进行小计行的删除。

打开表格，选择包含公式的单元格后，依次按【Ctrl+C】和【Ctrl+V】组合键，右击在"粘贴选项"栏中选择"值"选项。再次选择以前包含公式的单元格就可在编辑栏看到一个具体的值了，如图 7-25 所示。

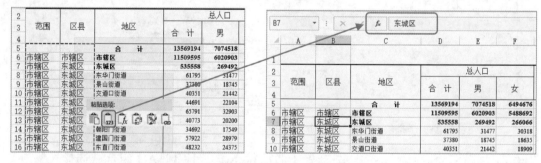

图 7-25　将公式转化为普通值

7.2.4　处理表头合并的单元格

在许多的 Excel 表格中为了让数据更加清晰简明都会合并单元格，但在数据透视表中合并单元格并不能被识别，所以不能将其作为数据透视表的数据源。在使用前需要对这些合并单元格进行拆分。

拆分单元格的方法很简单，只需选择合并单元格，在"开始"选项卡"对齐方式"组中单击"合并后居中"按钮或在其下拉列表中选择"取消单元格合并"选项即可，如图 7-26 所示。

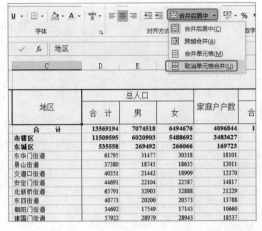

图 7-26 拆分单元格

7.3 认识数据透视表布局的主要工具

在掌握了数据透视表的一些基础知识后，接下来就需要了解数据透视表布局的主要工具。

7.3.1 "数据透视表工具"选项卡组

建立数据透视表后，选择任意单元格，即可激活"数据透视表工具"选项卡组，该选项卡组主要包含"数据透视表工具 分析"选项卡和"数据透视表工具 设计"选项卡。

"数据透视表工具 分析"选项卡组中主要包括数据透视表、活动字段、分组、筛选、数据、操作、计算、工具和显示 9 个功能组，如图 7-27 所示。

图 7-27 "数据透视表工具 分析"选项卡

在这些选项卡组中常用的命令及功能如表 7-2 所示。

表 7-2　"数据透视表工具 分析"选项卡

组	命令	功能
数据透视表	选项/选项	打开"数据透视表选项"对话框
	选项/显示报表筛选页	创建一系列链接在一起的报表，每张报表中显示筛选页字段中的一项
	选项/生成 GetPrivotData	使该选项处于选择状态，可以实现动态引用数据透视表中的数据
活动字段	字段设置	打开"字段设置"对话框
	展开字段	展开活动字段的所有项，没有展开项时可添加明细数据
	折叠字段	折叠活动字段的所有项
分组	组选择	对数据透视表进行手动分组
	取消分组	取消数据透视表存在的组合项
	组字段	将数字字段或日期字段分组
筛选	插入切片器	使用切片器直观地筛选数据
	插入日程表	使用日程表控件交互式筛选数据
数据	刷新	更新来自数据源的所有信息
	更改数据源	更改此数据透视表的数据源
操作	清除	删除字段、格式和筛选器
	选择	选择一个数据透视表元素
	移动数据透视表	将数据透视表移动到工作表的其他位置或新工作表
计算	字段、项目和集	创建和修改字段和计算项
	OLAP工具	使用连接到OLAP数据源的数据透视表
工具	数据透视图	插入数据透视表对应的数据透视图
	推荐的数据透视表	单击按钮可获取系统认为最合适的一组自定义数据透视表
显示	字段列表	显示或隐藏字段列表
	+/−按钮	显示或隐藏数据透视表中的+/−按钮

　　"数据透视表工具 设计"选项卡主要包括布局、数据透视表样式选项和数据透视表样式三个功能组，如图 7-28 所示。

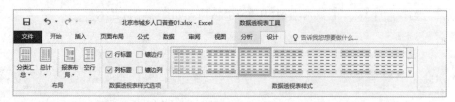

图 7-28　"数据透视表工具 设计"选项卡

　　在这些选项卡组中常用的命令及功能如表 7-3 所示。

表 7-3　"数据透视表工具 设计"选项卡

组	命令	功能
布局	分类汇总	显示或隐藏行列分类汇总，调整分类汇总位置
	总计	显示或隐藏总计
	报表布局	调整报表布局
	空行	在每个分组项之间插入一个空行以突出分组
数据透视表样式选项	行标题	表格的第一行是否显示为特殊格式
	列标题	表格的第一列是否显示为特殊格式
	镶边行	奇数行和偶数行的格式是否设置为不同
	镶边列	奇数列和偶数列的格式是否设置为不同
数据透视表样式	浅色	提供28种浅色数据透视表样式和1种无色样式
	中等深浅	提供28种中等深浅数据透视表样式
	深色	提供28种深色数据透视表样式
	新建数据透视表样式	用户自定义数据透视表样式
	清除	清除数据透视表应用的样式

7.3.2　"数据透视字段"列表的显示

在"数据透视表字段"窗格可以进行数据透视表的布局，可以轻松为数据透视表添加、删除和移动字段，设置字段格式、计算方法等，甚至不需要使用"数据透视表工具"选项卡组和数据透视表本身便能够对数据透视表中的数据进行筛选和排序。

"数据透视表字段"窗格不仅可以轻松布局数据透视表，而且可以反映出数据透视表的结构，如图 7-29 所示为数据透视表默认布局。

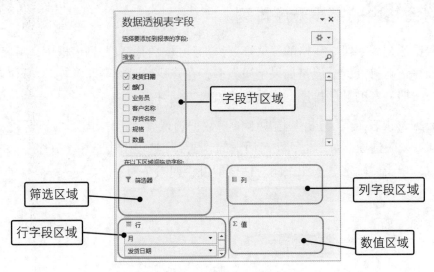

图 7-29　数据透视表默认布局

在使用数据透视表之前，需要先打开"数据透视表字段"窗格。默认情况添加数据透视表后会自动打开，但有时可能会不小心将其关闭，这时就需要手动打开，主要有以下两种方法。

◆ 在"数据透视表工具 分析"选项卡中单击"显示"组中的"字段列表"按钮，即可打开"数据透视表字段"窗格，如 7-30 左图所示。

◆ 在打开的数据透视表中，选择任意单元格，右击，在打开的快捷菜单中选择"显示字表列段"命令，即可打开"数据透视表字段"窗格，如 7-30 右图所示。

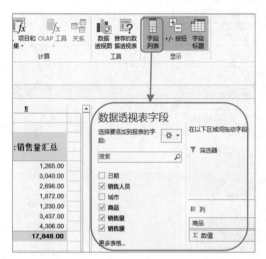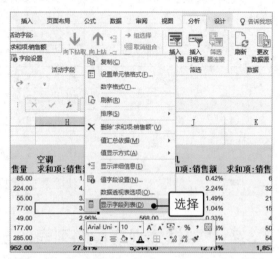

图 7-30 打开"数据透视表字段"窗格

【注意】在使用数据透视表时，只有在选择数据透视表中的数据单元格时，"数据透视表字段"窗格才会打开，如果选择的单元格不是数据透视表中的单元格，则窗格会自动隐藏。

7.3.3 将窗格中的字段升序排列

在"数据透视表字段"窗格的"选择要添加到报表的字段"列表框中，字段是按照数据源的顺序进行排列的。但是如果字段较多，在查找的时候会非常耗时，这时候可以将这些字段按照一定的顺序排序，查找起来就会方便许多。

在"数据透视表工具 分析"选项卡的"数据透视表"组中单击"选项"按钮即可打开"数据透视表选项"对话框，在对话框的"显示"选项卡中选中"升序"单选按钮，完成设置后，单击"确定"按钮关闭对话框即可，如图 7-31 所示。

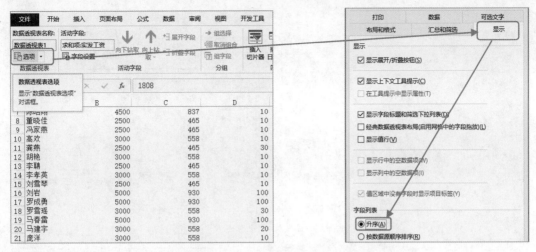

图 7-31　设置升序排列

提个醒：打开"数据透视表选项"对话框

除了在"数据透视表"组中单击"选项"按钮可以打开"数据透视表选项"对话框外，还可右击任意数据透视表单元格，在弹出的快捷菜单中选择"数据透视表选项"命令，也可打开"数据透视表选项"对话框，如图 7-32 所示。

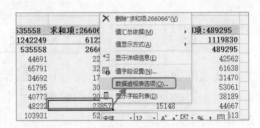

图 7-32　通过快捷菜单打开对话框

7.3.4 使用"数据透视表字段"窗格显示更多字段

在创建数据透视表后，如果数据源中包含许多列，那么在"数据透视表字段"窗格中的"选择要添加到报表的字段"列表框中将不能完全显示所有数据。

如果需要添加在列表框中未显示的数据，只有拖动滚动条才能找到，但由于数据源列数太多可能会花费大量时间进行查找，这会大大降低使用数据透视表分析数据的速度。

为了避免这一情况的发生，提高工作效率，可以通过在"数据透视表字段"窗格中调整字段节和区域节的排列方式，实现在字段中可以显示更多的数据，具体方法如下。

在"数据透视表字段"窗格中单击"工具"下拉按钮，在弹出的下拉列表中选择相应的选项即可更改字段列表的布局。如这里选择"字段节和区域节并排"选项，此时窗格中的字段列表和各个区域列表将并排排列，这样将更有利于对字段进行操作，如图 7-33 所示。

图 7-33　通过设置布局显示更多字段

7.4　创建数据透视表

通过前面几节的学习，相信用户已经对数据透视表有了一定的了解，下面就开始讲解如何创建数据透视表。根据数据源的来源一般可分为使用内部数据创建数据透视表和使用外部数据创建数据透视表。

7.4.1　使用内部数据创建数据透视表

使用内部数据创建数据透视表是指直接在当前工作簿的工作表中选择数据源，基于该数据源利用创建数据透视表功能先创建一个空白的数据透视表，然后将需要在透视表中显示的数据对应的字段添加到空白数据透视表中即可。

 [分析实例]——创建数据透视表分析近 7 届奥运会奖牌情况

"近 7 届奥运会奖牌"工作簿中记录了近 7 届奥运会各个国家和地区奖牌的获得情况，由于统计分析的需要，现在要计算各个国家和地区获得奖牌的总数。

面对流水账式的数据统计，一般来说可以通过 Excel 中的公式和函数来实现统计分析，下面是具体的步骤。

◆ **制作数据表格**：在 Excel 中制作数据统计表，输入表格表头、通过公式、筛选等方法获取国家和地区的列表。

◆ **统计奖牌获得数量**：使用 SUMPRODUCT()、SUMIF()等函数根据行和列表头统计各奖牌的数量。

◆ **整理汇总数据**：将各个国家和地区获得奖牌的数量进行求和。

使用上述的三个步骤就可以计算出各个国家和地区近 7 届奥运会获取的奖牌总数以及金、银、铜三种奖牌的总数，但存在以下弊端。

- ◆ 使用该方法需要花费大量的时间和精力，而且会运用到公式、函数等，很多用户可能并不是非常熟悉。
- ◆ 如果为了数据分析更可靠，需要多添加几届的数据，其统计结果不会为之发生改变，但会降低数据的准确性。
- ◆ 在设置布局进行数据分析时，如果数据过多可能会出现 Excel 无响应、电脑卡顿等情况。

使用数据透视表便可以轻松解决这些问题，如图 7-34 所示为使用数据透视表统计和分析各个国家和地区近 7 届奥运会奖牌总数的数据效果对比。

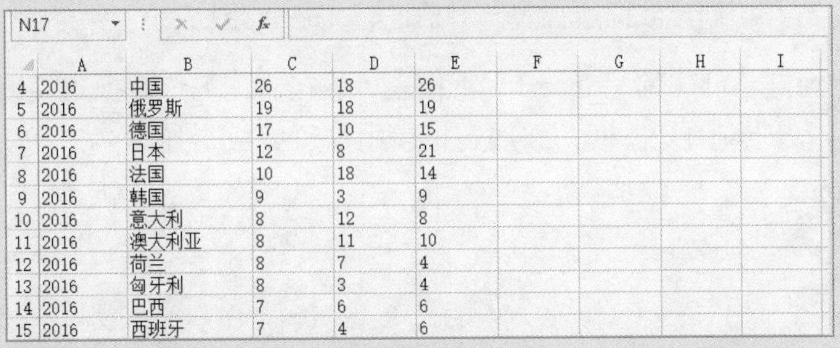

N17

	A	B	C	D	E	F	G	H	I
4	2016	中国	26	18	26				
5	2016	俄罗斯	19	18	19				
6	2016	德国	17	10	15				
7	2016	日本	12	8	21				
8	2016	法国	10	18	14				
9	2016	韩国	9	3	9				
10	2016	意大利	8	12	8				
11	2016	澳大利亚	8	11	10				
12	2016	荷兰	8	7	4				
13	2016	匈牙利	8	3	4				
14	2016	巴西	7	6	6				
15	2016	西班牙	7	4	6				

◎下载/初始文件/第 7 章/近 7 届奥运会奖牌.xlsx

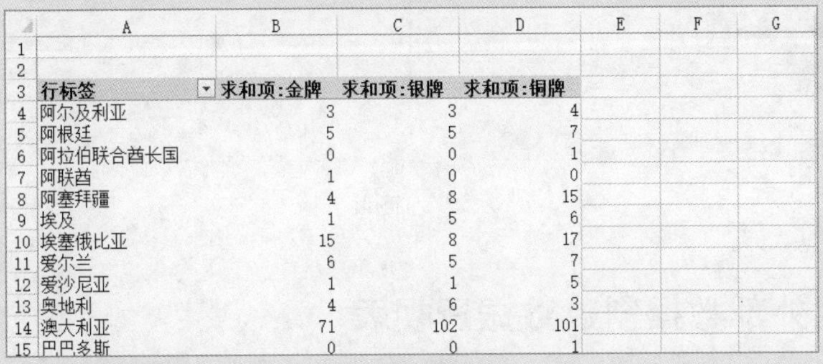

	A	B	C	D	E	F	G
1							
2							
3	行标签	求和项:金牌	求和项:银牌	求和项:铜牌			
4	阿尔及利亚	3	3	4			
5	阿根廷	5	5	7			
6	阿拉伯联合酋长国	0	0	1			
7	阿联酋	1	0	0			
8	阿塞拜疆	4	8	15			
9	埃及	1	5	6			
10	埃塞俄比亚	15	8	17			
11	爱尔兰	6	5	7			
12	爱沙尼亚	1	1	5			
13	奥地利	4	6	3			
14	澳大利亚	71	102	101			
15	巴巴多斯	0	0	1			

◎下载/最终文件/第 7 章/近 7 届奥运会奖牌.xlsx

图 7-34　使用数据透视表分析近 7 届奥运会奖牌总数的数据效果对比

其具体操作步骤如下。

Step01 打开素材文件，❶选择任意数据单元格，❷单击“插入”选项卡“表格”组中的“数据透视表”按钮，如图 7-35 所示。

Step02 在打开的“创建数据透视表”对话框中单击“确定”按钮，即可创建数据透视表，如图 7-36 所示。

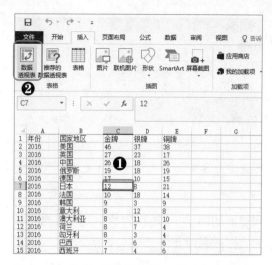

图 7-35　打开"创建数据透视表"对话框

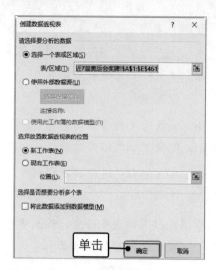

图 7-36　保持默认设置

Step03 ❶切换到自动创建的"Sheet1"工作表，❷在右侧的"数据透视表字段"窗格选中需要添加的字段对应的复选框，添加到报表中即可完成，如图 7-37 所示。

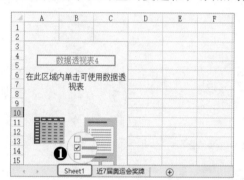

图 7-37　添加字段

7.4.2 使用外部数据创建数据透视表

使用外部数据创建数据透视表是指创建数据透视表的数据源来自外部。常见的可以作为外部数据源的文件类型包括 Excel 文件、Access 数据库文件、ODBC 数据源文件、网页文件、Web 查询文件和文本文件等。

 [分析实例]——创建数据透视表分析 1 月员工工资

在许多时候会用到外部数据作为数据源创建数据透视表进行数据分析，下面就以使用"1 月工资"工作簿中的数据创建数据透视表分析数据为例，讲解使用外部数据创建数据透视表的相关操作，如图 7-38 所示为使用外部数据创建数据透视表效果对比。

	A	B	C	D	E	F	G	H
1	编号	姓名	部门	基本工资	保险总额	考勤扣除	奖金总额	实际工资
2	QD2001104	赵杰	财务部	¥ 2,500.00	¥ 465.00	¥ 30.00	¥ 3,045.00	¥ 5,050.00
3	QD2001105	钟亭亭	财务部	¥ 2,500.00	¥ 465.00	¥ 10.00	¥ 1,275.00	¥ 3,300.00
4	QD2001108	张伟	财务部	¥ 3,000.00	¥ 558.00	¥ 20.00	¥ 300.00	¥ 2,722.00
5	QD2001121	龚燕	财务部	¥ 2,500.00	¥ 465.00	¥ 30.00	¥ 3,045.00	¥ 5,050.00
6	QD2001126	王宏涛	财务部	¥ 3,000.00	¥ 558.00	¥ 10.00	¥ 300.00	¥ 2,732.00
7	QD2001129	张文泉	财务部	¥ 4,500.00	¥ 837.00	¥ 10.00	¥ 5,815.00	¥ 9,468.00
8	QD2001132	谢晋	财务部	¥ 2,500.00	¥ 465.00	¥ 30.00	¥ 3,045.00	¥ 5,050.00
9	QD2001133	赵磊	财务部	¥ 2,500.00	¥ 465.00	¥ 10.00	¥ 1,275.00	¥ 3,300.00
10	QD2001136	陈东	财务部	¥ 3,000.00	¥ 558.00	¥ 20.00	¥ 300.00	¥ 2,722.00
11	QD2001141	王小波	财务部	¥ 2,500.00	¥ 465.00	¥ 30.00	¥ 250.00	¥ 2,255.00

1月

◎下载/初始文件/第 7 章/1 月工资.xlsx

	B	C	D	E	F	G
7	⊟张文泉	4500	5815	10	8189.4	
8	QD2001129	4500	5815	10	8189.4	
9	⊟赵杰	2500	3045	30	4597.5	
10	QD2001104	2500	3045	30	4597.5	
11	⊟龚燕	2500	3045	30	4597.5	
12	QD2001121	2500	3045	30	4597.5	
13	⊟谢晋	2500	3045	30	4597.5	
14	QD2001132	2500	3045	30	4597.5	
15	⊟赵磊	2500	1275	10	3110	
16	QD2001133	2500	1275	10	3110	
17	⊟钟亭亭	2500	1275	10	3110	
18	QD2001105	2500	1275	10	3110	
19	⊟王宏涛	3000	300	10	2603.8	
20	QD2001126	3000	300	10	2603.8	
21	⊟陈东	3000	300	20	2594.8	

◎下载/最终文件/第 7 章/1 月工资.xlsx

图 7-38　使用外部数据创建数据透视表效果对比

其具体操作步骤如下。

Step01 ❶新建空白工作簿并将其重命名为"1 月工资",打开该文件,❷单击"插入"选项卡"表格"组中的"数据透视表"按钮,如图 7-39 所示。

Step02 ❶在打开的"创建数据透视表"对话框中选中"使用外部数据源"单选按钮,❷单击"选择连接"按钮,如图 7-40 所示。

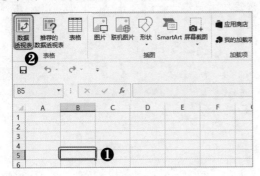

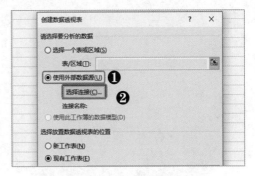

图 7-39　打开"创建数据透视表"对话框　　　图 7-40　使用外部数据源

Step03 在打开的"现有连接"对话框中单击"浏览更多"按钮,如图 7-41 所示。

Step04 ❶在打开的"选取数据源"对话框中查找电脑中的数据源,选择"1 月工资"工作簿,❷单击"打开"按钮,如图 7-42 所示。

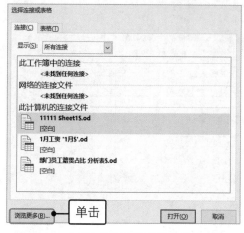

图 7-41 打开"选取数据源"对话框　　　　图 7-42　选择数据源文件

Step05 依次单击"确定"按钮，返回到"Sheet1"工作表，在右侧的"数据透视表字段"
窗格中将需要字段添加到报表中即可完成操作，如图 7-43 所示。

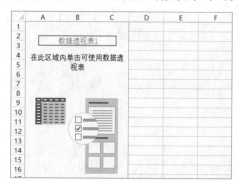

图 7-43　添加字段

第8章
玩转数据透视表的基本操作

数据透视表通过不同的视角展示数据并对数据进行比较、揭示和分析，从而将数据转化成有意义的信息。想要熟练使用数据透视表不仅要掌握它的四大操作区域、布局设置等，还要学会如何处理表格中出现的各种常见问题以及如何美化数据表。掌握这些内容就可以实现玩转数据透视表的目的，这也是本章的意义所在。

|本|章|要|点|

· 数据透视表的四大区域操作
· 数据透视表的布局设置
· 快速查找数据透视表的数据源
· 处理数据透视表的异常数据
· 数据透视表的美化

8.1 数据透视表的四大区域操作

在第 7 章已经接触了改变数据透视表布局的方法,其实对于已经完成的数据透视表,用户只需要在字段列表中拖动字段,就可以快速实现对数据透视表布局的改变。

8.1.1 移动字段变换数据透视表

在已经创建好的数据透视表中进行移动和变换,主要是在"数据透视表字段"窗格中选中字段名称前的复选框来完成。除此之外,还可以直接将字段拖动到相应的区域,想要删除数据透视表中的数据也可以通过取消选中复选框或将字段拖出相应区域两种方法实现。

[分析实例]——统计各省份和客户已经收到的回收尾款

在应收账款清单中,使用数据透视表进行数据分析后可以看到各个公司的欠款情况。但不能对各个公司的详细情况进行查看,例如回收款数据、公司属于哪个城市以及省份等。

下面通过在"数据透视表字段"窗格中选中字段名称前的复选框和将字段拖动到区域节相应位置的方法对其进行数据分析为例,讲解具体操作。如图 8-1 所示为添加各省份和客户已经收到的回款额前后效果对比。

◎下载/初始文件/第 8 章/应收账款清单.xlsx

◎下载/最终文件/第 8 章/应收账款清单.xlsx

图 8-1　添加各省份和客户已经收到的回款额前后效果对比

其具体操作步骤如下。

Step01 打开素材文件，❶选择数据透视表中的任意单元格，❷在打开的"数据透视表字段"窗格的"选择要添加到报表的字段"栏中选中"回款额"复选框，如图 8-2 所示。

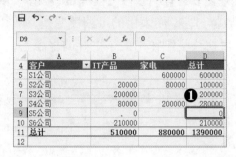

图 8-2　选中"回款额"复选框

Step02 ❶选择"省份"字段，❷将其拖动添加到"行标签"区域中"客户"字段之前，对数据透视表进行重新布局，如图 8-3 所示。

图 8-3　数据透视表重新布局

　　一般来说，在制作数据透视表时，字段的排列顺序是非常重要的。合理的排序会使用户在查看分析数据时一目了然，如图 8-4 所示；如果没有处理好字段的排列顺序，在查看分析结果时会觉得凌乱不堪、毫无章法，降低工作效率，如图 8-5 所示。

	A	B	C	D
	N22			
1				
2				
3	行标签	求和项:金牌	求和项:银牌	求和项:铜牌
4	美国	293	225	220
5	中国	194	149	129
6	俄罗斯	152	146	165
7	德国	120	120	142
8	英国	111	87	92
9	澳大利亚	71	102	101
10	法国	79	75	93
11	日本	53	67	88
12	意大利	66	64	74

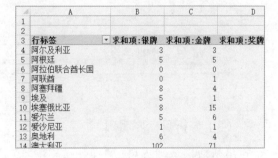

	A	B	C	D
1				
2				
3	行标签	求和项:银牌	求和项:金牌	求和项:奖牌
4	阿尔及利亚		3	3
5	阿根廷	5	5	
6	阿拉伯联合酋长国	0	0	
7	阿联酋	0	1	
8	阿塞拜疆	8	4	
9	埃及	5	1	
10	埃塞俄比亚	8	15	
11	爱尔兰	5	6	
12	爱沙尼亚	1	1	
13	奥地利	6	4	
14	澳大利亚	102	71	

图 8-4　一目了然的数据透视表　　　　图 8-5　凌乱不堪的数据透视表

　　所以在制作数据透视表时一定要安排好字段的排列顺序，那么怎样才能做到这一点呢？一般来说只要遵循以下规则，便可以避免数据透视表出现杂乱的情况。

（1）按分类多少决定作为行字段还是列字段

通常在制作数据透视表时会出现有的字段分类多，有的字段分类少的情况，如果将分类多的字段设为列字段，则会出现表横向的数据过多，使表格的可读性变差，如图 8-6 所示。一般来说，将分类较少的字段设为列字段往往会制作出效果更好的报表。

行标签	求和项:澳大利亚	求和项:德国	求和项:法国	求和项:俄罗斯	求和项:独联体	求和项:古巴	求和项:韩国	求和项:荷兰	求和项:加拿大	求和项
金牌	102	120	75	146	38	40	60	48	38	
铜牌	101	142	93	165	29	53	60	50	65	
银牌	71	120	79	152	45	58	71	42	21	
(空白)										
总计	274	382	247	463	112	151	191	140	124	

图 8-6　列字段分类太多使得数据透视表可读性变差

通常，字段的分类多少是由字段值中不重复值的多少决定的，一般字段中每个不重复值即为一个字段分类。

（2）以采用一个列字段为宜

在数据透视表中使用多个字段作为列字段和行字段时，一般会先展开第一级字段，然后在第一级字段分类下展开第二级字段，以此类推。在这种模式下行字段包含多个层级分类字段还能比较清晰地读懂，但在列字段中包含多个层级字段阅读起来则比较烦琐，如图 8-7 所示。

客户	年	季度	发票号	求和项:欠款额	求和项:发票金额	求和项:回款额	
产品名称				产品分类		欠款额	产品规格
				IP4			IP4 求和项:欠款额
				IT产品			
S1公司	2013年						
S1公司 汇总							
S2公司	2013年						
	2014年						
S2公司 汇总							
S3公司	2013年						
S3公司 汇总							
S4公司	2013年						
	2014年			80000	80000	0	80000
S4公司 汇总				80000	80000	0	80000
S5公司	2014年			0	95000	95000	0
S5公司 汇总				0	95000	95000	0
S6公司	2014年						
S6公司 汇总							
总计				80000	175000	95000	80000

图 8-7　列字段包含多个层级

（3）分析目标要明确

虽然数据透视表可以挖掘出隐藏在数据列表中的许多信息，但也不是什么数据都能够进行分析。所以在使用数据透视表进行数据分析前要有明确的目标，做到心中有数，而不是盲目拖动字段。

例如想要分析家电销售中电脑与相机的销售量和销售额汇总，就要知道需要的字段有销售人员、商品、销售量和销售额，这样就可以轻松地制作出如图 8-8 所示的数据透视表。

	A	B	C	D	E	F	G
1	城市	(全部) ▼					
2							
3		列标签 ▼					
4		电脑		相机		求和项:销售额汇总	求和项:销售量汇总
5	行标签 ▼	求和项:销售额	求和项:销售量	求和项:销售额	求和项:销售量		
6	曹泽鑫	731000	85	225090	61	956090	146
7	房天琦	1926400	224	1202940	326	3129340	550
8	郝宗泉	473000	55	800730	217	1273730	272
9	刘敬堃	662200	77	560880	152	1223080	229
10	王腾宇	421400	49	177120	48	598520	97
11	王学敏	1522200	177	1870830	507	3393030	684
12	周德宇	2451000	285	2014740	546	4465740	831
13	总计	8187200	952	6852330	1857	15039530	2809
14							
15							

图 8-8　明确分析目标才能制作出效果较好的数据透视表

（4）字段主次要分明

在使用数据透视表时，如果需要在行区域中使用多个字段，则应该注意字段之间的主次关系。不同的主次关系制作出的数据透视表的分析侧重点不一样，如 8-9 左图所示为以所属省份为主、以企业性质为次的数据透视表；如 8-9 右图所示为以企业性质为主、以所属省份为次的数据透视表。

	A	B	C	D	E
1					
2					
3	计数项:煤矿名称		瓦斯等级 ▼		
4	省份 ▼	企业性质 ▼	突出	高	低
5	⊟安徽	地方国有	20.00%	20.00%	60.00%
6		国有重点	42.86%	42.86%	14.29%
7		乡镇煤矿	0.00%	0.00%	100.00%
8	⊟甘肃	地方国有	0.00%	0.00%	100.00%
9		国有重点	28.57%	0.00%	71.43%
10		乡镇煤矿	0.00%	0.00%	100.00%
11	⊟广西	地方国有	0.00%	0.00%	100.00%
12		合资	0.00%	0.00%	100.00%
13	⊟贵州	地方国有	0.00%	100.00%	0.00%
14		国有重点	100.00%	0.00%	0.00%
15		乡镇煤矿	11.76%	67.65%	20.59%
16	⊟河北	地方国有	0.00%	0.00%	100.00%
17		国有重点	0.00%	11.11%	88.89%
18	⊟河南	地方国有	7.14%	7.14%	85.71%
19		国有重点	29.73%	16.22%	54.05%

	A	B	C	D	E	F
1						
2						
3	计数项:煤矿名称		瓦斯等级 ▼			
4	企业性质 ▼	省份 ▼	突出	高	低	
5	⊞地方国有		1.63%	9.80%	88.57%	
6	⊟国有重点	安徽	42.86%	42.86%	14.29%	
7		甘肃	28.57%	0.00%	71.43%	
8		贵州	100.00%	0.00%	0.00%	
9		河北	0.00%	11.11%	88.89%	
10		河南	29.73%	16.22%	54.05%	
11		黑龙江	0.00%	50.00%	50.00%	
12		湖南	26.67%	20.00%	53.33%	
13		吉林	0.00%	66.67%	33.33%	
14		江苏	31.25%	6.25%	62.50%	
15		辽宁	20.00%	40.00%	40.00%	
16		内蒙古	0.00%	6.67%	93.33%	
17		宁夏	33.33%	33.33%	33.33%	
18		山东	0.00%	0.00%	100.00%	
19		山西	0.00%	24.00%	76.00%	

图 8-9　不同的主次关系得到不同的数据透视表

8.1.2　使用筛选字段获取所需数据

在数据透视表的四大区域中，报表筛选区域与其他三大区域是分隔开来的，主要作用是对指定字段值进行统计。

（1）将数据透视表的筛选区域设置为多项

在使用数据透视表进行数据分析时，如果数据量较大，用户可以通过报表筛选字段快速获取所需的数据。在默认情况下，报表筛选字段下拉列表框中没有选中"选择多项"复选框，只有当用户选中了该复选框后，才能够选择多项。

[分析实例]——分析各省份各瓦斯等级的国有煤矿占比情况

在素材文件中，煤矿企业的性质主要分国有重点、地方国有、合资和乡镇煤矿 4 种类型，其中的国有重点和地方国有类型煤矿为国有煤矿。

在"煤矿统计表"素材中已经使用数据透视表统计出了各省份各瓦斯等级煤矿的占比情况，但不能直接获取各国有性质企业的瓦斯等级煤矿的占比情况。下面通过筛选字段来获取国有煤矿的占比情况数据，如图 8-10 为通过筛选字段获取不同瓦斯等级国有煤矿的占比情况前后效果对比。

	A	B	C	D	E
1					
2					
3		瓦斯等级	值		
4		突出		高	
5	省份	计数项:煤矿名称	求和项:生产能力(万吨/年)	计数项:煤矿名称	求和项:生产能力(万吨/年)
6	安徽	28.57%	920	28.57%	496
7	甘肃	7.69%	180	0.00%	0
8	广西	0.00%	0	0.00%	0
9	贵州	16.22%	114	64.86%	306
10	河北	0.00%	0	8.70%	93
11	河南	19.05%	1238	11.11%	658
12	黑龙江	0.00%	0	13.33%	360
13	湖北	0.00%	0	50.00%	45
14	湖南	19.05%	69	38.10%	99
15	吉林	0.00%	0	40.00%	562
16	江苏	17.24%	205	10.34%	161
17	辽宁	8.33%	120	50.00%	459
18	内蒙古	0.00%	0	2.70%	90
19	宁夏	12.50%	135	25.00%	69
20	山东	0.57%	15	0.00%	0
21	山西	0.00%	0	25.76%	4085
22	陕西	3.57%	30	10.71%	809

◎下载/初始文件/第 8 章/煤矿统计表.xlsx

	A	B	C	D	E
1	企业性质	(多项)			
2					
3		瓦斯等级	值		
4		突出		高	
5	省份	计数项:煤矿名称	求和项:生产能力(万吨/年)	计数项:煤矿名称	求和项:生产能力(万吨/年)
6	安徽	33.33%	920	33.33%	496
7	甘肃	15.38%	180	0.00%	0
8	广西	0.00%	0	0.00%	0
9	贵州	66.67%	66	33.33%	15
10	河北	0.00%	0	8.70%	93
11	河南	23.53%	1238	13.73%	658
12	黑龙江	0.00%	0	50.00%	345
13	湖北	0.00%	0	100.00%	45
14	湖南	23.53%	69	23.53%	57
15	吉林	0.00%	0	57.14%	562
16	江苏	17.24%	205	10.34%	161
17	辽宁	16.67%	120	50.00%	395
18	内蒙古	0.00%	0	4.17%	90
19	宁夏	14.29%	135	28.57%	69
20	山东	0.63%	15	0.00%	0
21	山西	0.00%	0	21.57%	3400

◎下载/最终文件/第 8 章/煤矿统计表.xlsx

图 8-10　通过筛选字段获取不同瓦斯等级国有煤矿的占比情况前后效果对比

其具体操作步骤如下。

Step01 打开素材文件，❶在字段列表中选择"企业性质"字段，❷将其拖动到"报表筛选"区域，如图 8-11 所示。

Step02 ❶单击数据透视表 B1 单元格的下拉按钮，❷在弹出的筛选器中选中"选择多项"

复选框，如图8-12所示。

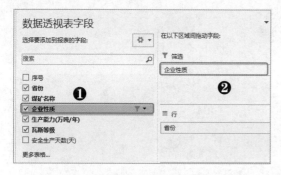

图8-11 拖动字段到筛选区域

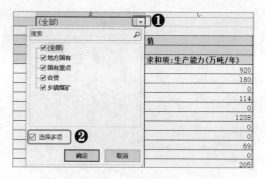

图8-12 选中"选择多项"复选框

Step03 ❶取消选中"全部"复选框，❷选中"地方国有"和"国有重点"复选框，❸单击"确定"按钮，如图8-13所示。

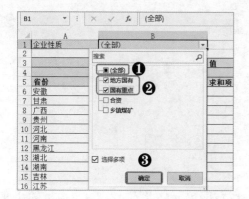

图8-13 筛选获取所需数据

 提个醒：筛选器搜索框的使用

在上面的案例中，还可以在筛选器的搜索框中输入"国有"文本，快速选择数据透视表中所有包含"国有"文本的字段，该方法常用于字段较多时。

（2）改变多个筛选字段的排列方式

使用数据透视表有时会需要设置多个筛选字段，这些字段将会并排垂直显示，出现占用多行的情况，在阅读时极为不便。为了解决这一问题，用户可以改变多个字段的排列方式。

 [分析实例]——使筛选字段每行显示两项数据

在员工信息表中，使用数据透视表统计了各个部门的男女员工人数，并为其添加了5个筛选字段。但在数据分析的过程中，发现这些筛选字段太占位置。

现在根据需要调整其排列方式使其显示占用的行数更少，下面将以这个例子来讲解具体操作步骤，如图 8-14 所示为更改筛选字段排列方式的前后显示效果对比。

◎下载/初始文件/第 8 章/员工信息表.xlsx

◎下载/最终文件/第 8 章/员工信息表.xlsx

图 8-14　更改筛选字段排列方式的前后显示效果对比

其具体操作步骤如下。

Step01　打开素材文件，❶选择数据透视表中任意数据单元格并右击，❷在弹出的快捷菜单中选择"数据透视表选项"命令，如图 8-15 所示。

Step02　❶在打开的"数据透视表选项"对话框中单击"布局与格式"选项卡，❷在该选项卡的"在报表筛选区域显示字段"下拉列表框中选择"水平并排"选项，❸在"每行报表筛选字段数"数值框中输入数字"2"，单击"确定"按钮即可完成，如图 8-16 所示。

图 8-15　选择"数据透视表选项"命令

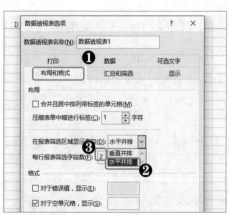

图 8-16　设置布局和格式

知识延伸　　将每一个筛选项的筛选结果保存在一个列表中

上例讲述了按照需要显示字段，但使用数据透视表筛选出的结果通常只能显示一个，除了当前正在筛选的选项以外，其他项都会被隐藏，是不可见的。如果用户需要查看每一个筛选结果，可以单独将每一个筛选项的筛选结果保存在一个工作表中。

 [分析实例]——将各城市的家电销售情况分布在不同工作表中

在素材文件中，已经统计出了各类家电的销售额，并且已经使用了"城市"字段作为筛选字段，但不能查看这些销售员在各个城市的销售情况。

现在需要分析各个城市各家电的销售情况，将这些城市的销售情况分别用工作表保存。下面将以这个例子来讲解具体操作步骤，如图 8-17 所示为将家电销售情况分布在不同工作表前后的效果对比。

◎下载/初始文件/第 8 章/家电销售额分析.xlsx

◎下载/最终文件/第 8 章/家电销售额分析.xlsx

图 8-17　家电销售情况分布在不同工作表前后的效果对比

其具体操作步骤如下。

Step01 打开素材文件，❶选择数据透视表中任意单元格单击"数据透视表工具 分析"选项卡，❷在"数据透视表"组中单击"选项"下拉按钮，❸选择"显示报表筛选页"命令，如图 8-18 所示。

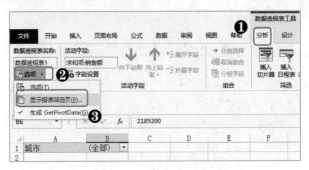

图 8-18　选择"显示报表筛选页"命令

Step02 ❶在打开的"显示报表筛选页"对话框中选择要显示报表筛选页的字段，这里选择"城市"字段，❷单击"确定"按钮，如图 8-19 所示。

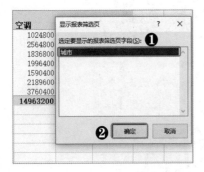 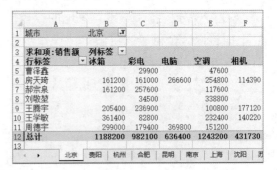

图 8-19　将筛选项分布在不同工作表中

8.1.3 按照需要显示字段

数据透视表中可能存在多个字段，但在数据分析时不会用到所有的字段，这时就可以按照需要显示字段，即自定义显示字段。对数据透视表中使用的数据进行控制，这样使得数据透视表简单明了，可以大大提高工作效率。

（1）展开和折叠活动字段

在使用数据透视表时，如果存在多个行字段，这些行字段就会产生主次关系。在第一级或第二级等层次较高的字段上就会显示"+"或者"-"按钮，用户可以单击这些按钮隐藏或者显示一些层级较低的字段。

 [分析实例]——分析各部门男女分布情况

在员工信息表中，使用数据透视表统计了各个部门的男女员工总人数，但不能直观地查看各个部门男女的具体分布情况。

现在需要将各部门男女分布数据对应的活动字段展开，下面将以此为例来讲解具体操作步骤，如图 8-20 所示为展开男女人数分布活动字段的前后效果对比。

◎下载/初始文件/第 8 章/员工信息表 2.xlsx

◎下载/最终文件/第 8 章/员工信息表 2.xlsx

图 8-20　展开男女人数分布活动字段的前后效果对比

其具体操作步骤如下。

Step01 打开素材文件，❶选择数据透视表中任意带有"+"按钮的单元格，❷单击"数据透视表工具 分析"选项卡，❸在"活动字段"组单击"展开字段"按钮，如图 8-21 所示。

Step02 展开后即可查看各部门男女分布情况。还可以直接单击部门项前面的"+"按钮也可展开，如图 8-22 所示。

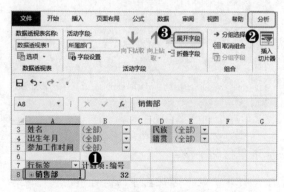

图 8-21　通过"展开字段"命令展开

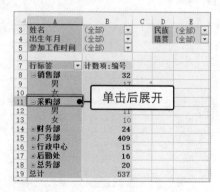

图 8-22　通过单击"+"按钮展开

（2）隐藏字段标题

有时不需要在数据透视表中显示行字段和列字段的标题，用户可以通过"数据透视表工具"选项卡组将其隐藏。

只需选择数据透视表中任意数据单元格，单击"数据透视表工具 分析"选项卡"显示"组中的"字段标题"按钮，即可实现隐藏字段标题的效果，如图 8-23 所示。

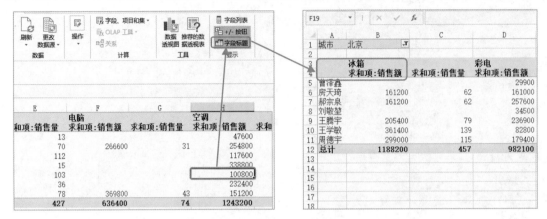

图 8-23　隐藏数据透视表中行字段和列字段的标题

（3）重新调整字段位置

在制作出存在多个字段的数据透视表后，可能会出现字段的排列顺序不利于阅读的情况，这时可以在数据透视表中重新调整字段的位置，主要有通过快捷菜单移动字段和在"数据透视表字段"窗格中移动字段两种方法。

◆ **通过快捷菜单移动字段**：选中任意标题字段，右击，在弹出的快捷菜单中选择"移动"命令，在其子菜单中选择调整方式即可，如图 8-24 所示为选择"将'冰箱'移至末尾"命令的效果。

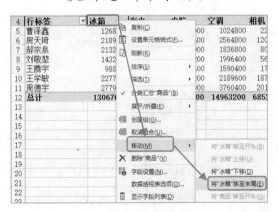

图 8-24　通过快捷菜单移动字段

◆ **在"数据透视表字段"窗格中移动字段**：打开"数据透视表字段"窗格，在"选择要添加到报表的字段"区域中将需要移动位置的字段拖动到相应的行字段或列字段，再在该字段的下拉列表框中选择移动方式即可，如图 8-25 所示。

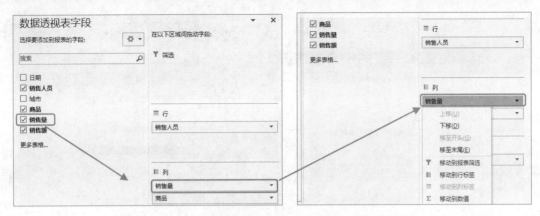

图 8-25　在"数据透视表字段"窗格中移动字段

（4）重命名字段

在使用数据透视表时，当用户添加字段后，数据透视表会在字段名称前自动添加其统计方式，如"求和项:"、"计数项:"等。如果统计方式名称较长则会影响用户的阅读体验，影响表格的美观，如图 8-26 所示。

	A	B	C	D	E	F	G
4		IT产品		家电		求和项:欠款额汇总	求和项:回款额汇总
5	客户	求和项:欠款额	求和项:回款额	求和项:欠款额	求和项:回款额		
6	S1公司			600000	400000	600000	400000
7	S2公司	20000	80000	80000	80000	100000	160000
8	S3公司	200000	300000			200000	300000
9	S4公司	80000	0	200000	600000	280000	600000
10	S5公司	0	95000			0	95000
11	S6公司	210000	50000			210000	50000
12	总计	510000	525000	880000	1080000	1390000	1605000

图 8-26　字段名称太长影响阅读体验和表格美观

针对这一问题，用户可以通过对字段名称进行重命名来解决，主要有以下 3 种方法进行重命名。

◆ **通过编辑栏重命名**：选择需要重命名的字段标题，在编辑栏输入修改的字段标题名称，按【Ctrl+Enter】组合键即可，如图 8-27 所示。

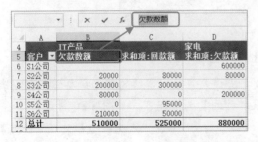

图 8-27　通过编辑栏重命名

◆ **通过"值字段设置"对话框重命名**：选择需要重命名的字段标题，右击，在弹出的快捷菜单中选择"值字段设置"命令，在打开的对话框中的"自定义名称"文本框中输入字段标题名称后保存即可，如图 8-28 所示。

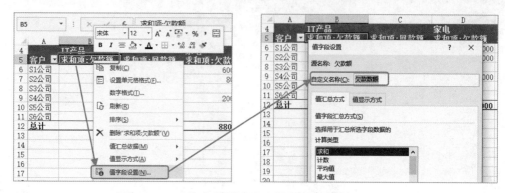

图 8-28　"值字段设置"对话框重命名

【注意】在数据透视表中，字段标题名称是引用数据的标识。因此要求每个字段标题名称都必须是唯一的，不仅要求数据透视表中的字段标题完全不重复，而且字段标题还不能与数据源中的字段名称重复。所以在进行重命名时不能直接删除字段前的"计数项："等文本。

（5）删除字段

对于那些在进行数据分析时不需要的字段，用户可以将其删除，其方法一般有以下3 种。

◆　**通过菜单命令删除**：在字段列表区域选中要删除的字段，在其下拉列表框中选择"删除字段"命令即可，如图 8-29 所示。

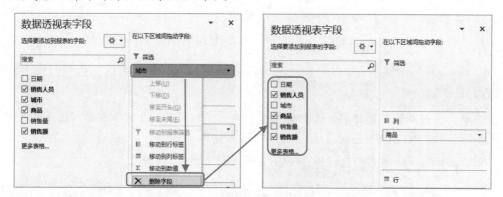

图 8-29　通过菜单命令删除

◆　**取消选中字段名称复选框**：在"数据透视表字段"窗格的"选择要添加到报表的字段"区域中，取消选中要删除字段名称的复选框即可，如图 8-30 所示。

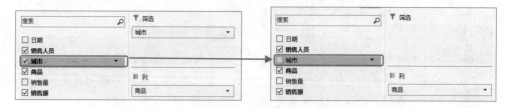

图 8-30　取消选中字段名称复选框删除字段

◆ **拖出字段列表删除**：在"数据透视表字段"窗格的字段列表中选择要删除的字段，直接将其拖出区域即可，如图 8-31 所示。

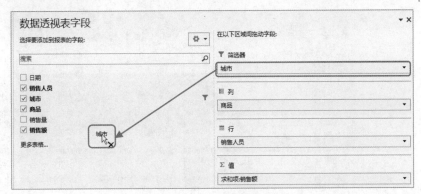

图 8-31 拖出字段列表删除字段

8.2 数据透视表的布局设置

在完成数据透视表创建后，数据透视表的布局设置不一定符合实际需要，可能需要对其进行调整。数据透视表布局设置主要包括调整数据透视表的报表布局、更改分类汇总的显示方式和使用空行分隔不同的组等。

8.2.1 调整数据透视表的报表布局

设置数据透视表的布局只需在数据透视表中选中任意单元格，单击"数据透视表工具 设计"选项卡中"布局"组的"报表布局"下拉按钮，在弹出的下拉列表中选择合适的布局方式即可，如图 8-32 所示。

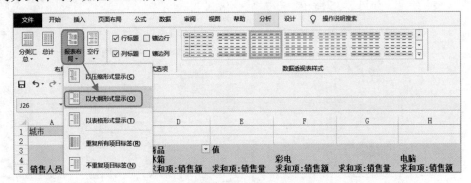

图 8-32 调整报表的布局方式

在"数据透视表工具 设计"选项卡的"报表布局"下拉列表框中主要包含了以下 3 种报表布局方式，下面分别进行介绍。

◆ **"以压缩形式显示"报表布局**：这种布局方式适用于字段较多需要进行展开、折叠

活动字段的数据透视表，不会显示列字段和行字段的标题，不适合打印，如图 8-33
所示。

		列标签 ▼					
		冰箱		彩电		电脑	
	行标签 ▼	求和项:销售量	求和项:销售额	求和项:销售量	求和项:销售额	求和项:销售量	
6	⊟曹泽鑫	488	1268800	265	609500	85	
7	⊞5月	191	496600	79	181700	48	
8	⊞6月	188	488800	99	227700	37	
9	⊞7月	109	283400	87	200100		
10	⊟房天琦	842	2189200	732	1683600	224	
11	⊞5月	83	215800	207	476100	121	
12	⊞6月	507	1318200	329	756700	76	
13	⊞7月	252	655200	196	450800	27	
14	⊟郝宗泉	820	2132000	950	2185000	55	
15	⊞5月	97	252200	198	455400		
16	⊞6月	215	559000	349	802700	43	
17	⊞7月	508	1320800	403	926900	12	
18	⊟刘敬堃	551	1432600	379	871700	77	
19	⊞5月	196	509600				
20	⊞6月	293	761800	129	296700	66	
21	⊞7月	62	161200	250	575000	11	

图 8-33　以压缩形式显示的布局方式

◆ **"以大纲形式显示"报表布局：**该布局方式则会显示字段标题，适合报表打印，如
图 8-34 所示。

		商品 ▼	值				
		冰箱		彩电		电脑	
	销售人员 ▼	月 ▼	求和项:销售量	求和项:销售额	求和项:销售量	求和项:销售额	求和项:销售量
6	⊟曹泽鑫		488	1268800	265	609500	85
7		5月	191	496600	79	181700	48
8		6月	188	488800	99	227700	37
9		7月	109	283400	87	200100	
10	⊟房天琦		842	2189200	732	1683600	224
11		5月	83	215800	207	476100	121
12		6月	507	1318200	329	756700	76
13		7月	252	655200	196	450800	27
14	⊟郝宗泉		820	2132000	950	2185000	55
15		5月	97	252200	198	455400	
16		6月	215	559000	349	802700	43
17		7月	508	1320800	403	926900	12
18	⊟刘敬堃		551	1432600	379	871700	77

图 8-34　以大纲形式显示的布局方式

◆ **"以表格形式显示"报表布局：**该布局方式以表格的形式显示数据，阅读起来更直
观易懂，如图 8-35 所示。

		商品 ▼	值				
			冰箱		彩电		
	销售人员 ▼	月 ▼	日期 ▼	求和项:销售额	求和项:销售量	求和项:销售额	求和项:销售量
6	⊟曹泽鑫	⊞7月				29900	13
7	曹泽鑫 汇总					29900	13
8	⊟房天琦	⊞5月					
9		⊞6月				57500	25
10		⊞7月		161200	62	103500	45
11	房天琦 汇总			161200	62	161000	70
12	⊟郝宗泉	⊞5月		39000	15	103500	45
13		⊞6月				154100	67
14		⊞7月		122200	47		
15	郝宗泉 汇总			161200	62	257600	112
16	⊟刘敬堃	⊞5月					
17		⊞6月				34500	15
18	刘敬堃 汇总					34500	15

图 8-35　以表格形式显示的布局方式

在该下拉列表框中除了上述的 3 种布局方式外，还可以使用"重复所有项目标签"
和"不重复项目标签"两种项目标签显示方式，如图 8-36、图 8-37 所示。

商品		值		彩电
		冰箱	冰箱	
销售人员	月	求和项:销售量	求和项:销售额	求和项:
⊟曹泽鑫	5月	191	496600	
曹泽鑫	6月	188	488800	
曹泽鑫	7月	109	283400	
曹泽鑫 汇总		488	1268800	
⊟房天琦	5月	83	215800	
房天琦	6月	507	1318200	
房天琦	7月	252	655200	
房天琦 汇总		842	2189200	
⊟郝宗泉	5月	97	252200	
郝宗泉	6月	215	559000	
郝宗泉	7月	508	1320800	
郝宗泉 汇总		820	2132000	
⊟刘敬堃	5月	196	509600	
刘敬堃	6月	293	761800	
刘敬堃	7月	62	161200	

图 8-36　重复所有项目标签

商品		值		彩电
		冰箱	冰箱	
销售人员	月	求和项:销售量	求和项:销售额	求和项:
⊟曹泽鑫	5月	191	496600	
	6月	188	488800	
	7月	109	283400	
曹泽鑫 汇总		488	1268800	
⊟房天琦	5月	83	215800	
	6月	507	1318200	
	7月	252	655200	
房天琦 汇总		842	2189200	
⊟郝宗泉	5月	97	252200	
	6月	215	559000	
	7月	508	1320800	
郝宗泉 汇总		820	2132000	
⊟刘敬堃	5月	196	509600	
	6月	293	761800	
	7月	62	161200	

图 8-37　不重复项目标签

用户可根据不同的情况选择不同的布局方式，在大多数情况下，使用"以表格形式显示+不重复项目标签"的布局方式是比较合适的。

8.2.2　更改分类汇总的显示方式

在数据透视表中，如果对数据透视表中的数据项进行了分组，就可以更改其分类汇总的显示方式。主要有以下 3 种方式。

◆ **通过选项卡命令更改**：在"数据透视表工具 设计"选项卡中的"布局"组中单击"分类汇总"下拉按钮，选择合适的显示方式即可，如图 8-38 所示。

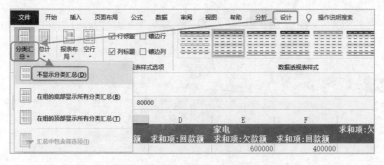

图 8-38　通过选项卡命令更改

◆ **通过快捷菜单更改**：任意选择一个行字段标签，右击，在弹出的快捷菜单中取消勾选对应的"分类汇总"命令即可。如图 8-39 所示，这里取消勾选"分类汇总'省份'"命令。

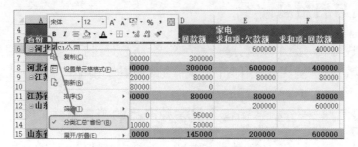

图 8-39　通过快捷菜单更改

◆ 通过"字段设置"对话框更改：任意选择一个行字段标签，右击，在弹出的快捷菜单中选择"字段设置"命令，在打开的对话框中选中"小计"栏中的"无"单选按钮，单击"确定"按钮即可，如图 8-40 所示。

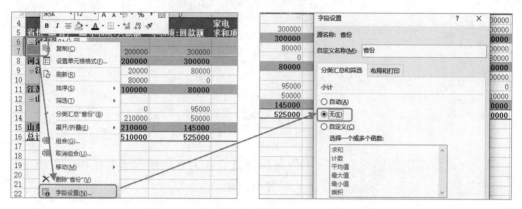

图 8-40　通过"字段设置"对话框更改

8.2.3　使用空行分隔不同的组

在许多的数据透视表中，为了表格简单明了、方便读者阅读，往往都会使用空行将不同的组分隔开。

添加空行的方法比较简单，只需单击"数据透视表工具 设计"选项卡"布局"组中的"空行"下拉按钮，在弹出的下拉列表中选择"在每个项目后插入空行"选项即可，如图 8-41 所示。

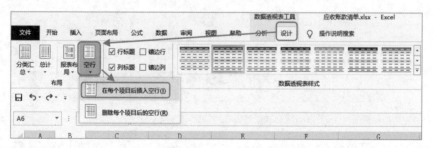

图 8-41　使用空行将不同的组分隔开

8.2.4　禁用与启用总计

使用数据透视表时为了数据分析的需要，会将总计进行禁用或者启用操作。在需要总计时只需在数据透视表中启用即可，不需要时将其禁用即可。

 [分析实例]——分析各销售人员各种产品的销售总额

在家电销售表中，使用数据透视表统计了北京市各销售人员各类产品的销售情况，但不能直观地查看各销售人员的销售量总额及各类产品的销售情况。

现在需要分析各销售人员的销售总量以及各个产品的销售总量，需要启用总计，下面以这个例子来讲解具体操作步骤，如图 8-42 所示为对行和列启用总计前后效果对比。

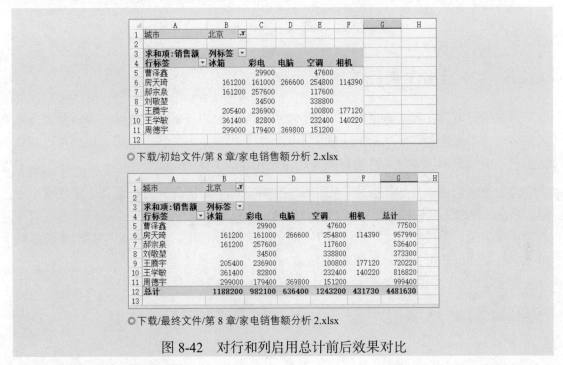

◎下载/初始文件/第 8 章/家电销售额分析 2.xlsx

◎下载/最终文件/第 8 章/家电销售额分析 2.xlsx

图 8-42　对行和列启用总计前后效果对比

其具体操作步骤如下。

Step01 打开素材文件，❶选择数据透视表中任意单元格，❷单击"数据透视表工具 设计"选项卡，如图 8-43 所示。

Step02 ❶单击"布局"组中的"总计"下拉按钮，❷在弹出下拉列表中选择"对行和列启用"选项即可完成，如图 8-44 所示。

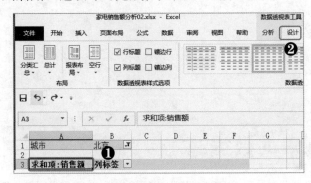

图 8-43　单击"数据透视表工具 设计"选项卡

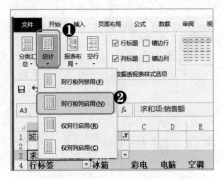

图 8-44　对行和列启用总计

提个醒：禁用与启用总计

在数据透视表中不仅可以对行和列启用或禁用总计，还可以仅对行启用总计或仅对列启用总计。只需单击"数据透视表工具 设计"选项卡"布局"组中的"总计"下拉按钮，在弹出的下拉列表中选择"仅对行启用"或"仅对列启用"选项即可。

8.2.5　合并且居中带标签的单元格

通常情况下，在数据透视表中字段标签都是采用右对齐的方式显示。但这种对齐方式很多时候与表格制作要求的表头居中不同，为了提高数据分析的效率，用户可以在数据透视表中设置带标签单元格的对齐方式为合并且居中排列。

设置数据透视表合并且居中排列带标签的单元格，只需选择数据透视表中任意单元格，右击，在弹出的快捷菜单中选择"数据透视表选项"命令，如图 8-45 所示。在打开的对话框中的"布局与格式"选项卡下的"布局"栏中选中"合并且居中排列带标签的单元格"复选框即可完成，如图 8-46 所示。

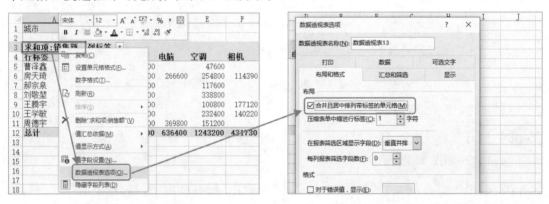

图 8-45　打开对话框　　　　　　图 8-46　合并且居中带标签的单元格

提个醒：标签在合并单元格居中显示

通过设置数据透视表"合并且居中排列带标签的单元格"布局后，不仅使所有的标签居中，而且会让组标签在合并单元格居中显示。

8.3　快速查看数据透视表的数据源

如果在使用数据透视表进行数据分析时需要使用数据透视表某个数据的数据源，或者不小心将数据透视表的数据源删除了，这时就需要获取其数据源。

8.3.1 获取整个数据透视表的数据源

在数据透视表中，一般不能直接修改其中的数据，但是可以通过增加、删除或修改等方式进行编辑。数据透视表提供了“启用显示数据明细”功能可以获取指定单元格计算结果所引用的记录，并将这些数据显示在工作表中。

而针对需要获取整个单元格的数据源，就需要在数据透视表中查找一个引用了所有数据的结果单元格，再通过获取数据明细来获取整个数据透视表的数据源。

[分析实例]——通过数据透视表获取固定资产清单

在固定资产清单表中，可以看到由于统计时发生意外导致数据源丢失，只存在数据透视表，现在需要查看这些固定资产的清单。下面将以这个例子来讲解具体操作步骤，如图 8-47 所示为获取数据透视表的数据源前后效果对比。

求和项:数量	列标签					
行标签	行政管理部	生产管理科	制造三部	制造二部	制造一部	总计
办公设备	163	5	71			239
房屋建筑物			2			2
工具器具	1	12	189	35	44	281
机器设备			87		2	89
交通工具	2		1			3
土地			2183253			2183253
运输工具			16			16
总计	166	17	2183619	35	46	2183883

◎下载/初始文件/第 8 章/固定资产清单.xlsx

资产编码	资产名称	类别	型号	单位	变动方式	入账日期	使用部门	存放地
001.01	电脑	办公设备	组装	台	购入	2016/11/30	行政管理部	办公室
001.02	打印机	办公设备	佳能I650(	台	购入	2016/12/30	行政管理部	办公室
001.03	激光传真机	办公设备	佳能L240	台	购入	2016/12/30	行政管理部	办公室
001.04	电脑	办公设备	组装	台	购入	2016/12/30	行政管理部	办公室
001.05	打印机	办公设备	施乐(彩色	台	购入	2016/12/30	行政管理部	办公室
001.06	稳压器	办公设备	225KVA(住	台	购入	2016/12/30	行政管理部	办公室
001.07	空调	办公设备	20匹（住	台	购入	2016/12/30	行政管理部	办公室
001.08	手机	办公设备	NOKIA331(	台	购入	2016/12/30	行政管理部	办公室
001.10	空调	办公设备	美的1.5挂	台	购入	2017/1/30	行政管理部	办公室
001.100	艾谱保险箱	办公设备	D-D100	台	购入	2017/12/30	行政管理部	办公室
001.101	音响	办公设备	万利达	套	购入	2017/12/30	行政管理部	办公室
001.102	鞋柜	办公设备	万利达	个	购入	2017/12/30	行政管理部	厂房院

固定资产清单　数据透视表

◎下载/最终文件/第 8 章/固定资产清单.xlsx

图 8-47　获取数据透视表的数据源前后效果对比

其具体操作步骤如下。

Step01 打开素材文件，❶选择数据透视表中任意单元格，右击，❷在弹出的快捷菜单中选择“数据透视表选项”命令，如图 8-48 所示。

Step02 ❶在打开的“数据透视表选项”对话框中单击“数据”选项卡，❷在“数据透视表数据”栏中选中“启用显示明细数据”复选框，单击“确定”按钮，如图 8-49 所示。

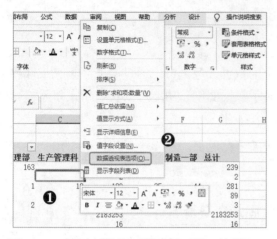

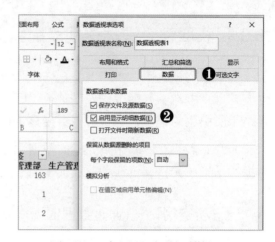

图 8-48　打开"数据透视表选项"对话框　　　图 8-49　启用显示明细数据

Step03 在数据透视表的行总计与列总计交叉单元格上双击，如图 8-50 所示。

Step04 通过双击产生的工作表即是该数据透视表的数据源，将新的工作表命名为"固定资产清单"，如图 8-51 所示。

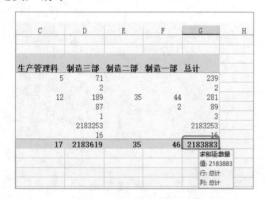

图 8-50　双击单元格获取数据明细　　　图 8-51　重命名数据源表格

【注意】在本例中，必须保证作为参考的结果单元格的计算引用了数据源中的每一行数据，否则获取的数据源是不完整的，无法作为数据源进行数据分析。

8.3.2　获取统计结果的数据明细

使用数据透视表数据统计分析出数据结果后，是可以查看这些数据的明细，只需利用显示数据明细功能，双击需要查看的单元格即可。

例如，在如图 8-52 的数据透视表中可以查看到行政管理部的办公室设备固定资产为 163 件，但不知道这 163 件设备主要包括哪些产品及产品的型号等。如果需要知道这些信息就可以进行数据明细查看，只需双击数据所在的 B5 单元格，即可生成新的工作表，在该工作表中包含了数据源，如图 8-53 所示。

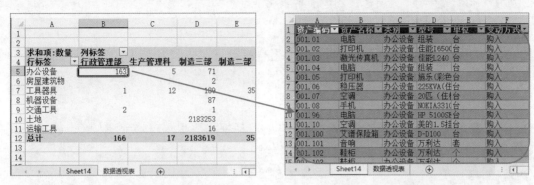

图 8-52　双击单元格获取数据明细　　　　　　图 8-53　查看数据明细

8.4　处理数据透视表的异常数据

在使用数据透视表进行数据分析时，可能会出现处理结果中有一些空白项、空白值或者错误值等异常数据。这些数据会影响或者误导用户，需要对其进行处理。

8.4.1　处理行字段中的空白项

如果数据源行字段中存在空白单元格，那么以该数据源制作的数据透视表也会出现空白项，这些空白项可能会影响阅读体验，一般会将这些空白项进行处理。

 [分析实例]——处理数据透视表中的空白数据项

在素材文件中，只记录了时间和城市，导致使用该表格作为数据源制作出的数据透视表出现了空白数据项，这里由于空白项较少可以将其处理为空行，直接使用查找和替换功能来处理即可。

现在为了数据分析的方便，需要将这些空白项处理为空行，下面以此为例来讲解具体操作步骤，如图 8-54 所示为将空白项处理为空行的前后效果对比。

	城市	销售人员	销售量	销售额
4		房天琦	285	957,990.00
5		郝宗泉	216	536,400.00
6		刘敏堃	136	373,300.00
7	北京	王腾宇	266	720,220.00
8		王学敏	296	816,820.00
9		周德宇	290	999,400.00
10		(空白)		
11	北京 汇总		1489	4,404,130.00
12		房天琦	208	534,700.00
13		郝宗泉	85	239,410.00
14		刘敏堃	90	278,240.00
15	贵阳	王腾宇	21	58,800.00
16		王学敏	137	394,980.00
17		周德宇	204	577,580.00
18		(空白)		

◎下载/初始文件/第 8 章/家电销售统计.xlsx

	城市	销售人员	销售量	销售额
4		房天琦	285	957,990.00
5		郝宗泉	216	536,400.00
6		刘敏堃	136	373,300.00
7	北京	王腾宇	266	720,220.00
8		王学敏	296	816,820.00
9		周德宇	290	999,400.00
10				
11	北京 汇总		1489	4,404,130.00
12		房天琦	208	534,700.00
13		郝宗泉	85	239,410.00
14		刘敏堃	90	278,240.00
15	贵阳	王腾宇	21	58,800.00
16		王学敏	137	394,980.00
17		周德宇	204	577,580.00
18				

◎下载/最终文件/第 8 章/家电销售统计.xlsx

图 8-54　将空白项处理为空行的前后效果对比

其具体操作步骤如下。

Step01 打开素材文件，❶按【Ctrl+H】组合键打开"查找和替换"对话框并自动切换到"替换"选项卡，❷在"查找内容"文本框中输入"（空白）"文本，在"替换为"文本框中按空格键，如图 8-55 所示。

Step02 ❶单击"全部替换"按钮，在打开的对话框中将提示已经完成替换，❷单击"确定"按钮后，关闭对话框即可查看效果，如图 8-56 所示。

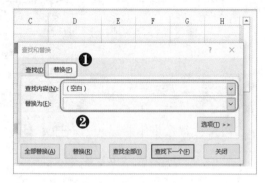
图 8-55　输入替换内容

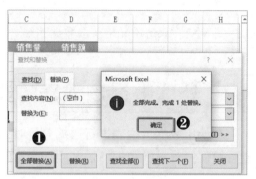
图 8-56　将空白项全部替换

知识延伸　**通过筛选功能处理空白数据项**

除了上例使用查找和替换功能处理外，还可以通过行字段标题筛选功能将"（空白）"数据项进行排除处理。

在本例中只需单击"销售人员"行字段标题右侧的下拉按钮，在打开的筛选面板中取消选中"（空白）"复选框即可，如图 8-57 所示。

图 8-57　通过筛选功能隐藏空白项数据

8.4.2　将值区域中的空白数据设置为具体数值

在制作数据透视表时，由于数据源中数据统计不全面、数据缺失等情况导致数据透视表中出现空白项，但这些空白项可能具有特殊的意义，不能将其直接处理掉。这时就需要将其标记出来，让读者明白其含义。

[分析实例]——将商品销售分析报表中的空白值标记为"未订购"

在素材文件"销售记录清单"工作簿中，记录了各个客户对一些商品的订购情况。因为并不是每个客户都订购了所有的商品，所以在统计结果出现了空白单元格。

现在为了分析各个客户对这些商品的购买情况，需要将这些空白数据项标记为"未订购"，下面将以这个例子来讲解具体操作步骤，如图 8-58 所示为将空白数据项标记为"未订购"的前后效果对比。

	A	B	C	D	E	F	G
2							
3	求和项:订单金额	客户					
4	商品	客户A	客户B	客户C	客户D	总计	
5	FH01931	3,800,000.00	2,200,000.00	500,000.00		6,500,000.00	
6	FH01932	3,400,000.00	3,400,000.00	1,900,000.00	900,000.00	9,600,000.00	
7	FH01933	1,300,000.00	700,000.00			2,000,000.00	
8	FH01934		500,000.00	700,000.00		1,200,000.00	
9	FH01946	2,700,000.00	600,000.00			3,300,000.00	
10	FH01947	1,700,000.00	1,100,000.00			2,800,000.00	
11	FH01948		200,000.00		300,000.00	500,000.00	
12	FH01949	400,000.00	200,000.00	1,600,000.00		2,200,000.00	
13	FH01950	2,200,000.00	2,800,000.00		400,000.00	5,400,000.00	
14	FH01951		300,000.00		700,000.00	1,000,000.00	
15	FH01952		700,000.00		700,000.00	1,400,000.00	
16	FH01953	500,000.00				500,000.00	
17	FH01954	200,000.00				200,000.00	
18	总计	16,200,000.00	12,700,000.00	4,700,000.00	3,000,000.00	36,600,000.00	

◎下载/初始文件/第 8 章/销售记录清单.xlsx

	A	B	C	D	E	F	G
2							
3	求和项:订单金额	客户					
4	商品	客户A	客户B	客户C	客户D	总计	
5	FH01931	3,800,000.00	2,200,000.00	500,000.00	未订购	6,500,000.00	
6	FH01932	3,400,000.00	3,400,000.00	1,900,000.00	900,000.00	9,600,000.00	
7	FH01933	1,300,000.00	700,000.00	未订购	未订购	2,000,000.00	
8	FH01934	未订购	500,000.00	700,000.00	未订购	1,200,000.00	
9	FH01946	2,700,000.00	600,000.00	未订购	未订购	3,300,000.00	
10	FH01947	1,700,000.00	1,100,000.00	未订购	未订购	2,800,000.00	
11	FH01948	未订购	200,000.00	未订购	300,000.00	500,000.00	
12	FH01949	400,000.00	200,000.00	1,600,000.00	未订购	2,200,000.00	
13	FH01950	2,200,000.00	2,800,000.00	未订购	400,000.00	5,400,000.00	
14	FH01951	未订购	300,000.00	未订购	700,000.00	1,000,000.00	
15	FH01952	未订购	700,000.00	未订购	700,000.00	1,400,000.00	
16	FH01953	500,000.00	未订购	未订购	未订购	500,000.00	
17	FH01954	200,000.00	未订购	未订购	未订购	200,000.00	
18	总计	16,200,000.00	12,700,000.00	4,700,000.00	3,000,000.00	36,600,000.00	

◎下载/最终文件/第 8 章/销售记录清单.xlsx

图 8-58　将空白数据项标记为"未订购"的前后效果对比

其具体操作步骤如下。

Step01　打开素材文件，❶选中数据透视表中任意单元格，右击，❷在弹出的快捷菜单中选择"数据透视表选项"命令，如图 8-59 所示。

Step02　❶在打开的"数据透视表选项"对话框中单击"布局和格式"选项卡，❷在"格式"栏中选中"对于空单元格，显示"复选框，并在其文本框中输入文本"未订购"，单击"确定"按钮，如图 8-60 所示。

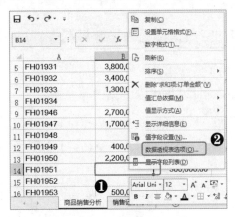

图 8-59　打开对话框

图 8-60　将空白数据设置为文本"未订购"

8.5　数据透视表的美化

在使用数据透视表分析数据时，大部分情况都是将分析结果展示给他人阅读查看的，所以在创建数据透视表后，往往需要美化一下数据透视表，使表格效果更好，更加体现重点，从而提升读者阅读体验。

8.5.1　套用数据透视表样式

数据透视表美化的方法很多，最省时、省力的便是直接使用 Excel 提供的数据透视表样式和主题进行美化了。

前面介绍过在"数据透视表工具 设计"选项卡下，除了默认的数据透视表样式外，还提供了浅色、中等深浅和深色各 28 种数据透视表样式。

[分析实例]——为数据透视表应用内置样式

在素材文件中，可以看到直接创建的数据透视表的页面效果，该表记录了近几年各省的钢材储存情况。

现在由于要将该数据透视表传给上级领导进行数据分析，需要为该表应用内置样式进行美化，使得数据透视表更加专业、美观。下面将以这个例子来讲解具体操作步骤，如图 8-61 所示为应用内置样式前后效果对比。

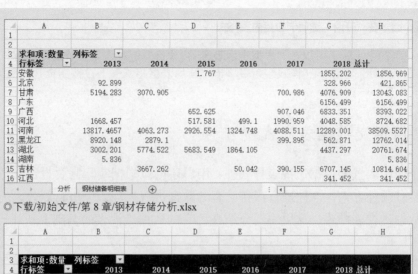

求和项:数量	列标签						
行标签	2013	2014	2015	2016	2017	2018	总计
安徽			1.767			1855.202	1856.969
北京	92.899					328.966	421.865
甘肃	5194.283	3070.905			700.986	4076.909	13043.083
广东						6156.499	6156.499
广西			652.625		907.046	6833.351	8393.022
河北	1668.457		517.581	499.1	1990.959	4048.585	8724.682
河南	13817.4657	4063.273	2926.554	1324.748	4088.511	12289.001	38509.5527
黑龙江	8920.148	2879.1			399.895	562.871	12762.014
湖北	3002.201	5774.522	5683.549	1864.105		4437.297	20761.674
湖南	5.836						5.836
吉林		3667.262		50.042	390.155	6707.145	10814.604
江西						341.452	341.452

◎下载/初始文件/第8章/钢材存储分析.xlsx

求和项:数量	列标签						
行标签	2013	2014	2015	2016	2017	2018	总计
安徽			1.767			1855.202	1856.969
北京	92.899					328.966	421.865
甘肃	5194.283	3070.905			700.986	4076.909	13043.083
广东						6156.499	6156.499
广西			652.625		907.046	6833.351	8393.022
河北	1668.457		517.581	499.1	1990.959	4048.585	8724.682
河南	13817.4657	4063.273	2926.554	1324.748	4088.511	12289.001	38509.5527
黑龙江	8920.148	2879.1			399.895	562.871	12762.014
湖北	3002.201	5774.522	5683.549	1864.105		4437.297	20761.674
湖南	5.836						5.836
吉林		3667.262		50.042	390.155	6707.145	10814.604
江西						341.452	341.452

◎下载/最终文件/第8章/钢材存储分析.xlsx

图 8-61　应用内置样式前后效果对比

其具体操作步骤如下。

Step01 打开素材文件，选择数据透视表中任意单元格，单击"数据透视表工具 设计"选项卡"数据透视表样式"组中的"其他"按钮，如图 8-62 所示。

Step02 在弹出的下拉菜单中选择"数据透视表样式深色 5"选项，即可完成为数据透视表应用内置样式的操作，如图 8-63 所示。

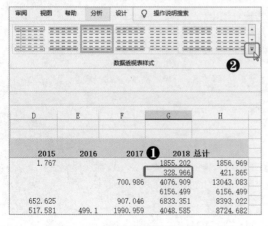

图 8-62　打开数据透视表样式库

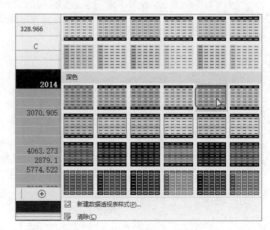

图 8-63　选择内置样式

提个醒：在“开始”选项卡应用内置样式

在本例中，除了可以在“数据透视表工具 设计”选项卡中查找应用内置样式外，还可以在“开始”选项卡“样式”组中单击“套用表格格式”下拉按钮查找应用这些样式。

8.5.2 自定义数据表样式

除了使用内置的数据透视表样式外，用户还可以根据实际需要自定义数据透视表样式。主要有两种方式，一种是直接在已有的数据透视表样式上进行修改，另一种则是完全新建数据透视表样式。这里主要介绍在已有的数据透视表的基础上新建样式。

[分析实例]——在已有数据透视表的基础上新建数据透视表样式

在素材文件中，可以看到该数据透视表使用的表格样式与“数据透视表样式浅色 25”样式相似。但表头没有填充颜色、没有突出显示分类汇总的结果。

现在要在该数据透视表的表格样式基础上自定义符合要求的样式，下面将以这个例子来讲解具体操作步骤，如图 8-64 所示为自定义样式前后效果对比。

	A	B	C	D	E	F	G	H	I	J	K
3	人数		所属部门								
4	籍贯	性别	销售部	采购部	财务部	厂务部	行政中心	后勤处	总务部	总计	
5	⊟安徽省	男				11	1	1	1	14	
6		女	1		1	7			1	10	
7	安徽省 汇总		1		1	18	1	1	2	24	
8	⊟北京市	男		1	1	7				9	
9		女		2		4				6	
10	北京市 汇总			3	1	11				15	
11	⊟福建省	男				3				3	
12		女	1		1	4	3			9	
13	福建省 汇总		1		1	7	3			12	
14	⊟甘肃省	男			1	8				9	
15		女				3		1		4	
16	甘肃省 汇总				1	11		1		13	
17	⊟广东省	男	1			7				8	
18		女				11				11	

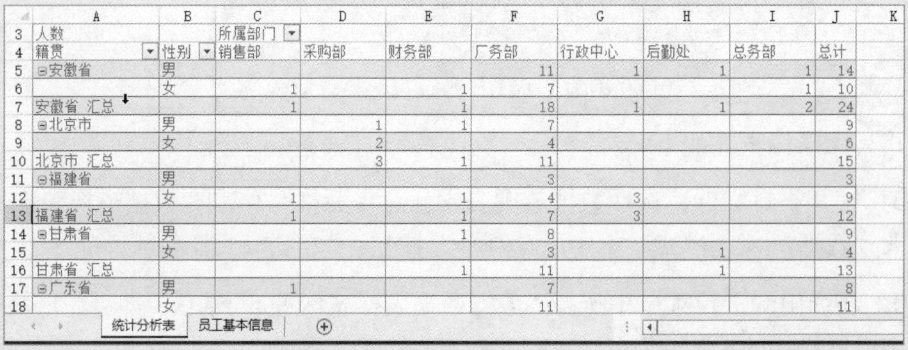

◎下载/初始文件/第 8 章/员工信息表 3.xlsx

	A	B	C	D	E	F	G	H	I	J
1										
2										
3	人数		所属部门							
4	籍贯	性别	销售部	采购部	财务部	厂务部	行政中心	后勤处	总务部	总计
5	⊟安徽省	男				11	1	1	1	14
6		女	1		1	7			1	10
7	**安徽省 汇总**		**1**		**1**	**18**	**1**	**1**	**2**	**24**
8	⊟北京市	男		1	1	7				9
9		女		2		4				6
10	**北京市 汇总**			**3**	**1**	**11**				**15**
11	⊟福建省	男				3				3
12		女	1		1	4	3			9
13	**福建省 汇总**		**1**		**1**	**7**	**3**			**12**
14	⊟甘肃省	男			1	8				9
15		女				3		1		4
16	**甘肃省 汇总**				**1**	**11**		**1**		**13**
17	⊟广东省	男	1			7				8
18		女				11				11

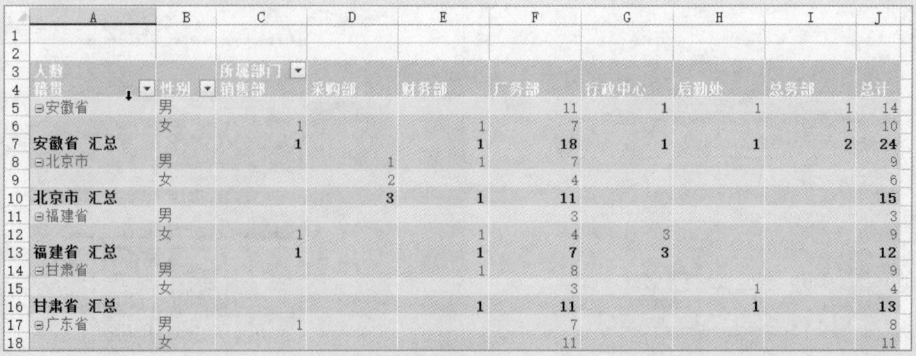

◎下载/最终文件/第 8 章/员工信息表 3.xlsx

图 8-64　自定义样式前后效果对比

其具体操作步骤如下。

Step01 打开素材文件，❶单击"数据透视表工具 设计"选项卡下"数据透视表样式"组中的"其他"按钮，在弹出下拉菜单中的"数据透视表样式浅色 25"选项上右击，❷在弹出的快捷菜单中选择"复制"命令，如图 8-65 所示。

Step02 ❶在打开的"修改数据透视表样式"对话框的"名称"文本框中输入自定义样式的名称，❷在"表元素"列表框中选择"标题行"选项，❸单击"格式"按钮，如图 8-66 所示。

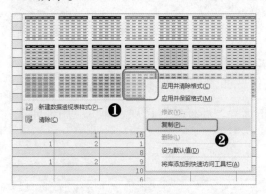

图 8-65　复制数据透视表样式　　　　图 8-66　设置自定义样式名称并选择标题行

Step03 ❶在打开的"设置单元格格式"对话框中单击"字体"选项卡，❷设置字形为加粗，字体颜色为白色，如图 8-67 所示。

Step04 ❶单击"填充"选项卡，❷设置标题行的填充色为浅蓝色，单击"确定"按钮，如图 8-68 所示。

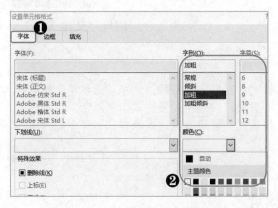

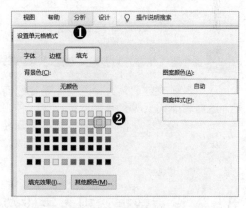

图 8-67　设置标题行字体格式　　　　图 8-68　设置标题行填充色

Step05 ❶在返回对话框的列表框中选择"分类汇总行 1"选项，❷单击"格式"按钮，如图 8-69 所示。

Step06 ❶在打开的"设置单元格格式"对话框中单击"填充"选项卡，❷设置其填充色为浅绿色，单击"确定"按钮，如图 8-70 所示。

Excel 数据处理与分析应用大全

图 8-69 选择"分类汇总行 1"选项

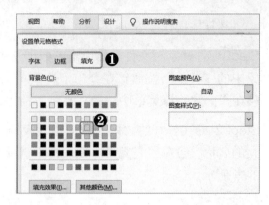

图 8-70 设置"分类汇总行 1"的填充色

Step07 ❶在返回的数据透视表中选择任意单元格，❷单击"数据透视表工具 设计"选项卡下"数据透视表样式"组中的"其他"按钮，如图 8-71 所示。

Step08 在弹出的下拉菜单中的"自定义"栏中选择"新样式"选项，即可应用该样式，如图 8-72 所示。

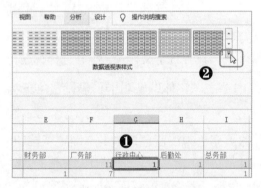

图 8-71 打开自定义样式

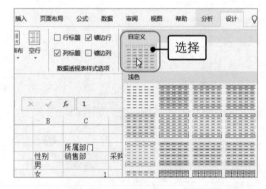

图 8-72 应用自定义样式

> **提个醒：从零开始自定义数据透视表样式**
>
> 本例的自定义数据透视表是在已有表格样式的基础上进行的。如果从零自定义数据透视表样式一般有两种方法，第一种为上述的方法，只是将内置样式中"浅色"组的第一个样式"无"作为基础样式；第二种方法是通过"新建数据透视表样式"命令进行自定义。

8.5.3 设置数据透视表字段数据格式

在默认情况下，数据透视表中的数据是没有按照不同类别进行分别显示的，这种情况下，默认显示为常规数字，甚至连日期和时间都可能显示为常规数字。在分析数据时极为不便，而且整个表格显得比较单调，这时就需要设置数据透视表字段数据格式。

（1）通过"开始"选项卡设置数据格式

一般来说，数字在表格中占有很大比重，所以为表格中的数字设置格式是极为重要的，最常用的方法便是通过"开始"选项卡进行。

 [分析实例]——为数据金额设置会计格式

某公司使用数据透视表统计了各个部门在用固定资产的资产原值和预计净产值，但其数字都是常规格式。现为方便阅览，将数字格式改为会计格式。下面将以此为例来讲解具体操作步骤，如图 8-73 所示为数字格式修改前后效果对比。

	A	B	C	D
1				
2				
3	使用部门 ▼	类别 ▼	资产原值	求和项:预计净产值
4	⊟行政管理部		2297863	229788.67
5		办公设备	1570098	157012.17
6		工具器具	5100	510
7		交通工具	722665	72266.5
8	⊟生产管理科		144998.33	16296.4
9		办公设备	96998.33	11496.4
10		工具器具	48000	4800
11	⊟制造二部		140714.2	67062.04
12		工具器具	140714.2	67062.04
13	⊟制造三部		45867638.38	5341244.9
14		办公设备	478182	47818.2
15		房屋建筑物	33203797.48	3320379.75
16		工具器具	906418.87	337685.37
17		机器设备	9510660.34	1599323.43

◎下载/初始文件/第 8 章/固定资产清单 2.xlsx

	A	B	C	D
1				
2				
3	使用部门 ▼	类别 ▼	资产原值	求和项:预计净产值
4	⊟行政管理部		¥ 2,297,863.00	¥ 229,788.67
5		办公设备	¥ 1,570,098.00	¥ 157,012.17
6		工具器具	¥ 5,100.00	¥ 510.00
7		交通工具	¥ 722,665.00	¥ 72,266.50
8	⊟生产管理科		¥ 144,998.33	¥ 16,296.40
9		办公设备	¥ 96,998.33	¥ 11,496.40
10		工具器具	¥ 48,000.00	¥ 4,800.00
11	⊟制造二部		¥ 140,714.20	¥ 67,062.04
12		工具器具	¥ 140,714.20	¥ 67,062.04
13	⊟制造三部		¥ 45,867,638.38	¥ 5,341,244.90
14		办公设备	¥ 478,182.00	¥ 47,818.20
15		房屋建筑物	¥ 33,203,797.48	¥ 3,320,379.75

◎下载/最终文件/第 8 章/固定资产清单 2.xlsx

图 8-73　数字格式修改前后效果对比

其具体操作步骤如下。

Step01 打开素材文件，❶选择值区域内所有数字单元格，❷单击"开始"选项卡"数字"组中的"数字格式"下拉按钮，如图 8-74 所示。

Step02 ❶在弹出的下拉菜单中选择"会计专用"选项，❷在"字体"组中设置字体为"Arial"格式，字号为 11 号，如图 8-75 所示。

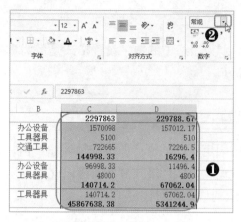

图 8-74　单击"数字格式"下拉按钮

图 8-75　设置数字格式

（2）通过对话框设置数据格式

通过"开始"选项卡设置数据透视表数据格式，需要选择所有数据区域，如果数据较多且数据格式太多，则极为不便。除了上述方法外，用户还可以通过对话框为值区域设置数据格式。

使用该方法只需在表中选择要修改数据单元格，右击，在弹出的快捷菜单中选择"数字格式"命令。在打开的"设置单元格格式"对话框中选择需要的分类样式进行设置即可，如图 8-76 所示。

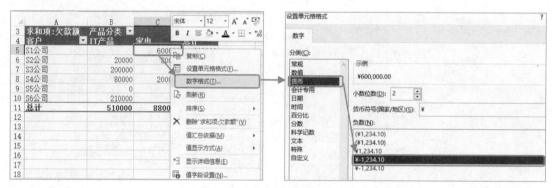

图 8-76　通过对话框设置数据格式

第9章
分析报表中的
数据排序与筛选操作怎么做

杂乱无章的数据报表会让读者感到心烦，而工整简明的
数据报表则让人赏心悦目，因而对数据透视表中的数据进行
筛选和排序是非常重要的。对数据透视表中的数据进行排序，
可以使报表有条理、直观，从而提高工作效率；对数据透视
表进行筛选，则可以明确分析的目标。

|本|章|要|点|

· 让报表中的数据按指定顺序排列
· 在报表中显示部分统计分析结果
· 使用切片器控制报表数据的显示

9.1 让报表中的数据按指定顺序排列

如果数据透视表中的数据毫无章法，那么在进行阅读与分析时定是无从下手、令人头疼。只有让报表中的数据按指定顺序井然有序地排列才能提升阅读体验，提高工作效率，排列的方法有多种，下面进行详细介绍。

9.1.1 通过字段列表进行排序

字段列表是数据透视表中进行报表布局的重要场所之一，当然它也可以对表格中的数据进行排序。

[分析实例]——将"籍贯"字段标签按降序排列

在默认情况下，数据透视表行字段和列字段会自动按升序排列。先对数字进行排序，然后以字母先后顺序排序，最后以汉字拼音进行排序，现在要查看"统计分析表"工作表中排序靠后省份员工籍贯的统计数据。

下面通过将"员工信息表"工作簿中排序靠后的省份统计数据调整到报表的前面为例，讲解通过字段列表排序的相关操作。如图 9-1 所示为采用降序排列的前后效果对比。

	A	B	C	D	E	F
3	人数		性别			
4	籍贯	所属部门	男	女	总计	
5	安徽省	销售部		1	1	
6		财务部		1	1	
7		厂务部	11	7	18	
8		行政中心	1		1	
9		后勤处	1		1	
10		总务部	1	1	2	
11	安徽省 汇总		14	10	24	
12	北京市	采购部	1	2	3	
13		财务部	1		1	
14		厂务部	7	4	11	
15	北京市 汇总		9	6	15	

	A	B	C	D	E	F
4	籍贯	所属部门	男	女	总计	
5	重庆市	采购部	1	2	3	
6		厂务部	3	6	9	
7		行政中心	1	1	2	
8		后勤处	1		1	
9		总务部		1	1	
10	重庆市 汇总		6	10	16	
11	浙江省	销售部	2		2	
12		厂务部	3	5	8	
13		行政中心		1	1	
14		总务部		1	1	
15	浙江省 汇总		5	7	12	
16	云南省	采购部	1		1	

◎下载/初始文件/第 9 章/员工信息表.xlsx　　◎下载/最终文件/第 9 章/员工信息表.xlsx

图 9-1　采用降序排列的前后效果对比

其具体操作步骤如下。

Step01 打开素材文件，❶在数据透视表中任意单元格上右击，❷在弹出的快捷菜单中选择"显示字段列表"命令，如图 9-2 所示。

Step02 ❶在打开的"数据透视表字段"窗格中选中"籍贯"选项对应的复选框，单击其右侧的下拉按钮，❷在打开的筛选器中选择"降序"选项，即可完成对"籍贯"的降序排列，如 9-3 右图所示。

图 9-2　打开"数据透视表字段"窗格　　　　图 9-3　将数据设置为降序排列

9.1.2　通过字段筛选器进行排序

　　在数据透视表中对列字段进行排序，除了在"数据透视表字段"窗格中进行，还可以直接在报表中进行，而且在报表中利用字段筛选器排序更为方便。

[分析实例]——将某公司北京家电销售总计进行降序排列

　　在素材文件中，某家电公司北京销售额统计数据表中，默认按照升序的方式进行排列，现在为数据分析的方便需要将其进行降序排列。

　　下面通过将"北京"工作表中的销售总计数据按降序排列为例，讲解通过筛选器排序的相关操作。如图 9-4 所示为采用筛选器排序的前后效果对比。

◎下载/初始文件/第 9 章/家电销售分析.xlsx

◎下载/最终文件/第 9 章/家电销售分析.xlsx

图 9-4　采用筛选器排序的前后效果对比

其具体操作步骤如下。

Step01 打开素材文件，单击行标签右侧的下拉按钮，如图 9-5 所示。

Step02 在打开的筛选器中选择"降序"选项，即可对该行字段进行降序排列，如图 9-6 所示。

图 9-5　打开行标签筛选器

图 9-6　设置行标签降序排列

Step03 使用同样的方法，单击"列标签"右侧的下拉按钮，如图 9-7 所示。

Step04 在打开的筛选器中选择"降序"选项，即可完成对该列字段进行降序排列，如图 9-8 所示。

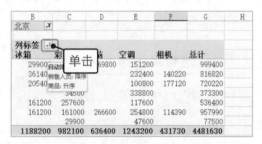

图 9-7　打开列标签筛选器

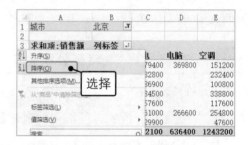

图 9-8　设置列标签为降序排列

知识延伸　*数据透视表也可以使用普通数据表排序的方法来排序*

前面讲解的两种排序方法是数据透视表中特有的，其实我们还可以使用普通数据表排序的方法来对数据透视表进行排序。

只需选择需要排序的列标签，右击，在弹出的快捷菜单中选择"排序"命令，在其子菜单中选择一种排序方式即可，如图 9-9 所示。

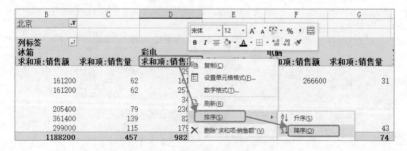

图 9-9　通过快捷菜单排序

9.1.3 手动排序

在数据透视表中进行排序时可能会遇到一些特殊情况，如 11 月、12 月会被排列到 1 月之前，或由于多音字缘故排列顺序位置不对等。这时就需要使用手动排序的方法将其调整到正确的位置。

 [分析实例]——手动将数据透视表中的月份调整到正确的位置

在素材文件中，统计了某公司一年的各项预算与实际花费数额，在使用数据透视表分析数据时，由于月份中存在 10 月、11 月和 12 月，这 3 个月份中包含两个数字，使得这 3 个月排在了最前面。

下面通过将含有两个数字的 3 个月份调整到 9 月之后为例，讲解手动排序的相关操作。如图 9-10 所示为使用手动排序前后效果对比。

项目 ▼	10月	11月	12月	1月	2月	3月	4月	5月	6月
办公费									
实际	3030	2624	1029	3758	1729	3517	2090	2002	
预算	1779	1656	2824	1747	3787	4530	2819	2213	
保险费									
实际	3732	2838	3886	1182	4799	2844	1409	1572	
预算	4283	1820	4275	4394	3576	2145	2736	2709	
广告费									
实际	1189	4678	4816	4997	4787	4830	1452	2508	
预算	3087	4758	1537	3074	3843	2894	3560	1050	
旅差费									

（求和项:值　月份▼）

◎下载/初始文件/第 9 章/实际与预算对比分析.xlsx

项目 ▼	1月	2月	3月	4月	5月	6月	7月	8月	9月
办公费									
实际	3758	1729	3517	2090	2002	2134	2754	2127	
预算	1747	3787	4530	2819	2213	2836	1601	3353	
保险费									
实际	1182	4799	2844	1409	1572	1251	3006	2956	
预算	4394	3576	2145	2736	2709	1256	4168	2761	
广告费									
实际	4997	4787	4830	1452	2508	1623	2702	3428	
预算	3074	3843	2894	3560	1050	4991	4135	4222	
旅差费									

（求和项:值　月份▼）

◎下载/最终文件/第 9 章/实际与预算对比分析.xlsx

图 9-10　手动排序前后效果对比

其具体操作步骤如下。

Step01　打开素材文件，❶选择 B4 单元格，右击，❷在弹出的快捷菜单中选择"排序"命令，❸在其子菜单中选择"其他排序选项"命令，如图 9-11 所示。

Step02　在打开的"排序（列）"对话框中选中"手动（可以拖动项目以重新编排）"单选按钮，单击"确定"按钮，如图 9-12 所示。

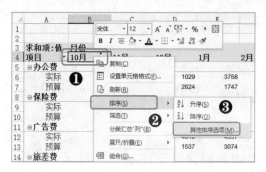

图 9-11 打开"排序（列）"对话框

图 9-12 选择手动排序

Step03 ❶返回到数据透视表中选择 B4:D4 单元格区域，❷将鼠标光标移动到 D4 单元格右下方，使鼠标光标变为四向交叉箭头状，如图 9-13 所示。

Step04 按住鼠标左键不放，将选择单元格区域拖至 M 列后，放开鼠标即可完成手动排序，如图 9-14 所示。

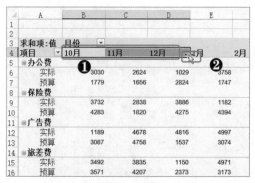

图 9-13 选择需要调整的单元格区域

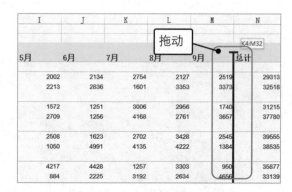

图 9-14 手动调整顺序

9.1.4 按笔画排序

在含有汉字的数据透视表中，默认是按照汉字拼音首字母排序的。但在有些地方由于个人习惯是按照姓氏笔画排序的，即按照姓名第一个字的笔画多少来排序。如果笔画数相同则按起笔顺序排列，起笔顺序也相同就按照先上下、后左右再独体的顺序排列。在 Excel 中也有这种排序方式，即按笔画排序。

 [分析实例]——将销售量统计结果按销售员姓氏笔画排序

在素材文件中，统计了某公司销售员各类产品的销售量，为了适应公司成员数据分析习惯，现要将报表按照销售员姓氏笔画排序。

下面通过将报表按销售员姓氏笔画排列为例，讲解其相关操作，如图 9-15 所示为按销售员姓氏笔画顺序排序前后效果对比。

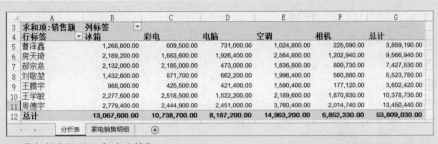

求和项:销售额	列标签					
行标签	冰箱	彩电	电脑	空调	相机	总计
曹泽鑫	1,268,800.00	609,500.00	731,000.00	1,024,800.00	225,090.00	3,859,190.00
房天琦	2,189,200.00	1,683,600.00	1,926,400.00	2,564,800.00	1,202,940.00	9,566,940.00
郝宗泉	2,132,000.00	2,185,000.00	473,000.00	1,836,800.00	800,730.00	7,427,530.00
刘敏堃	1,432,600.00	871,700.00	662,200.00	1,996,400.00	560,880.00	5,523,780.00
王腾宇	988,000.00	425,500.00	421,400.00	1,590,400.00	177,120.00	3,602,420.00
王学敏	2,277,600.00	2,518,500.00	1,522,200.00	2,189,600.00	1,870,830.00	10,378,730.00
周德宇	2,779,400.00	2,444,900.00	2,451,000.00	3,760,400.00	2,014,740.00	13,450,440.00
总计	13,067,600.00	10,738,700.00	8,187,200.00	14,963,200.00	6,852,330.00	53,809,030.00

◎下载/初始文件/第 9 章/家电销售.xlsx

求和项:销售额	列标签					
行标签	冰箱	彩电	电脑	空调	相机	总计
王学敏	2,277,600.00	2,518,500.00	1,522,200.00	2,189,600.00	1,870,830.00	10,378,730.00
王腾宇	988,000.00	425,500.00	421,400.00	1,590,400.00	177,120.00	3,602,420.00
刘敏堃	1,432,600.00	871,700.00	662,200.00	1,996,400.00	560,880.00	5,523,780.00
周德宇	2,779,400.00	2,444,900.00	2,451,000.00	3,760,400.00	2,014,740.00	13,450,440.00
房天琦	2,189,200.00	1,683,600.00	1,926,400.00	2,564,800.00	1,202,940.00	9,566,940.00
郝宗泉	2,132,000.00	2,185,000.00	473,000.00	1,836,800.00	800,730.00	7,427,530.00
曹泽鑫	1,268,800.00	609,500.00	731,000.00	1,024,800.00	225,090.00	3,859,190.00
总计	13,067,600.00	10,738,700.00	8,187,200.00	14,963,200.00	6,852,330.00	53,809,030.00

◎下载/最终文件/第 9 章/家电销售.xlsx

图 9-15 按销售员姓氏笔画顺序排序前后效果对比

其具体操作步骤如下。

Step01 打开素材文件，❶选择 A5 单元格，右击，❷在弹出的快捷菜单中选择"排序"命令，❸在其子菜单中选择"其他排序选项"命令，如图 9-16 所示。

Step02 ❶在打开的"排序（销售人员）"对话框中选中"升序排列（A 到 Z）依据"单选按钮，❷单击"其他选项"按钮，如图 9-17 所示。

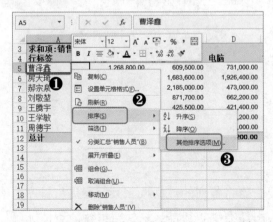

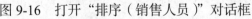

图 9-16 打开"排序（销售人员）"对话框

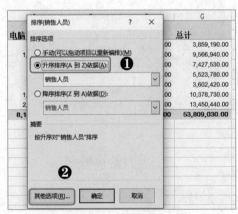

图 9-17 选择排序选项

Step03 ❶在打开的"其他排序选项（销售人员）"对话框中取消选中"每次更新报表时自动排序"复选框，❷在"方法"栏中选中"笔画排序"单选按钮，如图 9-18 所示。

Step04 依次单击"确定"按钮，返回到数据透视表中即可查看按笔画排序的效果，如图 9-19 所示。

图 9-18　选择笔画排序

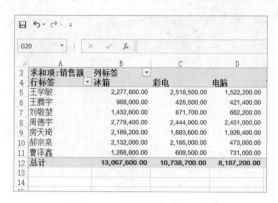

图 9-19　完成排序后效果

9.1.5　按值排序

在数据透视表中不仅可以对行字段和列字段进行排序，对值字段同样可以进行排序。对值字段排序主要有对列排序和对行排序两种情况，下面分别进行介绍。

（1）对列进行按值排序

在数据透视表中，默认的就是对列进行按值排序，因此可以直接通过快捷菜单对其进行排序。只需选择值区域任意单元格后右击，在弹出的快捷菜单中选择"排序"命令，在其子菜单中选择排序方式即可，如图 9-20 所示。

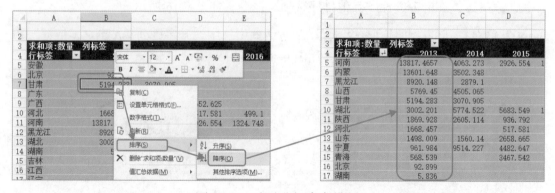

图 9-20　对列进行降序排列

（2）对行进行按值排序

在使用数透视表时，有时为了实际需要，需将各列的数据按照某一行进行排序。例如在进行成绩统计时按照某学科的成绩高低对所有学科排序，某公司进行消费情况统计时按照消费主体对所有消费群体排名等。

 [分析实例]——以消费主体消费情况比例对所有消费群体排序

某公司在进行各类服装各年龄段消费情况统计，由于 20 ～ 30 岁阶段是产品的主要消费群体，现在需要将调查结果的款式按照该年龄段匹配程度降序排列。

下面通过将"款式与年龄段匹配分析"工作表中所有年龄段按 20～30 年龄段款式数据降序排列为例,讲解其相关操作。如图 9-21 所示为按照 20～30 年龄段所占比例降序排序前后效果对比。

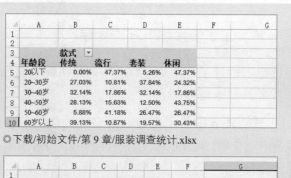

◎下载/初始文件/第 9 章/服装调查统计.xlsx

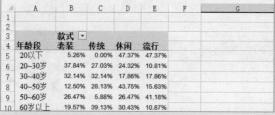

◎下载/最终文件/第 9 章/服装调查统计.xlsx

图 9-21　按照 20～30 年龄段降序排序前后效果对比

其具体操作步骤如下。

Step01 打开素材文件,❶选择 B6 单元格,右击,❷在弹出的快捷菜单中选择"排序"命令,❸在其子菜单中选择"其他排序选项"命令,如图 9-22 所示。

Step02 ❶在打开的"按值排序"对话框中选中"降序"单选按钮,❷选中"从左至右"单选按钮,❸单击"确定"按钮,如图 9-23 所示。

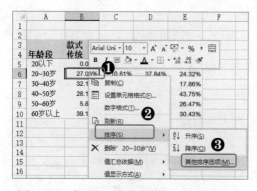

图 9-22　打开"按值排序"对话框

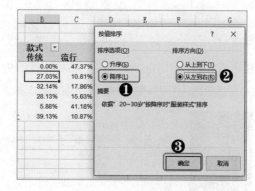

图 9-23　设置排序规则

9.1.6　自定义序列排序

前面介绍的几种排序方法在一般情况下都可以解决常规排序问题,但如果数据过多且排序规则不能满足用户需求，那么前面介绍的几种方法将不太适用。

现在许多软件或者程序都可以自定义模板，那么 Excel 中可以自定义序列排序吗？答案是肯定的。Excel 提供了按自定义序列排序功能，可以实现数据灵活多变的排列。

 [分析实例]——将员工工资按职务高低排序

某公司使用数据透视表统计了 9 月公司员工的工资情况，现在由于数据分析的需要，需将工资数据分析按职务高低进行排序。

下面通过在员工工资管理表中使用自定义排序方法将公司员工工资按职务高低排序为例，讲解其相关操作。如图 9-24 所示为使用自定义排序的前后效果对比。

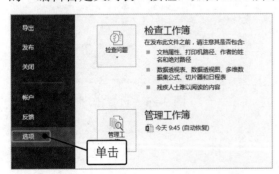

◎下载/初始文件/第 9 章/员工工资管理.xlsx

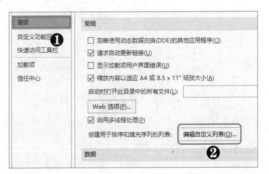

◎下载/最终文件/第 9 章/员工工资管理.xlsx

图 9-24　使用自定义排序的前后效果对比

其具体操作步骤如下。

Step01 打开素材文件，单击"文件"选项卡，单击"选项"按钮，如图 9-25 所示。

Step02 ❶在打开的"Excel 选项"对话框中单击"高级"选项卡，❷单击"常规"栏中的"编辑自定义列表"按钮，如图 9-26 所示。

图 9-25　打开"Excel 选项"对话框　　　图 9-26　打开 "自定义序列"对话框

Step03 ❶在打开的"自定义序列"对话框的"输入序列"列表框中输入序列，❷单击"添加"按钮，❸依次单击"确定"按钮，如图 9-27 所示。

Step04 ❶返回到数据透视表中选择任意"职务"字段单元格，❷右击，在弹出的快捷菜单中选择"排序/其他排序选项"命令，如图 9-28 所示。

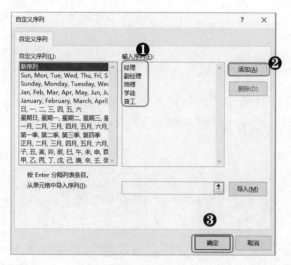

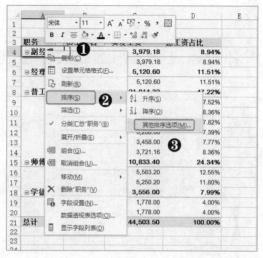

图 9-27　添加自定义序列　　　　　图 9-28　打开"排序（职务）"对话框

Step05 ❶在打开的"排序（职务）"对话框中选中"升序排列（A 到 Z）依据"单选按钮，❷单击"其他选项"按钮，如图 9-29 所示。

Step06 ❶在打开的"其他排序选项（职务）"对话框中取消选中"每次更新报表时自动排序"复选框，❷在"主关键字排序次序"下拉列表框中选择自定义排序方式，即选择"经理,副经理,师傅,学徒,普工"，依次单击"确定"按钮即可完成排序，如图 9-30 所示。

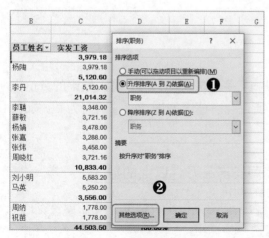

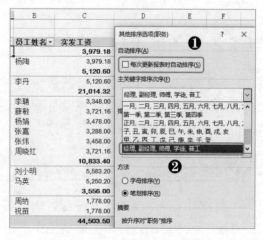

图 9-29　设置排序选项　　　　　图 9-30　应用自定义排序

9.2 在报表中显示部分统计分析结果

在使用数据透视表进行数据统计分析时，并不是所有统计到的数据都是有用的，可能只会用到其中的某些部分。对于这种情况，用户可以通过数据透视表的筛选功能进行筛选。

9.2.1 通过字段筛选器对标签进行筛选

利用字段筛选器筛选数据是数据透视表中比较常用的一种筛选方式，在上一节介绍排序方法的时候就已经讲到过，直接在字段标题或"数据透视表字段"窗格的字段列表即可打开，如图 9-31 所示。

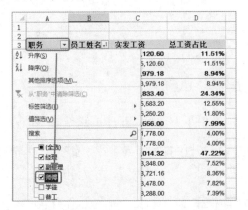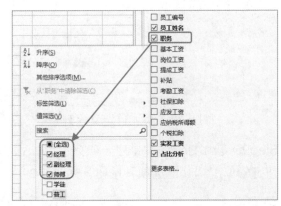

图 9-31 通过字段筛选器进行筛选

【注意】在对行字段或列字段进行筛选时，若数据透视表中有基于行或列的计算字段或者值显示方式，这些字段的值筛选后可能会发生改变。

9.2.2 对值区域数据进行筛选

除了可以通过字段标签筛选按钮对列字段和行字段进行筛选外，值区域中的数值也可以进行筛选。但由于值区域没有筛选按钮，所以在对值区域进行筛选前需为其添加筛选按钮，再通过筛选按钮进行筛选。

[分析实例]——筛选 3 个月总计生产同类产品万件以上的数据

某公司统计了 9 ~ 11 月的配件生产情况，为了方便分析生产情况，现在需要将这 3 个月生产同类产品万件以上的员工生产记录筛选出来。

下面通过将生产分析表中 3 个月生产同类产品过万的统计结果筛选出来为例，讲解相关具体操作。如图 9-32 所示为筛选 3 个月生产同类产品过万的统计结果前后效果对比。

图 9-32 中的两个数据透视表效果对比如下。

初始文件（左）：

求和项:件数	列标签			
行标签	⊞9月	⊞10月	⊞11月	总计
⊟刘备	13570	29300	1102	43972
齿轮	3394	2900		6294
方向柱	3018	4368		7386
滑轮	1161	2917		4078
紧固件	5997	8763		14760
密封件		10352	1102	11454
⊟孙尚香	13851	28765	9425	52041
齿轮		9080		9080
方向柱	4330	4720	3313	12363
滑轮	4271	7952	4683	16906
紧固件	2366	5760	1429	9555
密封件	2884	1253		4137
⊟张翼德	14236	26964	13389	54589
齿轮	3083	5801	4322	13206
方向柱	5787	991	1789	8567
滑轮		10041	1200	11241
紧固件	3956	2832	3726	10514
密封件	1410	7299	2352	11061
总计	41657	85029	23916	150602

◎下载/初始文件/第 9 章/生产分析.xlsx

最终文件（右）：

求和项:件数	列标签			
⊟刘备	13570	29300	1102	43972
紧固件	5997	8763		14760
密封件		10352	1102	11454
⊟孙尚香	13851	28765	9425	52041
方向柱	4330	4720	3313	12363
滑轮	4271	7952	4683	16906
⊟张翼德	14236	26964	13389	54589
齿轮	3083	5801	4322	13206
滑轮		10041	1200	11241
紧固件	3956	2832	3726	10514
密封件	1410	7299	2352	11061
总计	41657	85029	23916	150602

◎下载/最终文件/第 9 章/生产分析.xlsx

图 9-32 筛选 3 个月生产同类产品过万的统计结果前后效果对比

其具体操作步骤如下。

Step01 打开素材文件，❶选择 B2 单元格，❷单击"数据"选项卡下"排序和筛选"组中的"筛选"按钮，如图 9-33 所示。

Step02 ❶单击 E2 单元格列右侧的下拉按钮，❷在筛选面板中选择"数字筛选/大于或等于"命令，如图 9-34 所示。

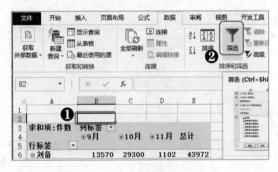

图 9-33 添加筛选按钮

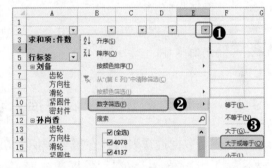

图 9-34 选择筛选条件

Step03 ❶在打开的"自定义自动筛选方式"对话框的"显示行"栏中右侧下拉列表框中输入"10000"，❷单击"确定"按钮，如图 9-35 所示。

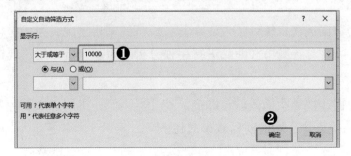

图 9-35 设置筛选条件

9.3 使用切片器控制报表数据的显示

切片筛选器是 Excel 近几个版本新增的高效筛选工具，通过该工具用户能够快速筛选数据透视表中的数据。切片筛选器中主要包含切片器标题、筛选按钮和清除筛选器按钮 3 部分，如图 9-36 所示。

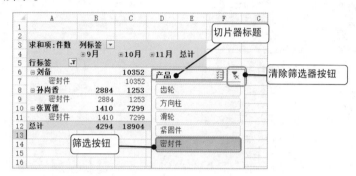

图 9-36　切片筛选器 3 大部分

切片筛选器 3 个部分其具体含义如下。

◆ **切片器标题**：筛选项目的类别。

◆ **筛选按钮**：每一个项目就是一个筛选按钮，单击该按钮，即可筛选出对应的项目，同时选中的项目将会变为一种颜色，未选中的项目则为无颜色。再次单击选中的项目即可将其从筛选器中清除。

◆ **清除筛选器按钮**：位于切片器窗口的右上角，单击该按钮即可清除所有切片筛选器中的项目。

9.3.1 在现有数据透视表中插入切片器

在使用数据透视表时，在报表中插入切片器，可以快速、高效对数据透视表进行筛选。插入切片器，只需在"数据透视表工具 分析"选项卡"筛选"组中单击"插入切片器"按钮即可。

 [分析实例]——在报表中添加城市、商品切片器

某公司使用数据透视表统计了近 3 个月各城市的销售情况，为了提高公司的销售效益，因地制宜，需要对各城市和商品进行单独分析。为了分析方便，现在使用切片器进行筛选分析。

下面以在数据透视表中插入城市和商品切片器为例，讲解插入切片器的相关操作。如图 9-37 所示为插入切片器的前后效果对比。

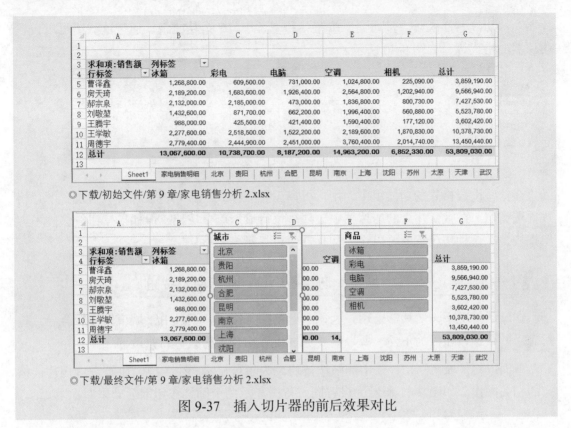

◎下载/初始文件/第 9 章/家电销售分析 2.xlsx

◎下载/最终文件/第 9 章/家电销售分析 2.xlsx

图 9-37　插入切片器的前后效果对比

其具体操作步骤如下。

Step01 打开素材文件，❶选择数据透视表中任意单元格，❷在"数据透视表工具 分析"选项卡"筛选"组中单击"插入切片器"按钮，如图 9-38 所示。

Step02 ❶在打开的"插入切片器"对话框中选中"城市"和"商品"复选框，❷单击"确定"按钮，如图 9-39 所示。

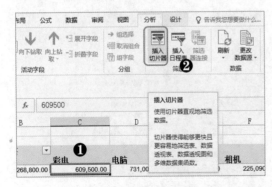

图 9-38　打开"插入切片器"对话框

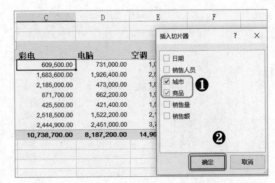

图 9-39　选中"城市"和"商品"复选框

9.3.2 设置切片器格式

在插入切片器后，会激活"切片器工具 选项"选项卡，该选项卡中主要包含"切

Excel 数据处理与分析应用大全

片器"、"切片器样式"、"排列"、"按钮"和"大小"5 个功能组，通过这些组可以设置切片器的格式等，如图 9-40 所示。

图 9-40   "切片器工具 选项"选项卡

在这些设置格式的功能组中，用户可以设置其样式、排列、大小等，与设置图片格式方法类似。在默认建立的切片器中，都是每行显示单个按钮，但如果按钮较多则不方便查找，在这种情况下就可以设置切片器每行显示多个按钮。

[分析实例]——在"城市"切片器中每行显示两个按钮

在默认情况下，切片器采用一列显示所有筛选按钮，不过由于城市较多，会导致查找靠后的筛选按钮极为不便，所以需要通过设置切片器格式进行修改。

下面以将"城市"切片器中的筛选按钮设为每行显示两个为例，讲解设置切片器格式的相关操作。如图 9-41 所示为设置同一行中显示两个筛选按钮前后效果对比。

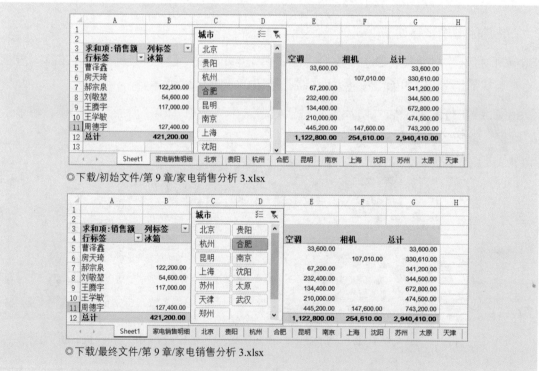

图 9-41   设置同一行中显示两个筛选按钮前后效果对比

其具体操作步骤如下。

Step01 打开素材文件，❶单击切片器标题，激活"切片器工具 选项"选项卡，❷单击该选项卡，如图 9-42 所示。

Step02 在"按钮"组中的"列"文本框中输入"2"，即可查看到切片器中每行显示两个筛选按钮，如图 9-43 所示。

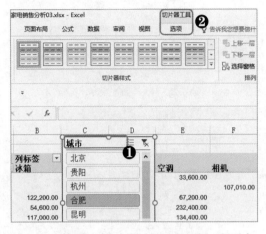

图 9-42 激活"切片器工具 选项"选项卡

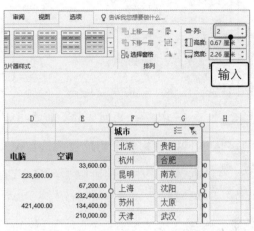

图 9-43 设置同一行中显示两个按钮

9.3.3 使用切片器筛选数据

在数据透视表中，使用切片器筛选数据十分方便、快捷。它既可以对单个字段进行筛选，也可以对多个字段进行筛选；既可以筛选字段中为一个值的数据，也可以筛选出字段为多个值的数据。

（1）筛选某个字段为某个值的数据

在切片器中，默认情况下会选择所有筛选按钮，如果只需筛选出字段值某个数据项，只需单击该筛选按钮即可，如图 9-44 所示。

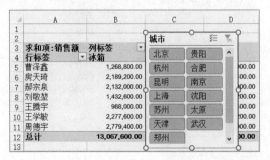

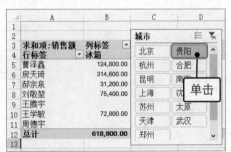

图 9-44 筛选贵阳家电销售数据

（2）筛选某个字段为多个值的数据

如果在切片器中需要同时筛选多项，只需选择一个筛选按钮，按住【Ctrl】键即可加选其他筛选按钮；按住【Shift】键单击另一个筛选按钮即可选中两个筛选按钮之间的所有筛选按钮，如图 9-45 所示。

图 9-45　筛选北京和合肥的家电销售数据

（3）同时使用多个切片器筛选数据

在数据透视表中不仅可以插入多个切片器，而且还能同时使用多个切片器进行数据筛选，互不影响，如图 9-46 所示。

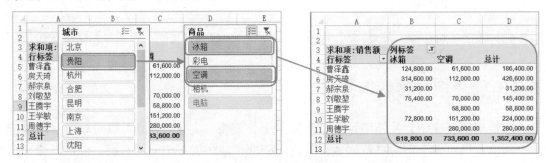

图 9-46　筛选贵阳的冰箱和空调销售数据

（4）选择清除切片器的所有按钮

在数据分析之后需要恢复所有数据，即清除切片器的所有筛选按钮，只需单击切片器右上角的"清除筛选器"按钮即可，如图 9-47 所示。

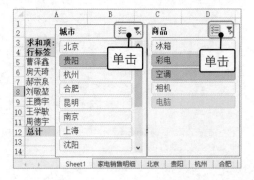 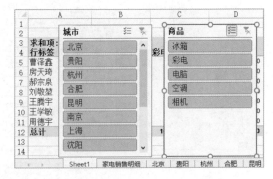

图 9-47　选择清除所有筛选结果

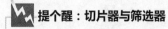 **提个醒：切片器与筛选器**

切片器与筛选器的功能是完全相同的，通过筛选器筛选的结果会反映在切片器上，通过切片器筛选的结果也会反映在筛选器上，二者是相通的。

9.3.4 断开切片器连接或删除切片器

在利用切片器筛选出数据后，如果暂时不会用到切片器时可以断开切片器连接；确定不再使用切片器时即可将其删除。

（1）断开切片器连接

在数据透视表中，当断开切片器连接后，单击切片器中的按钮将不再会对数据透视表进行筛选。

 [分析实例]——断开数据透视表与切片器的连接

在素材文件中，某公司在数据透视表中利用切片器筛选出数据后，暂时不会用到切片器了，为了避免数据分析时出现操作失误情况，需将切片器断开。

下面以将断开数据透视表与切片器的连接为例，讲解其相关操作。如图 9-48 所示为断开数据透视表与切片器连接前后效果对比。

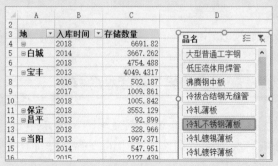

◎下载/初始文件/第 9 章/钢铁分析.xlsx

◎下载/最终文件/第 9 章/钢铁分析.xlsx

图 9-48　断开数据透视表与切片器连接前后效果对比

其具体操作步骤如下。

Step01 打开素材文件，单击切片器右上角的"清除筛选器"按钮，如图 9-49 所示。

Step02 此时，在切片器上右击，在弹出的快捷菜单中选择"报表连接"命令，如图 9-50 所示。

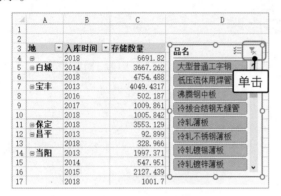

图 9-49　清除所有筛选项

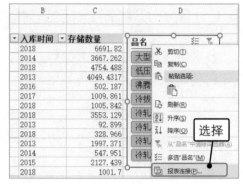

图 9-50　打开"数据透视表连接"对话框

Step03 ❶在打开的"数据透视表连接（品名）"对话框中取消选中"数据透视表 1"复选框，❷单击"确定"按钮，如图 9-51 所示。

Step04 在切片器中单击任何筛选按钮，都将不会改变数据透视表中的数据，如图 9-52 所示。

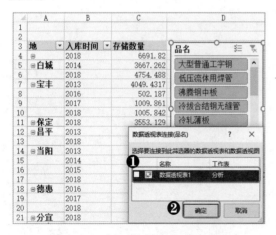

图 9-51　断开数据透视表连接

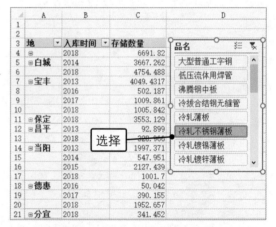

图 9-52　断开后不会影响数据透视表

知识延伸　　*"数据透视表连接"对话框的打开*

"数据透视表连接"对话框除了通过上例介绍的快捷菜单打开外，还可以通过单击"数据透视表工具 分析"选项卡"筛选"组中的"筛选器连接"按钮打开，如图 9-53 所示。

图 9-53　单击"筛选器连接"按钮打开

（2）连接已断开的切片器

如果已经断开了数据透视表与切片器的连接，但由于数据分析的需要将再次使用切片器，则只需在"数据透视表连接"对话框中选中该数据表的复选框即可。

（3）删除切片器

当用户不再需要使用切片器筛选数据时，就可以将其删除。只需选择需要删除的切片，按【Delete】或【Backspace】键即可完成。

9.3.5　使用一个切片器控制多个数据透视表

筛选器和切片器都可以实现数据筛选，但两者又有所区别。在 Excel 中，使用切片器可以实现一些筛选器难以实现的功能，如同时对多个数据透视表进行筛选操作。

[分析实例]——将切片器连接到两个数据透视表

某公司在同一张工作表相邻位置使用了两张相邻数据透视表来对比分析借方金额与贷方金额的账务情况，并使用了切片器进行筛选分析。现在为了分析方便，需通过"科目名称"切片器控制对比两者的账目情况。

下面以通过一个"科目名称"切片器控制两个数据表为例，讲解其相关操作。如图9-54 所示为两个数据透视表共享"科目名称"切片器的前后效果对比。

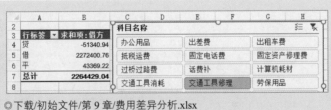

◎下载/初始文件/第 9 章/费用差异分析.xlsx

◎下载/最终文件/第 9 章/费用差异分析.xlsx

图 9-54　两个数据透视表共享"科目名称"切片器的前后效果对比

Excel 数据处理与分析应用大全

其具体操作步骤如下。

Step01 打开素材文件，在切片器上右击，在弹出的快捷菜单中选择"报表连接"命令，如图 9-55 所示。

Step02 ❶在打开的"数据透视表连接（科目名称）"对话框中选中"贷方"复选框，❷单击"确定"按钮即可完成连接，如图 9-56 所示。

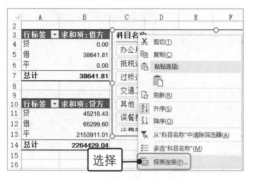

图 9-55　打开"数据透视表连接"对话框

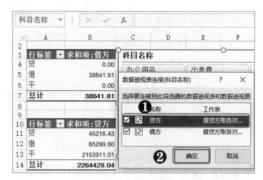

图 9-56　连接"贷方"数据透视表

第 10 章
报表数据繁多，
分组分析更直观

数据透视表功能强大，可以帮助用户快速分析数据，得出结果。但在数据量较大时使用数据透视表也会存在查找阅览不便的情况，为此，数据透视表提供了项目组合功能。该功能可以对数据进行自由组合和汇总，极大提高工作效率。

|本|章|要|点|

· 手动分组与自动分组怎么选
· 有聚有散，组合项目还可以再分开
· 函数，报表分组的好助手

10.1 手动分组与自动分组怎么选

使用数据透视表进行数据分析时，如果数据量过大那么进行数据分组是必不可少的。分组方式主要有手动分组和自动分组两种。

10.1.1 少量或部分数据手动分组

在数据分析时，可能会遇到想要将相邻但没有对应的分组项目的数据进行分组的情况，对于这种数据量较少的情况一般采用手动分组方式进行分组。

![图标] **[分析实例]——将订单分析报表中的城市按照地理位置分组**

某公司使用数据透视表统计了各个城市客户订单的货物销售及流通情况，现在为了数据分析的需要，要将这些货物销售及流通情况按照客户所处的城市地理位置分组。本例中共有 9 个城市，可根据所处地理位置将其划分为东北（长春）、华北（北京、秦皇岛、长治）、华中（武汉）和华东（济南、南京、青岛、上海）4 个地区。

下面通过将运费统计工作表中的统计结果按照地理位置分组为例，讲解对数据透视表进行手动分组的相关操作。如图 10-1 所示为手动分组前后效果对比。

◎下载/初始文件/第 10 章/运费统计.xlsx

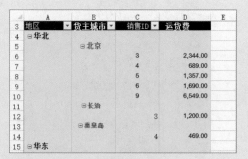

◎下载/最终文件/第 10 章/运费统计.xlsx

图 10-1　手动分组前后效果对比

其具体操作步骤如下。

Step01 打开素材文件，将鼠标光标移至 A29 单元格右侧，当鼠标光标变为四向十字箭头时，将其拖到 A10 单元格。❶将鼠标放在 A19 单元格右侧，❷当鼠标光标变为四向十字箭头时，将其拖到 A12 单元格，如图 10-2 所示。

Step02 ❶选择北京、长治和秦皇岛数据项，❷单击"数据透视表工具 分析"选项卡"分组"组的"组选择"按钮，如图 10-3 所示。

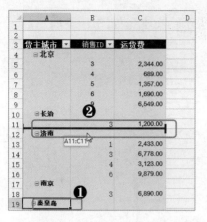

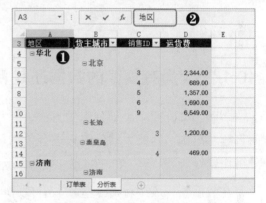

图 10-2　将相近地区手动排序　　　　　图 10-3　将所选项分为一组

Step03 ❶选择 A4 单元格，❷在编辑栏中输入"华北"文本，如图 10-4 所示。

Step04 ❶选择 A3 单元格，❷在编辑栏中输入"地区"文本，如图 10-5 所示。

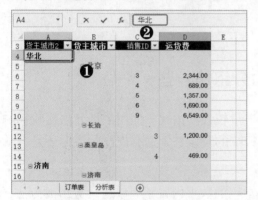

图 10-4　添加分组名称　　　　　　　　图 10-5　添加"地区"字段

Step05 ❶选择 A31 单元格，❷在编辑栏中输入"华中"文本，如图 10-6 所示。

Step06 ❶选择 A35 单元格，❷在编辑栏中输入"东北"文本，如图 10-7 所示。

图 10-6　添加"华中"分组　　　　　　图 10-7　添加"东北"组

Step07 ❶选择济南、南京、青岛和上海数据项，❷单击"数据透视表工具 分析"选项
卡下的"分组"组的"组选择"按钮，如图 10-8 所示。

Step08 ❶选择 A15 单元格，❷在编辑栏中输入"华东"文本，如图 10-9 所示。

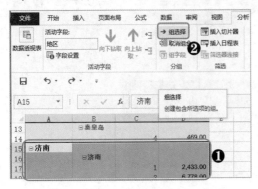

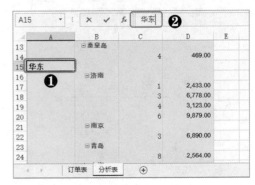

图 10-8　添加分组　　　　　　　　　　图 10-9　添加"华东"组

> **提个醒：手动分组会应用到"数据透视表字段"窗格**
>
> 在为数据透视表的数据项进行手动分组后，在"数据透视表字段"窗格中也会出现手动添加的组。

10.1.2　大量有规律的数据还是自动分组快一些

前面一节介绍了手动分组的方法，但在数据量较大的情况，使用手动分组比较耗时而且容易出错。因此手动分组只适合数据量比较少的时候，大量有规律的数据还是自动分组比较好。

在数据透视表中针对一些比较有规律的、常用的数据内置了一些自动分组的方法，如以"月"、"日"、"年"等为单位进行分组。

（1）以"月"为单位组合日期数据

在许多的数据表中都会存在日期数据，在数据分析时常常需要将日期时间数据进行分组，而以"月"为单位又是十分常见的。

 [分析实例]——以"月"为单位统计员工各类产品生产数据

某公司使用数据透视表统计了各员工每日生产各类产品的数量，由于需要分析每个员工每月的生产量，所以要以"月"为单位统计员工各类产品的生产数量。

下面通过将"生产分析"工作簿的"统计表"工作表中的统计结果以"月"为单位进行数据组合为例，讲解以"月"为单位组合数据的相关操作。如图 10-10 所示为以"月"为单位统计员工生产各类产品的数量前后效果对比。

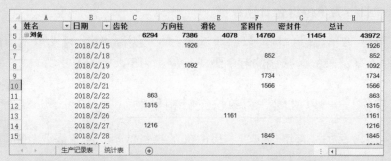

图 10-10　以"月"为单位统计员工生产各类产品的数量前后效果对比

其具体操作步骤如下。

Step01 打开素材文件，❶选择数据透视表中任意一个日期数据单元格，❷单击"数据透视表工具 分析"选项卡"分组"组中的"组选择"按钮，如图 10-11 所示。

Step02 ❶在打开的"组合"对话框中的"步长"列表框中选择"月"选项，❷单击"确定"按钮即可完成，如图 10-12 所示。

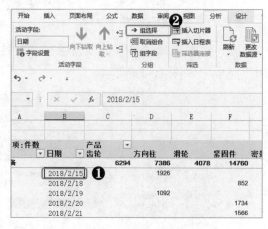

图 10-11　打开"组合"对话框

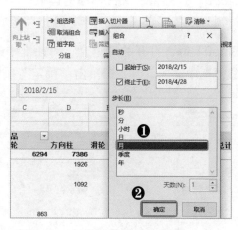

图 10-12　选择数据组合单位

【注意】在以"月"为单位进行数据组合时，如果这些日期跨越了年份，则应在按月组合的同时按年组合，即在"组合"对话框中同时选择"月"和"年"两个选项，否则将会使不同年份的相同月份数据组合在一组。

（2）以"日"为单位组合日期数据

除了以"月"为单位组合日期数据外，以"日"为单位组合日期数据用得也比较多。一般来说是以天来记录的，常用的有 7 天（一周）、15 天（半月）等。

 [分析实例]——以"周"为单位统计销售额

某公司使用数据透视表统计了近一段时间的销售数量，由于需要分析员工每周的销售量，所以要以"周"为单位统计员工的销售额。

下面通过将"销售记录"工作簿"销售周分析"工作表中的统计结果以"周"为单位进行数据组合为例，讲解以"周"为单位组合数据的相关操作。如图 10-13 所示为以"周"为单位统计员工的销售额前后效果对比。

◎下载/初始文件/第 10 章/销售记录.xlsx

◎下载/最终文件/第 10 章/销售记录.xlsx

图 10-13　以"周"为单位统计员工的销售额前后效果对比

其具体操作步骤如下。

Step01 打开素材文件，❶选择数据透视表中任意一个日期数据单元格，❷单击"数据透视表工具 分析"选项卡"分组"组中的"组选择"按钮，如图 10-14 所示。

Step02 ❶在打开的"组合"对话框中的"步长"栏中选择"日"选项，❷在"天数"数值框中输入"7"，❸单击"确定"按钮即可完成，如图 10-15 所示。

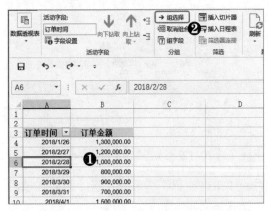

图 10-14　打开"组合"对话框

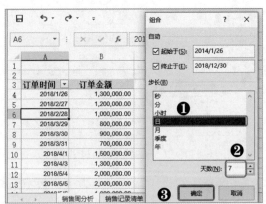

图 10-15　设置数据组合方式

（3）将数据按等步长分组

在一些特殊的数据透视表中，可能会出现一些不常用的数据分组，如立定跳远成绩每 10 厘米为一个档进行分组、统计员工身高每 20 厘米分为一组等，这些都是按数据步长分组的情况。

[分析实例]——以 1000 为步长统计各区间销售次数和总销售额

某电脑销售公司使用数据透视表统计了最近一段时间的销售情况，由于需要分析最近的销售效益，所以要以 1000 为步长统计各区间销售次数和总销售额。

下面通过将“销售额分析”工作簿的“分析表”工作表中的统计结果以 1000 步长为单位进行数据组合为例，讲解将数据按等步长分组的相关操作。如图 10-16 所示为按等步长分组的前后效果对比。

行标签	次数	总销售额	求和项:序号
200.00	1	200	207
260.00	1	260	126
295.00	1	295	41
300.00	2	600	185
320.00	2	640	265
350.00	1	350	194
390.00	1	390	176
425.00	1	425	142
435.00	1	435	19
450.00	1	450	97

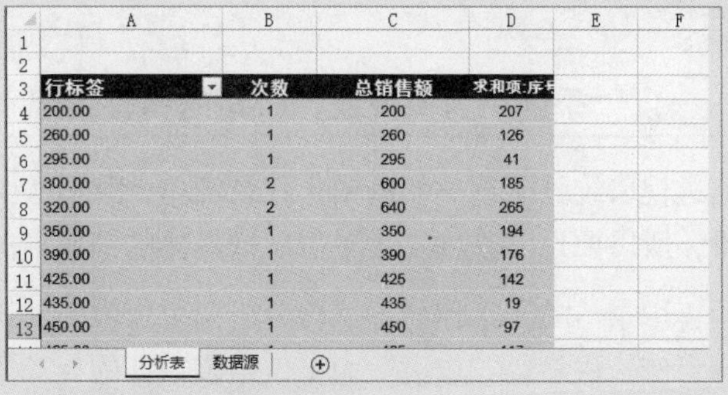

◎下载/初始文件/第 10 章/销售额分析.xlsx

行标签	次数	总销售额	求和项:序号
0-1000	44	27160.27	4621
1000-2000	58	81339.3	7512
2000-3000	33	79423.9	3211
3000-4000	19	64877	2370
4000-5000	31	136359	3974
5000-6000	22	117719.7	3103
6000-7000	4	25115	327
7000-8000	1	7050	101
8000-9000	4	33420	615
9000-10000	2	19185	423

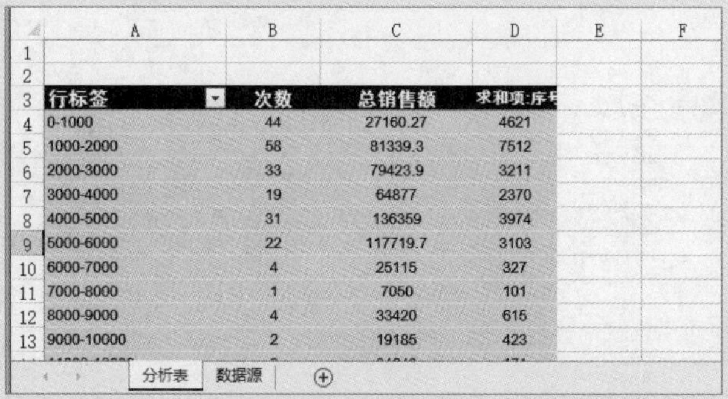

◎下载/最终文件/第 10 章/销售额分析.xlsx

图 10-16　按等步长分组的前后效果对比

其具体操作步骤如下。

Step01 打开素材文件，❶选择数据透视表中行标签下任意单元格，❷单击“数据透视表工具 分析”选项卡下“分组”组中的“组选择”按钮，如图 10-17 所示。

Step02 ❶在打开的“组合”对话框中的“起始于”文本框中输入“0”，❷在“步长”文本框中输入“1000”，❸单击“确定”按钮即可完成，如图 10-18 所示。

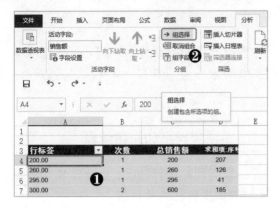

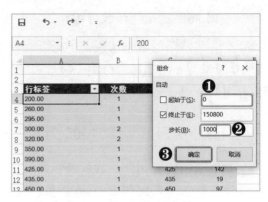

图 10-17　打开"组合"对话框　　　　　图 10-18　设置步长参数

（4）以"季度"为单位组合日期数据

在数据透视表中有时也会用到较长时间的数据分析，如季度等，就需要以"季度"为单位进行日期数据组合。

[分析实例]——以"季度"为单位统计公司的销售情况

某公司使用数据透视表统计了近一年的销售记录清单，由于需要根据订单金额来调整每个季度的进货量，所以要以"季度"为单位统计具体的销售情况。

下面通过将"销售记录清单"工作簿"销售分析"工作表中的统计结果以"季度"为单位进行数据组合为例，讲解以"季度"为单位组合数据的相关操作。如图 10-19 所示为以"季度"为单位统计公司订单金额的前后效果对比。

◎下载/初始文件/第 10 章/销售记录清单.xlsx　　　◎下载/最终文件/第 10 章/销售记录清单.xlsx

图 10-19　统计公司订单金额的前后效果对比

其具体操作步骤如下。

Step01 打开素材文件，❶选择数据透视表中任意一个日期单元格，❷单击"数据透视表工具 分析"选项卡"分组"组中的"组选择"按钮，如图 10-20 所示。

Step02 ❶在打开的"组合"对话框中的"步长"列表框中选择"季度"选项，❷单击"确定"按钮即可完成，如图 10-21 所示。

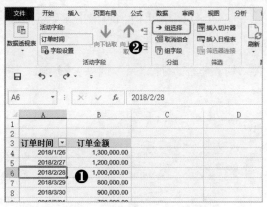

图 10-20　打开"组合"对话框　　　图 10-21　设置以"季度"为单位组合

（5）以"年"为单位组合日期数据

以"年"为单位组合日期数据，常用于一年或者几年的数据统计分析，如公司近 3 年的营业额、我国近几年的人均收入等。

 [分析实例]——以"年"为单位统计员工各类产品生产数据

某公司使用数据透视表统计了公司员工近一年生产各类产品的数量，由于需要分析每个员工本年的总生产量，所以要以"年"为单位统计员工各类产品的生产数量。

下面通过将"近一年生产量"工作簿"统计表"工作表中的统计结果以"年"为单位进行数据组合为例，讲解以"年"为单位组合数据的相关操作。如图 10-22 所示为以"年"为单位统计员工近一年各类产品的总数量前后效果对比。

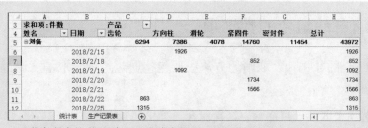

◎下载/初始文件/第 10 章/近一年生产量.xlsx

◎下载/最终文件/第 10 章/近一年生产量.xlsx

图 10-22　以"年"为单位统计员工近一年各类产品的总数量前后效果对比

其具体操作步骤如下。

Step01 打开素材文件，❶选择数据透视表中任意一个日期单元格，❷单击"数据透视表工具 分析"选项卡"分组"组中的"组选择"按钮，如图 10-23 所示。

Step02 ❶在打开的"组合"对话框中的"步长"列表框中选择"年"选项，❷单击"确定"按钮即可完成，如图 10-24 所示。

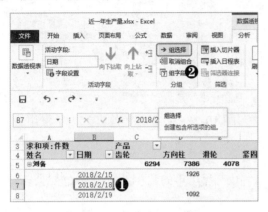

图 10-23 打开"组合"对话框

图 10-24 设置以"年"为单位组合

10.2 有聚有散，组合项目还可以再分开

在使用数据透视表对数据进行分组后，如果有需要还可以将其拆分开来。对于自动组合的项目只需单击"取消组合"按钮便可取消所有组合；对于手动组合的项目则又分取消全部和取消部分两种形式。

10.2.1 取消自动组合的数据项

对于自动组合的数据项，取消的方法主要包括通过选项卡取消、通过快捷菜单取消和通过快捷键取消 3 种。

◆ **通过选项卡取消项目组合**：选择组合项目中的任意单元格，单击"数据透视表工具 分析"选项卡"分组"组中的"取消组合"按钮，即可取消所有自动组合，如图 10-25 所示。

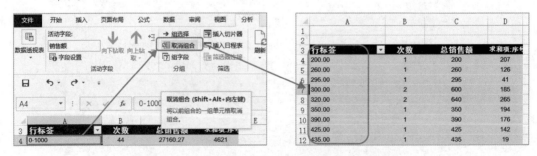

图 10-25 通过选项卡取消组合的方法及效果

◆ **通过快捷菜单取消项目组合**：选择组合项目中的任意单元格，右击，在弹出的快捷菜单中选择"取消组合"命令，即可取消所有自动组合，如图 10-26 所示。

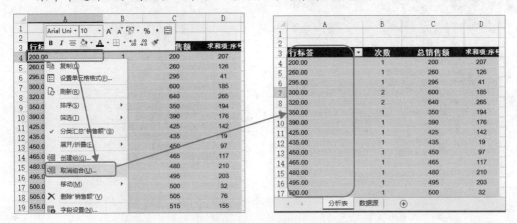

图 10-26　通过快捷菜单取消组合的方法及效果

◆ **通过快捷键取消项目组合**：选择组合项目中的任意单元格，按【Shift+Alt+←】组合键即可取消所有自动项目组合。

10.2.2 取消手动组合的数据项

对于取消手动组合主要有两种不同的形式，分别是取消部分手动组合项和取消全部手动组合项。

◆ **取消部分手动组合项**：在需要取消组合的数据项上右击，在弹出的快捷菜单中选择"取消组合"命令，即可取消该数据项的手动组合，如图 10-27 所示。

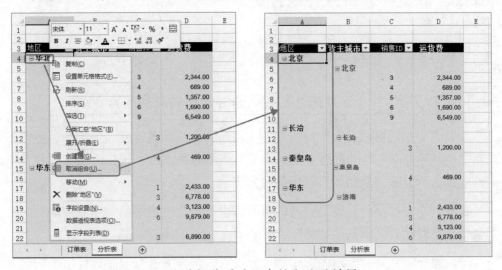

图 10-27　取消部分手动组合的方法及效果

◆ **取消全部手动组合项**：在需要取消全部手动组合的组合列标签上右击，选择"取消组合"命令，即可取消所有的手动组合数据项，如图 10-28 所示。

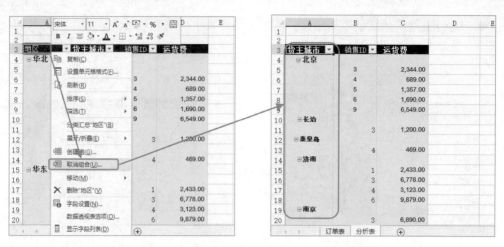

图 10-28　取消全部手动组合的方法及效果

10.3　函数，报表分组的好助手

在 Excel 中很多时候都会用到函数，它是 Excel 的核心功能之一，使用函数可以提高数据分析和处理的效率。

同时，函数也是数据透视表分组的好助手。它主要通过在数据透视表的数据源中添加辅助列，在辅助列中为不同的数据设置不同的标识符，然后数据透视表就可以根据这些标识符进行分组。

10.3.1　根据数据自身特点分组

在许多的数据透视表中，使用公式、函数为数据添加分组时，很多时候是根据数据自身的一些特点来进行分组的，例如电器类商品、不同牌子的衣服等。

 [分析实例]——分类统计鞋店不同经营模式商品的营业额

某鞋店使用数据透视表统计了近一个月所有商品的营业额，由于该店主要是营业鞋类商品，其他商品都是兼职营业的。为了鞋店更好的发展，现在需要将两种营业模式下的营业额进行分析，从而调整鞋店的经营方向。

在本例中可根据所有商品自身的特点，将其分为主营商品和兼营商品。主营商品主要包括鞋类商品，兼营商品则是除了鞋类商品之外的所有商品。

下面通过将"货物分组"工作簿"分析"工作表中所有商品统计结果根据其经营模式进行数据组合为例，讲解以自身特点分组的相关操作。如图 10-29 所示为根据经营模式特点将商品分组的前后效果对比。

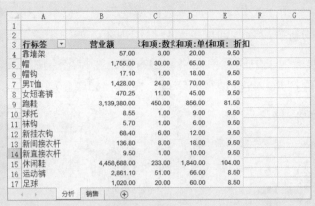

◎下载/初始文件/第 10 章/货物分组.xlsx

◎下载/最终文件/第 10 章/货物分组.xlsx

图 10-29　根据经营模式特点将商品分组的前后效果对比

其具体操作步骤如下。

Step01 打开素材文件，❶在"销售"工作表中选择 J1 单元格，❷在编辑栏输入"种类"文本，按【Enter】键添加表头数据，如图 10-30 所示。

Step02 ❶选择 J2 单元格，❷在编辑栏输入"=IF(IFERROR(FIND("鞋",[@货品名称]),0),"主营","兼营")"公式，按【Ctrl+Enter】组合键计算所有结果，如图 10-31 所示。

图 10-30　添加"种类"字段　　　　图 10-31　将所有商品分类

Step03 ❶切换到"分析"工作表，选择数据透视表中任意单元格，❷右击，在弹出的快捷菜单中选择"刷新"命令，即可更新数据透视表，如图 10-32 所示。

Step04 ❶选择数据透视表中任意单元格，❷右击，在弹出的快捷菜单中选择"显示字段列表"命令，即可打开"数据透视表字段"窗格，如图 10-33 所示。

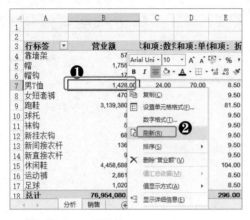

图 10-32　更新数据透视表

图 10-33　打开"数据透视表字段"窗格

Step05 ❶在打开的"数据透视表字段"窗格中，可看到"种类"字段，❷将"种类"字段添加到"行标签"区域的开头位置，如图 10-34 所示。

Step06 添加完成后即可在数据透视表中查看其分组效果，如图 10-35 所示。

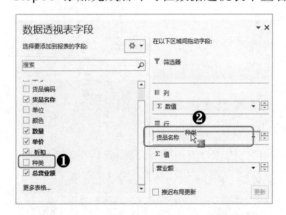

图 10-34　将"种类"字段添加到行标签

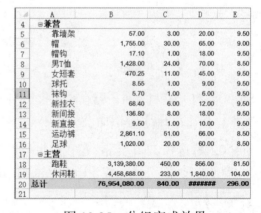

图 10-35　分组完成效果

 提个醒：根据自身特点分组

在本例中除了按照其经营模式特点进行分组外，可以发现，鞋类商品都是以"双"为单位，所有还可以根据其商品的单位来分组，如图 10-36 所示。

对不同角度数据特点，可以采取不同的分组方法，但这些方法都是根据其自身的特点为依据的，因此对数据本身特点的分析是使用该方法分组的基础。

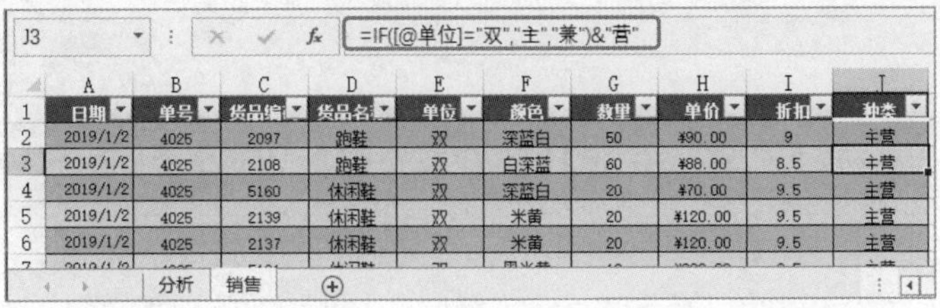

	A	B	C	D	E	F	G	H	I	J
1	日期	单号	货品编号	货品名称	单位	颜色	数量	单价	折扣	种类
2	2019/1/2	4025	2097	跑鞋	双	深蓝白	50	¥90.00	9	主营
3	2019/1/2	4025	2108	跑鞋	双	白深蓝	60	¥88.00	8.5	主营
4	2019/1/2	4025	5160	休闲鞋	双	深蓝白	20	¥70.00	9.5	主营
5	2019/1/2	4025	2139	休闲鞋	双	米黄	20	¥120.00	9.5	主营
6	2019/1/2	4025	2137	休闲鞋	双	米黄	20	¥120.00	9.5	主营

图 10-36　根据“单位”字段设置分组公式的分组方法

10.3.2 根据文本的首字符分组

在使用数据透视表进行数据分析时，如果数据源中的数据较多，为了使分析的结果便于阅读，可以根据其文本的首字符进行分组。

[分析实例]——根据报表数据文本的首字符为报表添加分组

某公司使用数据透视表统计了近 3 年商品的详细销售情况，由于数据比较大，所以在查阅和分析时极为不便，现在需要在报表中添加类似大纲结构按钮，以便查阅。通过数据源表格可以发现，该公司的客户名称均使用英文简称，所以可根据其首字符的不同进行分组，将同一首字母的数据分为一组，在查阅时只需直接查找首字符即可。

下面通过将素材文件中“分析表”工作表中的所有商品的详细销售数据，根据客户名称首字符为其添加分组为例进行讲解。如图 10-37 所示为报表添加分组前后效果对比。

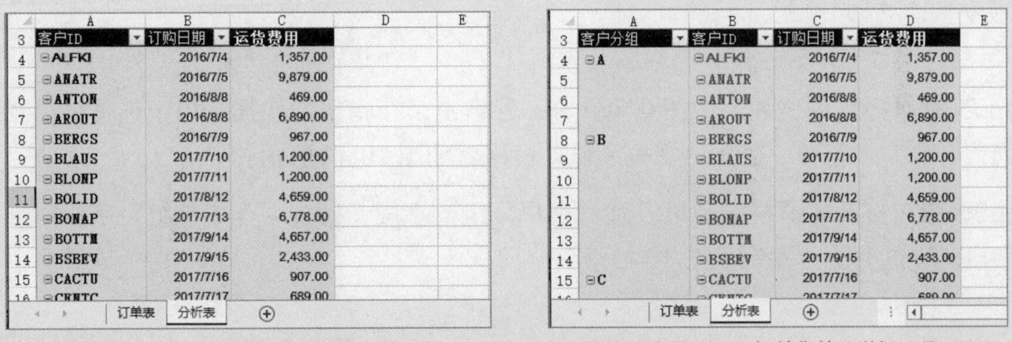

	A	B	C
3	客户ID	订购日期	运货费用
4	⊟ALFKI	2016/7/4	1,357.00
5	⊟ANATR	2016/7/5	9,879.00
6	⊟ANTON	2016/8/8	469.00
7	⊟AROUT	2016/8/8	6,890.00
8	⊟BERGS	2016/7/9	967.00
9	⊟BLAUS	2017/7/10	1,200.00
10	⊟BLONP	2017/7/11	1,200.00
11	⊟BOLID	2017/8/12	4,659.00
12	⊟BONAP	2017/7/13	6,778.00
13	⊟BOTTM	2017/9/14	4,657.00
14	⊟BSBEV	2017/9/15	2,433.00
15	⊟CACTU	2017/7/16	907.00

◎下载/初始文件/第 10 章/销售情况详细记录.xlsx

	A	B	C	D
3	客户分组	客户ID	订购日期	运货费用
4	⊟A	⊟ALFKI	2016/7/4	1,357.00
5		⊟ANATR	2016/7/5	9,879.00
6		⊟ANTON	2016/8/8	469.00
7		⊟AROUT	2016/8/8	6,890.00
8	⊟B	⊟BERGS	2016/7/9	967.00
9		⊟BLAUS	2017/7/10	1,200.00
10		⊟BLONP	2017/7/11	1,200.00
11		⊟BOLID	2017/8/12	4,659.00
12		⊟BONAP	2017/7/13	6,778.00
13		⊟BOTTM	2017/9/14	4,657.00
14		⊟BSBEV	2017/9/15	2,433.00
15	⊟C	⊟CACTU	2017/7/16	907.00

◎下载/最终文件/第 10 章/销售情况详细记录.xlsx

图 10-37　报表添加分组前后效果对比

其具体操作步骤如下。

Step01 打开素材文件，❶在“订单表”工作表中选择 M1 单元格，❷在编辑栏输入“客户分组”文本，添加“客户分组”字段，如图 10-38 所示。

Step02 ❶选择 M2 单元格，❷在编辑栏输入“=LEFT(B2)”公式，按【Ctrl+Enter】组合键计算所有结果，❸根据填充公式获取“客户 ID”字段的首字符，如图 10-39 所示。

图 10-38　添加"客户分组"列

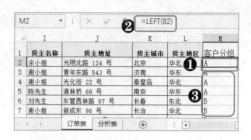

图 10-39　根据公式获取首字符

Step03 ❶切换到"分析表"工作表中选择数据透视表中任意单元格，❷单击"数据透视表工具 分析"选项卡下"数据"组的"更改数据源"下拉按钮，❸选择"更改数据源"命令，如图 10-40 所示。

Step04 ❶在打开的"更改数据透视表数据源"对话框中，将"表/区域"文本框中的"L"更改为"M"即可，❷单击"确定"按钮，如图 10-41 所示。

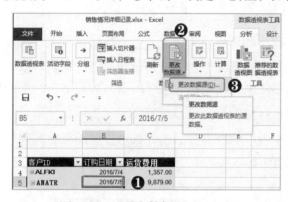

图 10-40　更改数据源

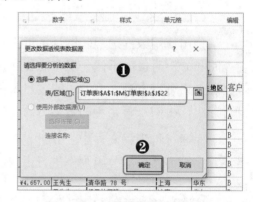

图 10-41　设置数据源区域

Step05 ❶选择数据透视表中任意单元格，❷右击，在弹出的快捷菜单中选择"显示字段列表"命令，打开"数据透视表字段"窗格，如图 10-42 所示。

Step06 ❶在打开的窗格中即可看到"客户分组"字段，❷将"客户分组"字段添加到行字段区域的开头位置，如图 10-43 所示。

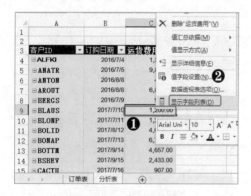

图 10-42　打开窗格

图 10-43　拖动"客户分组"字段

第11章
内置的计算指标
让数据分析功能更强大

数据透视表可以对数据进行多维分析，这不仅仅体现在字段的添加、顺序以及布局结构的调整上，还体现在字段的计算方式和值的显示方式上。在使用数据透视表分析数据时，许多时候都需要在数据透视表中添加计算指标，这是因为一些指标是不存在的。本章介绍了在数据透视表中不同样式的字段汇总方式、不同的值显示方式以及计算字段和计算项的应用。

|本|章|要|点|

· 多种多样的数据汇总方式
· 相同的数据也可以得到不同的结果
· 在值区域使用计算字段
· 在在行/列字段使用计算项

11.1 多种多样的数据汇总方式

数据透视表在默认情况下，对数值字段采用求和的汇总方式，对非数值字段采用计数的汇总方式。但数据透视表的汇总方式并不只有这两种，还包括平均值、最大值、最小值以及乘积等。

11.1.1 更改数据透视表的字段汇总方式

数据透视表的字段汇总方式多种多样，而且不是一成不变的，用户可以更改其字段汇总方式，主要可以采用以下 3 种方法。

◆ **通过字段列表更改**：打开"数据透视表字段"窗格，在字段列表值区域单击需要更改汇总方式的字段，在弹出的下拉菜单中选择"值字段设置"命令，在打开的"值字段设置"对话框中选择要更改的汇总方式即可，如图 11-1 所示。

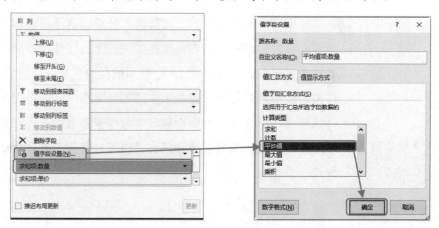

图 11-1 通过字段列表更改汇总方式

◆ **通过快捷菜单更改**：在数据透视表中需要更改汇总方式的值字段上单击鼠标右键，在弹出的快捷菜单中选择"值汇总依据"命令，在其下拉列表中选择要更改的汇总方式即可，如图 11-2 所示。

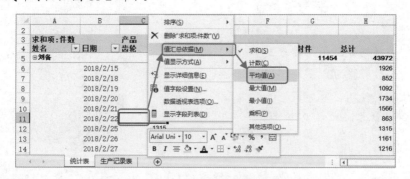

图 11-2 通过快捷菜单更改汇总方式

◆ **通过双击值字段标题更改**：双击数据透视表中需要更改汇总方式的值字段标题，即可打开"值字段设置"对话框，选择要更改的汇总方式即可，如图 11-3 所示。

图 11-3　通过双击字段标题更改汇总方式

11.1.2　对同一字段采用多种汇总方式

在使用数据透视表分析数据时，数值区域可能会用到多种汇总方式，例如分析考试成绩的最高分、最低分以及平均分，分析商品的销售总额、商品销售的最低值等。如果对同一字段采用不同的汇总方式，就可以在该字段中得到多个分析指标。

 [分析实例]——分析冰箱销售单价的最大值、最小值和平均值

某冰箱专卖店统计了各种规格型号的冰箱售价，因其价格高低不一，现在需要分析各种规格型号的冰箱销售单价最大值、最小值和平均值，方便进行比较，调整经营策略。

下面以采用最大值、最小值和平均值 3 种方式汇总分析冰箱单价为例，讲解对单价这一字段进行多种汇总方式的相关操作。如图 11-4 所示为分析冰箱单价的最大值、最小值和平均值的前后效果对比。

	D	E	F	G	H	I	J	K
1	购货单位	发货仓库	规格型号	实发数量	摘要	单位成本	成本	销售单价
2	TS建材MD专卖店	MD仓库	MD冰箱BCD-208GSMN樱桃红繁花	4	2-33#凭证	1923.078	7692.31	2074
3	TS建材MD专卖店	MD仓库	MD冷柜BCD-179DKMN白色	2	2-33#凭证	1128.205	2256.41	1217
4	TS建材MD专卖店	MD仓库	MD冷柜BCD271VSM白色精彩下乡	2	2-33#凭证	1194.87	2389.74	1254
5	TS建材MD专卖店	李文洁	MD冰箱BCD-195GMN月光银芙蓉	4	2-39#凭证	1658.12	6632.48	1788
6	TS建材MD专卖店	李文洁	MD冰箱BCD-216TGMN水墨红	4	2-39#凭证	1973.505	7894.02	2129
7	WH市东电器经营部	李文洁	MD冰箱BCD-216TGMN水墨红	2	2-39#凭证	1973.505	3947.01	2151
8	WH市东电器经营部	李文洁	MD冰箱BCD-208GSMN樱桃红繁花	10	2-39#凭证	1923.077	19230.77	2096
9	WH市东电器经营部	李文洁	MD冰箱BCD-195GMN魅力芙蓉	10	2-39#凭证	1658.12	16581.2	1807
10	WH市东电器经营部	李文洁	MD冰箱BCD-205GMN月光银芙蓉	4	2-39#凭证	1923.078	7692.31	1872

◎下载/初始文件/第 11 章/冰箱销售明细.xlsx

	A	B	C	D	E	F	G	H
3	行标签	最大单价	最小单价	平均单价				
4	MD冰箱BCD-178GSSMN朱砂红魄绣	2049	2027	2042.357143				
5	MD冰箱BCD-195GMN魅力芙蓉	1843	1788	1811				
6	MD冰箱BCD-195GMN月光银芙蓉	1843	1788	1801.75				
7	MD冰箱BCD-196GSMN银杏白繁荆	1910	1853	1881.5				
8	MD冰箱BCD-198GSMN樱桃红繁花	2160	2138	2152.666667				
9	MD冰箱BCD-205CMN白色闪白银	1713	1696	1704.5				
10	MD冰箱BCD-205GMN月光银芙蓉	1872	1872	1872				
11	MD冰箱BCD-206GSMN银杏白紫荆	1937	1917	1931.75				

◎下载/最终文件/第 11 章/冰箱销售明细.xlsx

图 11-4　分析冰箱单价的最大值、最小值和平均值的前后效果对比

其具体操作步骤如下。

Step01 打开素材文件，切换到"分析表"工作表，在"数据透视表字段"窗格中，将列表中的"规格型号"字段拖动到行字段区域，如图 11-5 所示。

Step02 连续 3 次将列表中的"销售单价"字段拖动到数值区域，如图 11-6 所示。

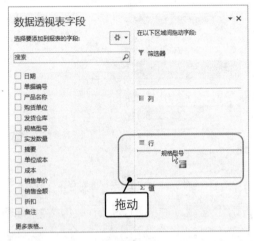

图 11-5　添加"规格型号"字段

图 11-6　添加"销售单价"字段到数值区域

Step03 ❶单击值区域的"求和项：销售单价"字段，❷在弹出的下拉菜单中选择"值字段设置"命令，如图 11-7 所示。

Step04 ❶在打开的"值字段设置"对话框的"计算类型"列表框中选择"最大值"选项，❷在"自定义名称"文本框中输入"最大单价"文本，❸单击"确定"按钮，如图 11-8 所示。

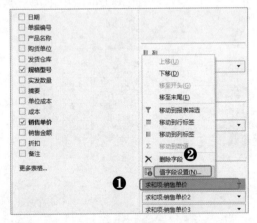

图 11-7　打开"值字段设置"对话框

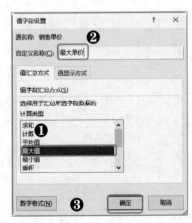

图 11-8　添加"最大单价"字段

Step05 ❶单击数值区域的"求和项：销售单价 2"字段，❷在弹出的下拉菜单中选择"值字段设置"命令，如图 11-9 所示。

Step06 ❶在打开的"值字段设置"对话框的"计算类型"列表框中选择"最小值"选

项，❷在"自定义名称"文本框中输入"最小单价"文本，❸单击"确定"按钮，如图11-10所示。

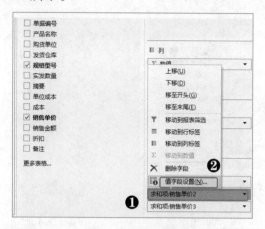

图11-9　打开"值字段设置"对话框

图11-10　添加"最小单价"字段

Step07 ❶单击数值区域的"求和项：销售单价3"字段，❷在弹出的下拉菜单中选择"值字段设置"命令，如图11-11所示。

Step08 ❶在打开的"值字段设置"对话框的"计算类型"列表框中选择"平均值"选项，❷在"自定义名称"文本框中输入"平均单价"文本，❸单击"确定"按钮，如图11-12所示。

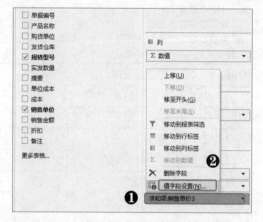

图11-11　打开"值字段设置"对话框

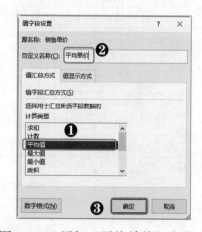

图11-12　添加"平均单价"字段

11.2　相同的数据也可以得到不同的结果

在数据透视表中提供了10多种字段汇总计算方式，如百分比、差异、指数等，因此即使是相同的数据也可以根据其值显示方式不同而得到不同的结果。

右击数据透视表中任意单元格，在弹出的快捷菜单中选择"值显示方式"命令，在其子菜单中即可查看值显示方式，如图11-13所示。

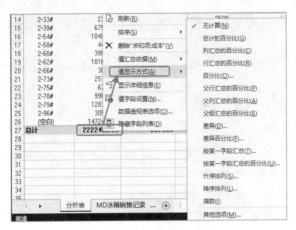

图 11-13　查看值显示方式

其具体的用法如表 11-1 所示。

表 11-1　值显示方式及其功能简介

值显示方式	功能
无计算	默认显示方式，没有进行计算，显示原始汇总数据
总计的百分比	以报表中所有数据点或值的总计的百分比形式显示值
列汇总的百分比	显示每列或系列的所有值相对于该列或系列的总计的百分比
行汇总的百分比	显示每行或每个类别的值相对于该行或该类别总计的百分比
百分比	显示的值为"基本字段"中"基本项"值的百分比
父行汇总的百分比	计算公式：（当前项的值）/（父项的行的值）
父列汇总的百分比	计算公式：（当前项的值）/（父项的列的值）
父级汇总的百分比	计算公式：（当前项的值）/（父项的选定的基本字段的值）
差异	显示的值为与"基本字段"中"基本项"值的差值
差异百分比	显示的值为与"基本字段"中"基本项"值的百分比差值
按某一字段汇总	显示当前字段包含该字段及之前字段的值汇总
按某一字段汇总的百分比	显示当前字段及之前字段的值汇总占字段汇总的百分比
升序排列	显示值在整个字段中按照升序排列的位次
降序排列	显示值在整个字段中按照降序排列的位次
指数	计算数据的相对重要性。单元格中显示的指数值按下式进行计算： （单元格的值×总计）/（行总计×列总计）

11.2.1　差异分析

差异分析，是指分析其他行与某行或某列数据之间的差值，就是以其他行或者列的数据减去标准行或列中的值的结果。

（1）数据项差异分析

数据项是指数据透视表中的一行数据，数据项的差异分析就是分析其他行与选作标准行之间的差值分析。

 [分析实例]——分析各项目相比 1 月的增减情况

某公司使用数据透视表统计了去年一年的各项费用开支情况，为了降低公司的不必要开支，现需要以 1 月为标准行分析其他月份的开支增减情况。

下面以用 1 月为标准行分析其他月费用开支情况为例，讲解数据项差异分析的相关操作。如图 11-14 所示为分析各项费用开支相比 1 月的增减情况前后效果对比。

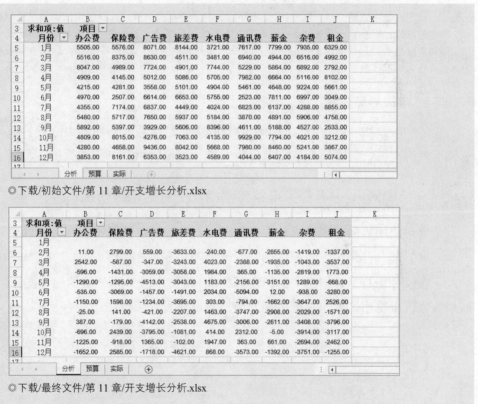

◎下载/初始文件/第 11 章/开支增长分析.xlsx

◎下载/最终文件/第 11 章/开支增长分析.xlsx

图 11-14　分析各项费用开支相比 1 月的增减情况前后效果对比

其具体操作步骤如下。

Step01 打开素材文件，❶选择数据透视表值区域任意单元格，❷单击鼠标右键，在弹出的快捷菜单中选择"值显示方式/差异"命令，如图 11-15 所示。

Step02 ❶在打开的"值显示方式（求和项：值）"对话框中设置基本字段为"列"，基本项为"1 月"，❷单击"确定"按钮即可完成，如图 11-16 所示。

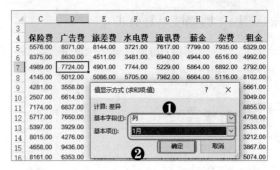

图 11-15　打开"值显示方式"对话框　　　图 11-16　设置基本字段和基本项

 提个醒　值显示方式设置

　　在"值显示方式"对话框中，"基本字段"和"基本项"下拉列表框中的选项是根据数据透视表中的数据显示的。一般来说，"基本字段"下拉列表框为字段标题，"基本项"下拉列表框为字段值。在进行数据项差异分析时，应在前一个下拉列表框中选择字段标题，后一个下拉列表框中选择作为标准的数据项。

（2）字段差异分析

　　字段一般是指一列数据，而字段差异分析就是在数据透视表中分析其他列相对于所选标准列的差值，其实质与数据项分析一样，只是将行和列位置交换了而已。

[分析实例]——分析家电销售额相比上月的增减情况

　　某公司使用数据透视表统计了去年 1 ~ 3 月的家电销售额，现为了调整销售策略，需要分析与上一月相比产品销售额的增减情况。

　　下面以分析与上月相比产品销售额为例，讲解字段差异分析的相关操作。如图 11-17 所示为分析家电相比上一月销售额的增长数量前后效果对比。

图 11-17　分析家电相比上一月销售额的增长数量前后效果对比

其具体操作步骤如下。

Step01 打开素材文件，❶选择数据透视表值区域任意单元格，❷单击鼠标右键，在弹出的快捷菜单中选择"值显示方式/差异"命令，如图 11-18 所示。

Step02 ❶在打开的"值显示方式（求和项：销售额）"对话框中设置基本字段为"日期"，基本项为"（上一个）"，❷单击"确定"按钮即可完成，如图 11-19 所示。

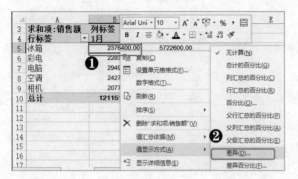

图 11-18　打开"值显示方式"对话框

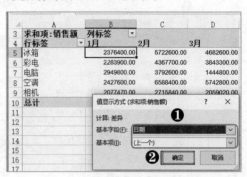

图 11-19　设置基本字段和基本项

（3）差异百分比分析

差异百分比分析与前面所讲的差异分析相似，只是在计算出差值后，还需要用差值除以基本项，得到的结果以百分数显示。

 [分析实例]——分析与上月相比开支增长的百分比

某公司使用数据透视表统计一年的各种费用开支情况，现为了降低成本，需要分析与上月相比各项费用的增减情况，结果以百分数显示。

下面以分析与上月相比各项开支的增减百分比为例，讲解差异百分比分析的相关操作。如图 11-20 所示为分析各月相对于上一月的开支增减百分比前后效果对比。

月份	办公费	保险费	广告费	旅差费	水电费	通讯费	薪金	杂费	租金
1月	5505.00	5576.00	8071.00	8144.00	3721.00	7617.00	7799.00	7935.00	6329.00
2月	5516.00	8375.00	8630.00	4511.00	3481.00	6940.00	4944.00	6516.00	4992.00
3月	8047.00	4989.00	7724.00	4901.00	7744.00	5229.00	5864.00	6892.00	2792.00
4月	4909.00	4145.00	5012.00	5086.00	5705.00	7982.00	6664.00	5116.00	8102.00
5月	4215.00	4281.00	3558.00	5101.00	4904.00	5461.00	4648.00	9224.00	5661.00

◎下载/初始文件/第 11 章/开支逐月增长情况.xlsx

月份	办公费	保险费	广告费	旅差费	水电费	通讯费	薪金	杂费	租金
1月									
2月	0.20%	50.20%	6.93%	-44.61%	-6.45%	-8.89%	-36.61%	-17.88%	-21.12%
3月	45.88%	-40.43%	-10.50%	8.65%	122.46%	-24.65%	18.61%	5.77%	-44.07%
4月	-39.00%	-16.92%	-35.11%	3.77%	-26.33%	52.65%	13.64%	-25.77%	190.19%
5月	-14.14%	3.28%	-29.01%	0.29%	-14.41%	-31.58%	-30.25%	80.30%	-30.13%
6月	17.91%	-41.44%	85.89%	30.43%	17.35%	-53.80%	68.05%	-24.14%	-46.14%

◎下载/最终文件/第 11 章/开支逐月增长情况.xlsx

图 11-20　分析各月相对于上一月的开支增减百分比前后效果对比

其具体操作步骤如下。

Step01 打开素材文件，❶选择数据透视表值区域任意单元格，❷单击鼠标右键，在弹出的快捷菜单中选择"值显示方式/差异百分比"命令，如图 11-21 所示。

Step02 ❶在打开的"值显示方式（求和项：值）"对话框中设置基本字段为"列"，基本项为"（上一个）"，❷单击"确定"按钮即可完成，如图 11-22 所示。

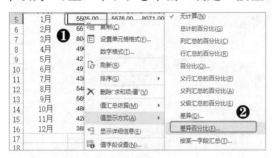

图 11-21 打开"值显示方式"对话框

图 11-22 设置基本字段和基本项

11.2.2 行/列汇总的百分比分析

在许多的报表中，经常需要计算数据项在同一行或列中所占的比例，例如分析商品的市场占有率、员工生产数量占生产总额的比率等。这种情况下，一般使用"行汇总百分比"或者"列汇总百分比"的值显示方式。

[分析实例]——分析每月每个员工在各产品生产总量的占比情况

某公司使用数据透视表统计了 10 ~ 12 月各类产品的生产情况，现在需要分析各个员工生产各产品的占比情况，结果以百分数显示。

下面以分析各员工在各产品总量所占比重为例，讲解行汇总百分比分析的相关操作。如图 11-23 所示为各产品生产数量的占比情况前后效果对比。

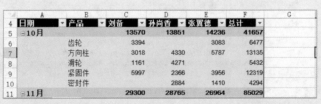

◎下载/初始文件/第 11 章/生产分析.xlsx

◎下载/最终文件/第 11 章/生产分析.xlsx

图 11-23 各产品生产数量的占比情况前后效果对比

其具体操作步骤如下。

Step01 打开素材文件，❶选择数据透视表值区域任意单元格，❷单击鼠标右键，在弹出的快捷菜单中选择"值字段设置"命令，如图11-24所示。

Step02 ❶在打开的"值字段设置"对话框中单击"值显示方式"选项卡，❷在"值显示方式"选项卡的下拉列表框中选择"行汇总的百分比"选项，❸单击"确定"按钮即可完成，如图11-25所示。

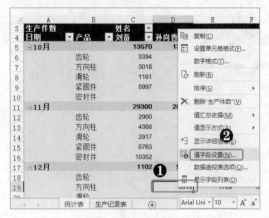

图 11-24　打开"值字段设置"对话框

图 11-25　选择值显示方式

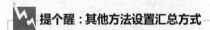

提个醒：其他方法设置汇总方式

　　除了选择"值字段设置"命令，在打开的对话框中单击"值显示方式"选项卡，在其下拉列表中选择汇总计算方式外，还可以通过右击，在弹出的快捷菜单中选择汇总计算方式。

11.2.3　总计的百分比分析

　　总计的百分比分析，就是数据项占整个字段值总和的百分比，常用于贡献、重要性等分析。如某类商品销售量占公司商品总销售量的百分比、某学校学生占学校总人口的百分比等。

［分析实例］——分析员工销售额在公司总销售额中的占比

　　某公司使用数据透视表统计了各员工各项产品的销售额，现在需要分析各员工的销售额在公司总销售额中所占的比重。

　　下面以分析各员工销售额的占比情况为例，讲解总计百分比分析的相关操作。如图11-26所示为分析员工销售各种产品在总销售额中的占比前后效果对比。

3	求和项:销售额	列标签 ▼					
	A	B	C	D	E	F	G
4	行标签 ▼	冰箱	彩电	电脑	空调	相机	总计
5	曹泽鑫	1,268,800.00	609,500.00	731,000.00	1,024,800.00	225,090.00	3,859,190.00
6	房天琦	2,189,200.00	1,683,600.00	1,926,400.00	2,564,800.00	1,202,940.00	9,566,940.00
7	郝宗泉	2,132,000.00	2,185,000.00	473,000.00	1,836,800.00	800,730.00	7,427,530.00
8	刘敬堃	1,432,600.00	871,700.00	662,200.00	1,996,400.00	560,880.00	5,523,780.00
9	王腾宇	988,000.00	425,500.00	421,400.00	1,590,400.00	177,120.00	3,602,420.00
10	王学敏	2,277,600.00	2,518,500.00	1,522,200.00	2,189,600.00	1,870,830.00	10,378,730.00
11	周德宇	2,779,400.00	2,444,900.00	2,451,000.00	3,760,400.00	2,014,740.00	13,450,440.00
12	总计	13,067,600.00	10,738,700.00	8,187,200.00	14,963,200.00	6,852,330.00	53,809,030.00

家电销售明细　分析表

◎下载/初始文件/第 11 章/业绩占比分析.xlsx

	A	B	C	D	E	F	G	H	I	J	K	L
4	行标签 ▼	冰箱	彩电	电脑	空调	相机	总计					
5	曹泽鑫	2.36%	1.13%	1.36%	1.90%	0.42%	7.17%					
6	房天琦	4.07%	3.13%	3.58%	4.77%	2.24%	17.78%					
7	郝宗泉	3.96%	4.06%	0.88%	3.41%	1.49%	13.80%					
8	刘敬堃	2.66%	1.62%	1.23%	3.71%	1.04%	10.27%					
9	王腾宇	1.84%	0.79%	0.78%	2.96%	0.33%	6.69%					
10	王学敏	4.23%	4.68%	2.83%	4.07%	3.48%	19.29%					
11	周德宇	5.17%	4.54%	4.55%	6.99%	3.74%	25.00%					
12	总计	24.29%	19.96%	15.22%	27.81%	12.73%	100.00%					

家电销售明细　分析表

◎下载/最终文件/第 11 章/业绩占比分析.xlsx

图 11-26　分析员工销售各种产品在总销售额中的占比前后效果对比

其具体操作步骤如下。

Step01 打开素材文件，❶选择数据透视表值区域任意单元格，❷单击鼠标右键，在弹出的快捷菜单中选择"值字段设置"命令，如图 11-27 所示。

Step02 ❶在打开的"值字段设置"对话框单击"值显示方式"选项卡，❷在"值显示方式"下拉列表框中选择"总计的百分比"选项，❸单击"确定"按钮即可完成，如图 11-28 所示。

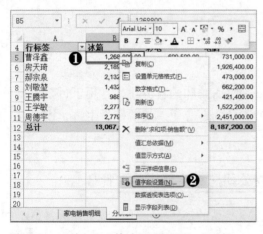

图 11-27　打开"值字段设置"对话框

图 11-28　选择值显示方式

知识延伸　**其他值显示方式介绍**

随着软件的不断更新完善，值显示方式也越来越多。前面已经介绍了 3 种较为常用的百分比显示方式，下面对几种可能会用到的百分比显示方式进行介绍。

（1）百分比显示方式

百分比显示方式，是指将某一行或列数据作为基准计算百分比的显示方式，一般用于某些具有实际意义的数据进行对比分析，例如以员工的平均业绩为基准分析所有员工业绩、以所有同学的平均成绩对每个同学的成绩进行分析等。

如图 11-29 所示，以销售员"周德天"的销售额为基准，将其他销售人员的销售额的结果按"百分比"显示。

图 11-29　以某位员工的销售业绩为基准分析所有员工的销售业绩

（2）父级汇总的百分比显示方式

如果在数据透视表中的行字段或者列字段中使用了分组，再使用"父级汇总的百分比"值显示方式，就可以得到在同一组数据中某个数据项在该组所有数据项的汇总结果的百分比，下面通过具体的例子来介绍。

在素材中已经统计了销售员各月家电销售额，如果对值区域的数据使用"父级汇总的百分比"值显示方式，就可以得到每月每个员工某种家电销售额占这几个月该种家电销售总额的百分比，如图 11-30 所示。

图 11-30　分析每个员工某种家电销售额占这几月该种家电销售总额的百分比

（3）父列/行汇总的百分比显示方式

在使用"父级汇总的百分比"值显示方式后，若再使用"父行汇总的百分比"或"父列汇总的百分比"值显示方式，就可以得到分类汇总中显示的是汇总结果占总汇总结果的百分比，下面通过具体的例子来说明。

已经对素材使用"父级汇总的百分比"值显示方式，得到了每个员工某种家电销售额占这几月该种家电销售总额的百分比。如果再对值区域数据使用"父行汇总的百分比"值显示方式，还可以得到每个员工销售某种家电的总销售额占所有员工该种家电销售总额的百分比，如图 11-31 所示。

行标签	相机	空调	电脑	彩电	冰箱	总计
⊟周德天	29.40%	25.13%	29.94%	22.77%	21.27%	25.00%
⊕10月	42.67%	16.83%	30.53%	21.83%	11.04%	22.91%
⊕11月	39.19%	42.07%	35.79%	49.95%	67.26%	47.13%
⊕12月	18.13%	41.10%	33.68%	28.22%	21.70%	29.96%
⊟王学敏	27.30%	14.63%	18.59%	23.45%	17.43%	19.29%
⊕10月	24.46%	25.45%	49.15%	23.74%	15.30%	26.10%
⊕11月	35.50%	35.55%	38.42%	40.55%	36.64%	37.41%
⊕12月	40.04%	39.00%	12.43%	35.71%	48.06%	36.48%
⊟房天琦	17.56%	17.14%	23.53%	15.68%	16.75%	17.78%
⊕10月	35.58%	8.95%	54.02%	28.28%	9.86%	24.98%
⊕11月	53.68%	55.68%	33.93%	44.95%	60.21%	50.20%
⊕12月	10.74%	35.37%	12.05%	26.78%	29.93%	24.82%
⊟郝宗泉	11.69%	12.28%	5.78%	20.35%	16.32%	13.80%
⊕10月	26.27%	13.57%	0.00%	20.84%	11.83%	15.71%

家电销售明细　分析表　⊕

图 11-31　分析员工销售额占比

【注意】"父级汇总的百分比"、"父行汇总的百分比"和"父列汇总的百分比"这 3 种值显示方式需要包含在分组的数据透视表中使用。若数据透视表中没有分组，则结果与其他汇总方式相似，不能体现出其特殊性。

11.2.4　累计汇总分析

除了前面介绍的几种数据分析方法，累计汇总分析也是数据透视表中一种常用的分析方法，其主要用于解决截止某段时间的销售额、工作完成进度等问题。

累计汇总分析按累计方向的不同，可分为按行累计汇总和按列累计汇总；按结果显示的不同，又可分为正常累计汇总和百分比累计汇总。

（1）正常累计汇总

正常累计汇总，只需设置为"按某一字段汇总"值显示方式，并且将"基本字段"设置为行字段或列字段即可。

　[分析实例]——累计汇总各种产品的产量

某工厂统计了 2019 年 1 月 15 日 ~ 2019 年 3 月 28 日以来每 10 天为一组的各种产品的生产量，现在为调整生产策略，需要将这些产量按照日期累计显示，从而分析生产进度。

下面以将各类产品以日期累计显示为例，讲解正常累计汇总的相关操作。如图 11-32 所示为累计分析各产品产量前后效果对比。

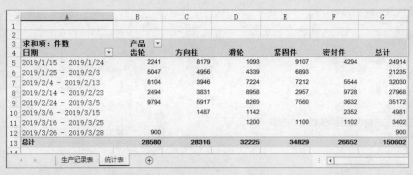

◎下载/初始文件/第 11 章/产量统计表.xlsx

◎下载/最终文件/第 11 章/产量统计表.xlsx

图 11-32　累计分析各产品产量前后效果对比

其具体操作步骤如下。

Step01 打开素材文件，❶在"数据透视表字段"窗格数值区域单击"求和项：件数"字段，❷在弹出的下拉菜单中选择"值字段设置"命令，如图 11-33 所示。

Step02 ❶在打开的"值字段设置"对话框中单击"值显示方式"选项卡，❷在"值显示方式"下拉列表框中选择"按某一字段汇总"选项，如图 11-34 所示。

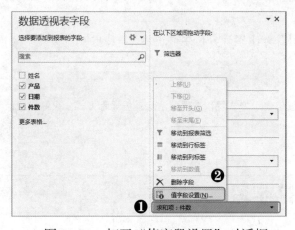

图 11-33　打开"值字段设置"对话框

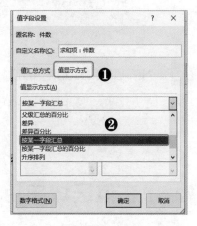

图 11-34　选择值显示方式

Step03 在对话框的"基本字段"列表框中选择"日期"选项，如图 11-35 所示。

Step04 ❶在"自定义名称"文本框中输入"累计产量"文本，❷单击"确定"按钮即可，如图 11-36 所示。

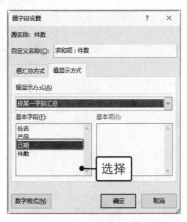

图 11-35　设置基本字段

图 11-36　修改名称

（2）百分比累计汇总

百分比累计汇总与正常累计汇总设置方法相同，只需在选择值显示方式时选择"按某一段字段汇总的百分比"选项即可。

百分比累计汇总常用于完成的进度，例如在这批产品生产完成后将调整生产比例，就可以使用百分比累计汇总方式来获取生产任务完成的进度情况，如图 11-37 所示。

累计产量	产品					
日期	齿轮	方向柱	滑轮	紧固件	密封件	总计
2019/1/15 – 2019/1/24	7.84%	28.88%	3.39%	26.15%	16.11%	16.54%
2019/1/25 – 2019/2/3	25.50%	46.39%	16.86%	45.94%	16.11%	30.64%
2019/2/4 – 2019/2/13	53.86%	60.32%	39.27%	66.65%	36.91%	51.91%
2019/2/14 – 2019/2/23	62.58%	73.85%	67.07%	75.14%	73.41%	70.48%
2019/2/24 – 2019/3/5	96.85%	94.75%	92.73%	96.84%	87.04%	93.84%
2019/3/6 – 2019/3/15	96.85%	100.00%	96.28%	96.84%	95.87%	97.14%
2019/3/16 – 2019/3/25	96.85%	100.00%	100.00%	100.00%	100.00%	99.40%
2019/3/26 – 2019/3/28	100.00%	100.00%	100.00%	100.00%	100.00%	100.00%
总计						

图 11-37　使用百分比累计分析生产进度

> **提个醒：值显示方式的清除方法**
>
> 在为数据透视表中值区域的字段设置值显示方式后，若想要清除其值显示方式，只需设置值显示方式为"无计算"即可。

11.3　在值区域使用计算字段

在 Excel 表格中，用户可以对其中的数据进行插入、删除、移动及更改等操作，但在数据透视表中则不能进行这些操作，当然也不能够在数据透视表中使用公式和函数计算字段。

在创建数据透视表后，有时需要对数据进行一些额外的计算处理，此时就可以通过计算字段来获取计算结果。在数据透视表中如果需要对数据项的一个或者多个字段进行计算，则需要通过插入计算字段来实现。

11.3.1 插入计算字段

如果需要在数据透视表的值区域插入计算字段，只需在"数据透视表工具 分析"选项卡"计算"组中选择"字段、项目和集"下拉列表中选择"计算字段"命令，在打开的"插入计算字段"对话框中设置其参数即可。

（1）使用计算字段对现有字段进行简单计算

对现有字段进行计算是计算字段最为突出的功能，例如计算两个字段的和、差、积等。进行这类字段计算只需将字段名称使用四则运算符号连接起来即可。

 [分析实例]——计算各销售渠道的利润

某电脑公司使用数据透视表统计了各个渠道的销售额以及销售成本，现为了公司销售量渠道调整，需计算出各渠道的利润情况。

下面以在利润分析报表中添加计算字段，并使用该字段计算各渠道利润为例，讲解计算字段的相关操作。如图 11-38 所示为使用计算字段分析各销售渠道前后效果对比。

	A	B	C	D	E	F
4	单位 ▼	求和项:销售额	求和项:成本	求和项:序号		
5	K40—A笔记本	4,900.00	4,820.00	218.00		
6	S8260	5,000.00	4,930.00	222.00		
7	爱卫会	320.00	205.00	209.00		
8	保险公司	500.00	275.00	32.00		
9	财政局	158,800.00	153,350.00	295.00		
10	残联	14,100.00	12,118.00	439.00		
11	城建局	997.40	751.00	10.00		
12	城南派出所	1,568.00	1,128.00	190.00		
13	电脑销售	4,000.00	3,804.00	4.00		

利润分析　数据源

◎下载/初始文件/第 11 章/利润分析.xlsx

	A	B	C	D	E	F
4	单位 ▼	求和项:销售额	求和项:成本	求和项:序号	求和项:利润	
5	K40—A笔记本	4,900.00	4,820.00	218.00	80.00	
6	S8260	5,000.00	4,930.00	222.00	70.00	
7	爱卫会	320.00	205.00	209.00	115.00	
8	保险公司	500.00	275.00	32.00	225.00	
9	财政局	158,800.00	153,350.00	295.00	5,450.00	
10	残联	14,100.00	12,118.00	439.00	1,982.00	
11	城建局	997.40	751.00	10.00	246.40	
12	城南派出所	1,568.00	1,128.00	190.00	440.00	
13	电脑销售	4,000.00	3,804.00	4.00	196.00	

利润分析　数据源

◎下载/最终文件/第 11 章/利润分析.xlsx

图 11-38　使用计算字段分析各销售渠道前后效果对比

其具体操作步骤如下。

Step01 打开素材文件，❶选择数据透视表值区域任意单元格，❷单击"数据透视表工具 分析"选项卡"计算"组中的"字段、项目和集"下拉按钮，❸选择"计算字段"命令，如图 11-39 所示。

Step02 ❶在打开的"插入计算字段"对话框的"公式"文本框中删除数字"0"，❷双击"字段"列表框的"销售额"选项，如图 11-40 所示。

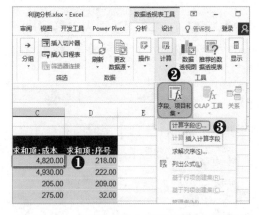

图 11-39　打开"插入计算字段"对话框　　　　图 11-40　设置公式

Step03 ❶在"公式"文本框中输入运算符号"-"，❷双击"字段"列表框的"成本"选项，如图 11-41 所示。

Step04 ❶在"名称"文本框输入"利润"文本，❷单击"添加"按钮，❸再单击"确定"按钮即可，如图 11-42 所示。

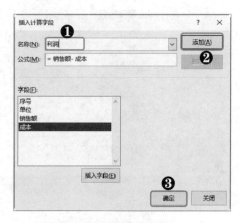

图 11-41　设置公式　　　　　　　　　　图 11-42　添加公式

（2）在计算字段中使用常量

在数据透视表中使用计算字段计算数据时，不仅可以使用现有的一些字段进行计算，而且可以在公式中使用常量。

[分析实例]——计算收取订单订金金额

某公司使用数据透视表统计了每月的订单订金总额，该公司一般按照每笔订单预收取 25%的订金，现需要计算每月公司收到的订金金额。

下面以使用计算字段计算公司每月收到的订金为例，讲解在计算字段中使用常量的相关操作。如图 11-43 所示为使用计算字段根据订单金额计算订金的前后效果对比。

3	订单月份	订单金额	C	D
4	1月	1,300,000.00		
5	2月	2,200,000.00		
6	3月	2,400,000.00		
7	4月	2,800,000.00		
8	5月	5,800,000.00		
9	6月	2,800,000.00		
10	7月	3,500,000.00		
11	8月	2,600,000.00		
12	9月	5,500,000.00		
13	10月	1,800,000.00		
14	11月	2,200,000.00		
15	12月	3,700,000.00		
16	总计	36,600,000.00		

3	订单月份	订单金额	求和项:订金	D
4	1月	1,300,000.00	325,000.00	
5	2月	2,200,000.00	550,000.00	
6	3月	2,400,000.00	600,000.00	
7	4月	2,800,000.00	700,000.00	
8	5月	5,800,000.00	1,450,000.00	
9	6月	2,800,000.00	700,000.00	
10	7月	3,500,000.00	875,000.00	
11	8月	2,600,000.00	650,000.00	
12	9月	5,500,000.00	1,375,000.00	
13	10月	1,800,000.00	450,000.00	
14	11月	2,200,000.00	550,000.00	
15	12月	3,700,000.00	925,000.00	
16	总计	36,600,000.00	9,150,000.00	

◎下载/初始文件/第 11 章/订货金额计算.xlsx　　◎下载/最终文件/第 11 章/订货金额计算.xlsx

图 11-43　使用计算字段根据订单金额计算订金的前后效果对比

其具体操作步骤如下。

Step01 打开素材文件，❶选择数据透视表值区域任意单元格，❷单击"数据透视表工具 分析"选项卡"计算"组中的"字段、项目和集"下拉按钮，选择"计算字段"命令，如图 11-44 所示。

Step02 ❶在打开的"插入计算字段"对话框的"公式"文本框输入"=订单金额*0.25"公式，❷在"名称"文本框中输入"订金"文本，❸单击"添加"按钮，❹单击"确定"按钮即可完成计算，如图 11-45 所示。

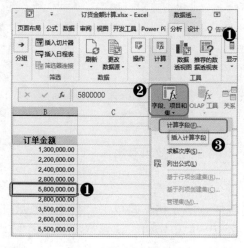

图 11-44　打开"插入计算字段"对话框

图 11-45　设置公式

（3）在计算字段中使用工作表函数

在数据透视表中，除了可以使用计算字段进行四则运算之外，还可以使用工作表函数进行较为复杂的计算和分析。但数据透视表中所有数据都是引用数据透视表缓存区域的数据进行的，因此数据透视表计算字段中使用的工作表函数不能使用单元格引用或名称引用。

[分析实例]——根据员工的销售额给予不同的比例计算提成

某销售公司使用数据透视表统计了 10～12 月公司各个员工的销售额，公司根据销售额制定了奖励制度。若公司销售员的月销售量小于 100 万，则按 1.5 个点提成；高于100 万小于 200 万则按 3 个点提成；高于 200 万，则按 4.5 个点提成。现在需要计算出各个员工的提成是多少。

下面以根据公司奖励制度计算员工提成为例，讲解在计算字段中使用工作表函数的相关操作。如图 11-46 所示为使用计算字段计算员工提成前后效果对比。

	A	B	C	D	E	F	G
3	日期	销售人员	商品	销售额	求和项:销售量		
4	⊟10月			12,115,170.00	3,680.00		
5		⊟王天		2,709,360.00	804.00		
6			冰箱	348,400.00	134.00		
7			彩电	598,000.00	260.00		
8			电脑	748,200.00	87.00		
9			空调	557,200.00	199.00		
10			相机	457,560.00	124.00		
11		⊟王昊天		468,100.00	177.00		
12			冰箱	247,000.00	95.00		
13			彩电	39,000.00	17.00		
14			空调	182,000.00	65.00		
15		⊟刘敬堃		1,026,170.00	370.00		

◎下载/初始文件/第 11 章/提成计算.xlsx

	A	B	C	D	E	F	G
3	日期	销售人员	商品	销售额	求和项:销售量	求和项:提成比例	求和项:提成
4	⊟10月			12,115,170.00	3,680.00	0.05	545,182.65
5		⊟王天		2,709,360.00	804.00	0.05	121,921.20
6			冰箱	348,400.00	134.00	0.02	5,226.00
7			彩电	598,000.00	260.00	0.02	8,970.00
8			电脑	748,200.00	87.00	0.02	11,223.00
9			空调	557,200.00	199.00	0.02	8,358.00
10			相机	457,560.00	124.00	0.02	6,863.40
11		⊟王昊天		468,100.00	177.00	0.02	7,021.50
12			冰箱	247,000.00	95.00	0.02	3,705.00
13			彩电	39,100.00	17.00	0.02	586.50
14			空调	182,000.00	65.00	0.02	2,730.00
15		⊟刘敬堃		1,026,170.00	370.00	0.03	30,785.10

◎下载/最终文件/第 11 章/提成计算.xlsx

图 11-46　使用计算字段计算员工提成前后效果对比

其具体操作步骤如下。

Step01 打开素材文件，❶选择数据透视表值区域任意单元格，❷单击"数据透视表工具 分析"选项卡"计算"组中的"字段、项目和集"下拉按钮，选择"计算字段"命令，如图 11-47 所示。

Step02 ❶在打开的"插入计算字段"对话框的"公式"文本框输入"=IF(销售额 < 1000000,1.5,IF(销售额 < 2000000,3,4.5))/100"公式，❷在"名称"文本框中输入"提成比例"文本，❸单击"添加"按钮，如图 11-48 所示。

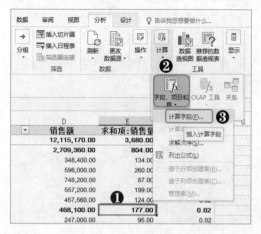

图 11-47　打开"插入计算字段"对话框

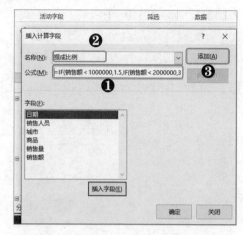

图 11-48　添加"提成比例"字段

Step03 ❶在"插入计算字段"对话框的"公式"文本框输入"=销售额*提成比例"公式，❷在"名称"文本框中输入"提成"文本，❸单击"添加"按钮，❹单击"确定"按钮，如图 11-49 所示。

Step04 ❶选择 F 列"求和项：提成比例"字段数据，❷单击"开始"选项卡"数字"组的"%"按钮，将提成比例用百分数显示，如图 11-50 所示。

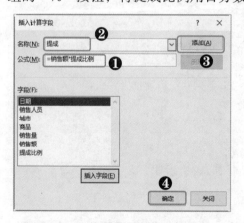

图 11-49　添加"提成"字段

图 11-50　将提成比例用百分数显示

11.3.2　修改计算字段

在上一节介绍了插入计算字段相关知识，对已经添加的计算字段，用户还可以对其进行修改。

[分析实例]——修改员工的销售提成比例

某销售公司使用数据透视表统计了 10 ~ 12 月公司各个员工的销售额，并根据公司
奖励制度，通过计算字段计算出了提成金额。由于公司的调整需要，将提成改为每增加
100 万元提高 1 个百分点，现需修改计算字段按照新的奖励制度计算提成。

下面以根据奖励制度修改计算字段计算员工提成为例，讲解修改计算字段的相关操
作。如图 11-51 所示为修改员工提成比例前后效果对比。

	A	B	C	D	E	F	G
3	日期	销售人员	商品	销售额	求和项:销售量	求和项:提成比例	求和项:提成
4	⊟10月			12,115,170.00	3,680.00	5%	545,182.65
5		⊟王天		2,709,360.00	804.00	5%	121,921.20
6			冰箱	348,400.00	134.00	2%	5,226.00
7			彩电	598,000.00	260.00	2%	8,970.00
8			电脑	748,200.00	87.00	2%	11,223.00
9			空调	557,200.00	199.00	2%	8,358.00
10			相机	457,560.00	124.00	2%	6,863.40
11		⊟王昊天		468,100.00	177.00	2%	7,021.50
12			冰箱	247,000.00	95.00	2%	3,705.00
13			彩电	39,100.00	17.00	2%	586.50
14			空调	182,000.00	65.00	2%	2,730.00
15		⊟刘敬垫		1,026,170.00	370.00	3%	30,785.10
16			冰箱	509,600.00	196.00	2%	7,644.00
17			空调	394,800.00	141.00	2%	5,922.00
18			相机	121,770.00	33.00	2%	1,826.55

分析表　家电销售明细　⊕

◎下载/初始文件/第 11 章/修改提成比例.xlsx

	A	B	C	D	E	F	G
3	日期	销售人员	商品	销售额	求和项:销售量	求和项:提成比例	求和项:提成
4	⊟10月			12,115,170.00	3,680.00	13%	1,574,972.10
5		⊟王天		2,709,360.00	804.00	3%	81,280.80
6			冰箱	348,400.00	134.00	1%	3,484.00
7			彩电	598,000.00	260.00	1%	5,980.00
8			电脑	748,200.00	87.00	1%	7,482.00
9			空调	557,200.00	199.00	1%	5,572.00
10			相机	457,560.00	124.00	1%	4,575.60
11		⊟王昊天		468,100.00	177.00	1%	4,681.00
12			冰箱	247,000.00	95.00	1%	2,470.00
13			彩电	39,100.00	17.00	1%	391.00
14			空调	182,000.00	65.00	1%	1,820.00
15		⊟刘敬垫		1,026,170.00	370.00	2%	20,523.40
16			冰箱	509,600.00	196.00	1%	5,096.00
17			空调	394,800.00	141.00	1%	3,948.00
18			相机	121,770.00	33.00	1%	1,217.70

分析表　家电销售明细　⊕

◎下载/最终文件/第 11 章/修改提成比例.xlsx

图 11-51　修改员工提成比例前后效果对比

其具体操作步骤如下。

Step01 打开素材文件，❶选择数值区域任意单元格，❷单击"数据透视表工具 分析"
选项卡"计算"组的"字段、项目和集"下拉按钮，选择"计算字段"命令，如图 11-52
所示。

Step02 ❶在打开的"插入计算字段"对话框中的"名称"下拉列表中选择"提成比例"
选项，如图 11-53 所示。

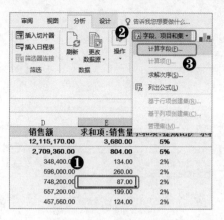

图 11-52　打开"插入计算字段"对话框

图 11-53　选择要修改的字段

Step03 ❶将"公式"文本框的公式删除，输入"=0.01+INT(销售额/1000000)*0.01"公式，❷单击"修改"按钮，❸单击"确定"按钮，如图 11-54 所示。

Step04 ❶选择 F 列"求和项：提成比例"字段数据，❷单击"开始"选项卡"数字"组的"%"按钮，将提成比例用百分数显示，如图 11-55 所示。

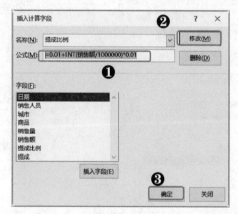

图 11-54　修改"提成比例"字段

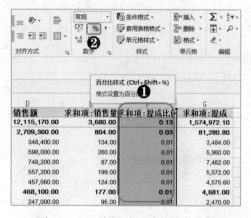

图 11-55　将提成比例用百分数显示

11.3.3 获取计算字段公式

在数据透视表插入计算字段后，这些计算字段与普通的计算字段十分相似，有时用户需要辨别和使用这些字段，只需将数据透视表中插入的计算字段罗列出来即可查看。

想要获取数据透视表中的计算字段公式，只需在"数据透视表工具 分析"选项卡中的"计算"组中单击"字段、项目和集"下拉按钮，选择"列出公式"选项，即可罗列出数据透视表中所有的计算字段公式，如图 11-56 所示。

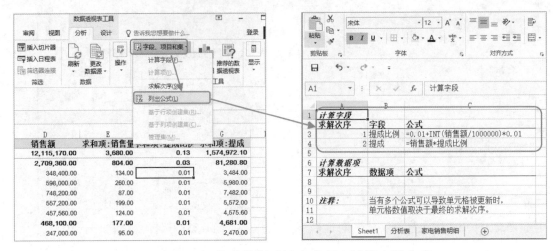

图 11-56　获取数据透视表中所有计算字段公式

11.3.4　删除计算字段

在数据透视表中插入计算字段后，若不再需要使用该字段，可以进行删除。删除字段的方法比较简单，只需在"插入计算字段"对话框的"名称"下拉列表框中选择要删除的计算字段，单击右侧的"删除"按钮即可，如图 11-57 所示。

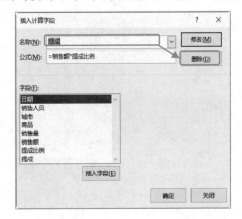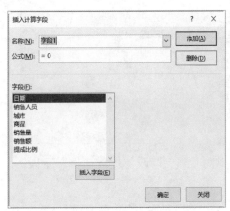

图 11-57　删除添加的计算字段

对于那些短时间内不会使用到的计算字段，还可以在"数据透视表字段"窗格的列表中取消选中复选框，就可以将该字段隐藏，在使用时将其添加到数据透视表即可。

11.4　在行/列字段使用计算项

计算字段只能在数据透视表的值区域使用，如果想要在行/列字段区域进行计算，则需要使用计算项，但计算项不能对组合字段进行计算。

11.4.1 插入计算项

在数据透视表中，如果需要对同一列（行）与其他列（行）中的数据进行计算，则可以插入计算项，其结果是在行字段或列字段添加新的一行或一列。

[分析实例]——计算 2018 年较 2017 年各项开支增长情况

某公司使用数据透视表统计了 2017 年和 2018 年各个项目支出情况，公司为了减少开支，需要在现有的数据透视表的基础上，通过插入计算项分析各个项目的开支增长率。

下面通过在数据透视表中添加增长比例计算项分析开支增长率为例，讲解插入计算项的相关操作。如图 11-58 所示为使用计算项计算各个项目开支增长率的前后效果对比。

	A	B	C	D	E	F	G
3			年				
4	科目名称	值	2017	2018	总计		
5	出差费						
6		求和项:借方	364,499.10	577,967.80	942,466.90		
7		求和项:贷方	364,499.10	577,967.80	942,466.90		
8	抵税运费						
9		求和项:借方	220,905.69	73,095.24	294,000.93		
10		求和项:贷方	220,905.69	73,095.24	294,000.93		
11	设备使用费						
12		求和项:借方	101,912.34	127,252.62	229,164.96		
13		求和项:贷方	101,912.34	127,252.62	229,164.96		
14	运费附加						
15		求和项:借方	62,799.20	66,647.30	129,446.50		
16		求和项:贷方	62,799.20	66,647.30	129,446.50		
17	交通工具消耗						
18		求和项:借方	61,516.71	61,133.44	122,650.15		
19		求和项:贷方	61,516.71	61,133.44	122,650.15		

账务分析 账务数据

◎下载/初始文件/第 11 章/费用增长分析.xlsx

	A	B	C	D	E	F	G
3			年				
4	科目名称	值	2017	2018	增长比例		
5	出差费						
6		求和项:借方	364,499.10	577,967.80	59%		
7		求和项:贷方	364,499.10	577,967.80	59%		
8	抵税运费						
9		求和项:借方	220,905.69	73,095.24	-67%		
10		求和项:贷方	220,905.69	73,095.24	-67%		
11	设备使用费						
12		求和项:借方	101,912.34	127,252.62	25%		
13		求和项:贷方	101,912.34	127,252.62	25%		
14	运费附加						
15		求和项:借方	62,799.20	66,647.30	6%		
16		求和项:贷方	62,799.20	66,647.30	6%		
17	交通工具消耗						
18		求和项:借方	61,516.71	61,133.44	-1%		
19		求和项:贷方	61,516.71	61,133.44	-1%		

账务分析 账务数据

◎下载/最终文件/第 11 章/费用增长分析.xlsx

图 11-58 使用计算项计算各个项目开支增长率的前后效果对比

其具体操作步骤如下。

Step01 打开素材文件，❶选择 D4 单元格，❷单击“数据透视表工具 分析”选项卡“计算”组的“字段、项目和集”下拉按钮，选择“计算项”命令，如图 11-59 所示。

Step02 ❶在打开对话框的“公式”文本框中输入“=('2018'-'2017')/'2017'公式”，❷在“名

称"文本框中输入"增长比例"，❸单击"添加"按钮，❹单击"确定"按钮，如图 11-60
所示。

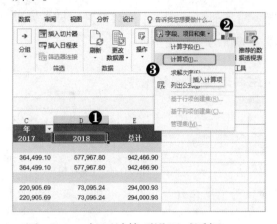

图 11-59　打开计算项设置对话框

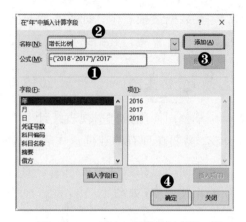

图 11-60　添加"增长比例"项

Step03 ❶选择 E 列"增长比例"字段数据，❷单击"开始"选项卡"数字"组的"%"
按钮，将增长比例用百分数显示，如图 11-61 所示。

Step04 ❶在"数据透视表工具 设计"选项卡"布局"组中单击"总计"下拉按钮，
❷选择"仅对列启用"命令，调整布局，如图 11-62 所示。

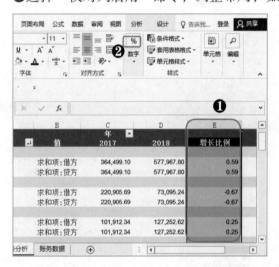

图 11-61　将增长比例用百分数显示

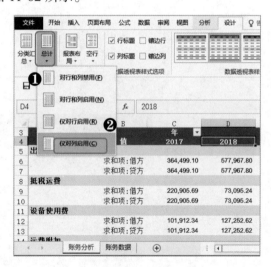

图 11-62　调整布局

　　【注意】在数据透视表中插入计算项后，可能会出现一些问题，这些问题在插入计算项
后都需要进行解决。例如，在插入计算项之后，行方向的总计项就不再具有实际意义，因此
就需要将其从数据透视表中删除；在使用公式计算时，可能会出现一些空值或错误值等。

11.4.2　获取计算项公式

　　计算项公式的获取方法与计算字段相同，只需在"数据透视表工具 分析"选项卡中的"计算"组单击"字段、项目和集"下拉按钮，选择"列出公式"选项即可罗列出数据透视表中所有的计算项公式，如图 11-63 所示。

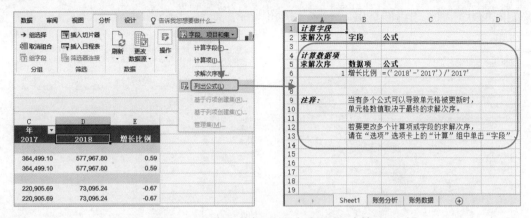

图 11-63　获取数据透视表中所有计算项公式

11.4.3　修改和删除计算项

在插入计算项后，还可以对这些计算项进行修改和删除，其方法与删除和修改计算字段的方法类似，具体介绍如下所示。

（1）修改计算项

如果计算项的函数公式发生改变，那么相应的计算项也要随之改变，即修改计算项。在"数据透视表工具 分析"选项卡的"计算"组中单击"字段、项目和集"下拉按钮，选择"计算项"命令，在打开的对话框的"名称"下拉列表中选择要修改的计算项，在"公式"文本框中输入修改后的公式，单击"修改"按钮即可完成修改计算项，如图 11-64 所示。

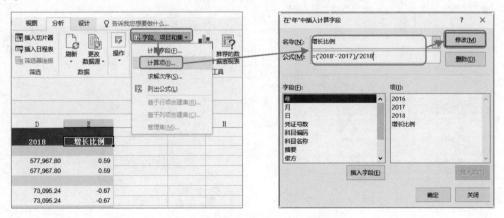

图 11-64　修改添加的计算项

（2）删除计算项

在数据透视表中插入计算项后，若不再需要该计算项，可以进行删除。删除计算项的方法比较简单，在"数据透视表工具 分析"选项卡"计算"组中单击"字段、项目和集"下拉按钮，选择"计算项"命令，在打开的对话框的"名称"下拉列表框中选择要删除的计算项，单击右侧的"删除"按钮即可，如图 11-65 所示。

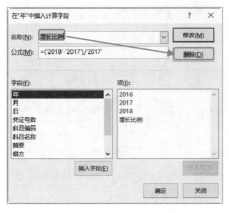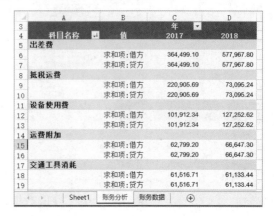

图 11-65　删除计算项

11.4.4　更改计算项的求解次序

如果数据透视表中添加了多个计算项，且这些计算项之间存在相互引用，那么这些计算字段的先后顺序就非常重要了，因为不同的求解次序其计算结果也会不一样。

想要更改计算项的求解次序非常简单，只需在"数据透视表工具 分析"选项卡的"计算"组单击"字段、项目和集"下拉按钮，选择"求解次序"命令，在打开的"计算求解次序"对话框中选择需要更改的计算项，单击"上移"或"下移"按钮即可调整其求解次序，如图 11-66 所示。

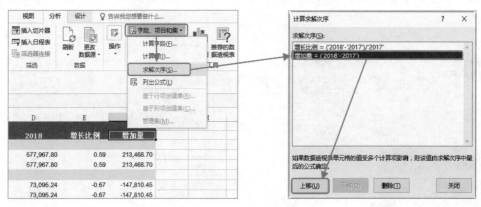

图 11-66　更改求解次序

第12章
源数据不在一起？
创建多区域报表

在实际生活和工作中，许多时候用户创建数据透视表的数据源并不在同一表格中，这时就不能通过在一张工作表创建数据透视表的方法来解决。对于这种问题，本章将介绍多区域数据创建数据透视表，主要有创建多重合并计算的数据透视表、使用 Microsoft Query、通过连接+SQL 语句创建数据透视表以及先将各个区域数据进行汇总再创建数据透视表4 种方法。

|本|章|要|点|

- 创建多重合并计算的数据透视表
- 多列文本的列表也可以合并分析
- 关联数据一表打尽
- 优中选优，数据导入+SQL 最全能
- 多区域数据汇总的"笨"办法

12.1　创建多重合并计算的数据透视表

多重合并计算数据区域的透视表，就是基于多个数据区域创建的数据透视表，可以进行结构相同、行列数及行列顺序不同的多个工作表的汇总工作。结构相同指的是列字段均相同。在使用多重合并计算数据区域透视表时，要求各个区域首列为文本，其他列均为数值，也就是要求各个区域为常说的二维表。它的一个显著特点便是每一个区域都会作为报表筛选字段中的一项，而每一页则显示为筛选区域的一个字段。

12.1.1　制作基于多区域的数据透视表应该怎样做

多区域数据透视表虽然功能强大，但在使用时应该注意一些事项，以在每个工作表保存一个数据透视表的源区域为例，需要注意如下事项。

◆ 各个工作表必须具有相似的数据分类。

◆ 每个工作表的数据区域都应为列表格式，也就是在第 1 行为每列的列标，第 1 列为每行的行标，而且相同的列数据类型相同，不存在空白数据行。

◆ 数据列表只能在第 1 行和第 1 列有文本数据，其余数据必须为数值数据。

◆ 一般情况下，为了便于数据透视表的更新，最好将数据列表区域设置为列表或创建动态名称，再以列表名称或动态名称创建数据透视表。

◆ 在数据列表中一般不要有汇总数据，如列、行汇总等。

◆ 合并计算使用自定义页字段，页字段中的项代表一个或多个工作表源数据区域。

12.1.2　将每个区域作为一个分组创建报表

分组报表，是所有报表中最基本、最常见的报表类型，也是所有报表工具中都支持的报表格式。单个页字段的多重合并计算区域的数据透视表，就是在数据透视表上只有一个页字段，而这个页字段的各个项代表各个工作表。它既可以对各个区域中的数据进行汇总分析，又可以对单个区域中的数据进行分析。

 [分析实例]——统计分析员工 3 个月的工资情况

某公司在工资数据表中记录了员工近一年的税前工资和个税，现在需要分析 1~3 月具体的工资情况。

下面以使用数据透视表分析近 1~3 月工资数据为例，讲解创建单个页字段多重合并数据透视表的相关操作。如图 12-1 所示为利用单个页字段多重合并计算数据透视表的前后效果对比。

姓名	税前工资	个税
朱风	6520	45.6
虞君天	7200	66
朱月	6000	30
徐寒燊	5263	7.89
夏流风	4521	0
黄辉明	5367	11.01
徐小萍	6500	45
苏炜	6224	36.72
许达	7500	75
黄霞萍	7411	72.33
刘丽华	5620	18.6
杨艳明	7006	60.18
高英	9600	250
吕武	6502	45.06
李悦	5222	6.66

01月 02月 03月 04月 05月 06月 07月

◎下载/初始文件/第 12 章/工资数据.xlsx

求和项:值	列标签	
行标签	个税	税前工资
包辉明	13.56	10452
蔡齐像	76.83	7561
董舒萍	250	9600
高刚	6.66	5222
高明华	42.06	6402
高无忧	11.01	5367
高小兰	76.83	7561
高英	250	9600
高硫燊	220.02	15213
黄辉明	183.09	26103
黄天力	36.72	6224
黄霞萍	132.51	14417
李悦	256.66	14822
刘丽华	287.2	20840
罗骏	84.18	17066
罗娅维	83.73	17051
吕武	45.06	10762
马梓	40.62	6354
秦玉邦	143.7	8537

Sheet1 01月 02月 03月 04月 05月

◎下载/最终文件/第 12 章/工资数据.xlsx

图 12-1   利用单个页字段多重合并计算数据透视表的前后效果对比

其具体操作步骤如下。

Step01 打开素材文件，❶依次按【Alt】、【D】和【P】键，打开"数据透视表和数据透视图向导"对话框，选中"多重合并计算数据区域"单选按钮，❷单击"下一步"按钮，如图 12-2 所示。

Step02 ❶在打开的对话框中选中"创建单页字段"单选按钮，❷单击"下一步"按钮，如图 12-3 所示。

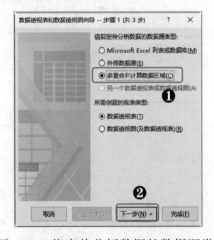

图 12-2　指定待分析数据的数据源类型

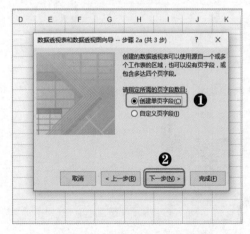

图 12-3　指定所需页字段数目

Step03 在打开的对话框中单击"选定区域"文本框右侧的折叠按钮，如图 12-4 所示。

Step04 ❶在"01 月"工作表中选择数据分析所需的单元格区域，❷单击对话框的"展开"按钮，如图 12-5 所示。

图 12-4　单击折叠按钮

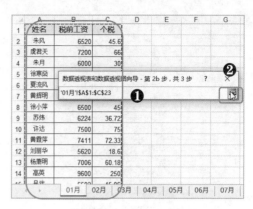

图 12-5　选定区域

Step05 在展开的对话框中单击"添加"按钮，将选定区域添加到"所有区域"列表框内，如图 12-6 所示。

Step06 ❶运用同样的方法单击"选定区域"文本框右侧的折叠按钮，在"02 月"、"03 月"工作表中选择数据分析所需的单元格区域，单击对话框的"展开"按钮，在展开的对话框中单击"添加"按钮，将选定区域添加到"所有区域"列表框内，❷单击"下一步"按钮，如图 12-7 所示。

图 12-6　添加选定区域

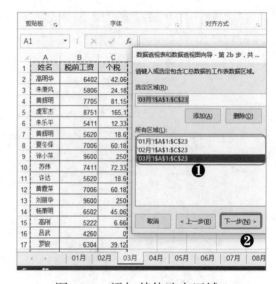

图 12-7　添加其他选定区域

Step07 在打开的对话框中选中"新工作表"单选按钮，单击"完成"按钮，即可为选定的单元格区域创建数据透视表，如图 12-8 所示。

Step08 在数据透视表中，个税和税前工资总计项是没有任何意义的，❶可以在"数据透视表工具 设计"选项卡的"布局"组中单击"总计"下拉按钮，❷选择"仅对行启用"选项将其删除，如图 12-9 所示。

图 12-8　为选定区域创建数据透视表

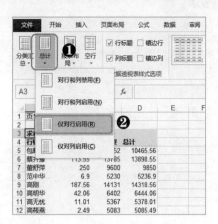

图 12-9　删除"总计"项

提个醒：修改页字段标题和名称

　　在本例创建的数据透视表的页选项中，系统会默认设置为"项 1、项 2……"，页字段会被默认命名为"页 1"，如图 12-10 所示。一段时间后可能就不知道页字段中各项代表什么意思，因而在数据透视表创建后，需要修改页字段的标题和字段名称。

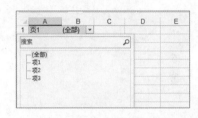

图 12-10　系统默认字段标题名称

12.1.3　自定义页字段也可以对区域进行有效分组

　　在创建多重合并计算数据透视表时，可能需要对创建数据透视表中的数据区域进行分组，例如需要将公司销售人员一年的销售记录分为 4 个季度、上半年和下半年等。

（1）多区域分组可使数据透视表更灵活

　　两个页字段多重合并计算数据透视表，就是在数据透视表中有两个页字段，这两个页字段一般用于对数据源区域进行分组，例如将销售额按年、季度进行分组，因此多区域分组可以使得数据透视表更加灵活。

 [分析实例]——分年和季度分析员工薪资

　　某公司在工资数据表中记录了公司近 3 年的员工工资，并将每月的工资数据记录在一个单独的工作表中，以"年-月"的格式命名，现在需要分析每个员工的工资情况。

　　下面以使用数据透视表分析每个员工工资情况为例，讲解多区域分组的相关操作。如图 12-11 所示为创建两个页字段多重合并计算数据透视表前后效果对比。

▲	A	B	C	D	E	F	G	H
1	姓名	基本工资	福利总额	考勤扣除	奖金总额			
2	张英	¥ 4,500.00	¥ 837.00	¥ 70.00	¥ 7,973.00			
3	李小小	¥ 2,500.00	¥ 465.00	¥ 20.00	¥ 9,714.00			
4	薛敏	¥ 2,500.00	¥ 465.00	¥ -	¥ 5,621.00			
5	赵杰	¥ 2,500.00	¥ 465.00	¥ -	¥ 4,728.00			
6	钟亭亭	¥ 2,500.00	¥ 465.00	¥ 90.00	¥ 7,112.00			
7	刘岩	¥ 5,000.00	¥ 930.00	¥ 40.00	¥ 9,072.00			
8	赵磊	¥ 3,000.00	¥ 558.00	¥ 70.00	¥ 9,859.00			
9	张伟	¥ 3,000.00	¥ 558.00	¥ 50.00	¥ 8,143.00			
10	高欢	¥ 3,000.00	¥ 558.00	¥ 60.00	¥ 5,264.00			
11	钟莹	¥ 3,000.00	¥ 558.00	¥ 40.00	¥ 6,053.00			
12	李孝英	¥ 3,000.00	¥ 558.00	¥ 30.00	¥ 2,897.00			
13	岳少峰	¥ 5,000.00	¥ 930.00	¥ 20.00	¥ 5,889.00			
14	曹密	¥ 2,500.00	¥ 465.00	¥ 60.00	¥ 2,677.00			

2017-10 | 2017-11 | 2017-12 | 20 …

◎下载/初始文件/第 12 章/工资报表.xlsx

▲	A	B	C	D	E	F	G	H	I
1	年份	(全部) ▼							
2	季度	(全部) ▼							
3									
4	求和项:值	列标签 ▼							
5	行标签 ▼	福利总额	基本工资	奖金总额	考勤扣除	总计			
6	曹密	5580	30000	71093	780	107453			
7	高欢	6696	36000	68267	750	111713			
8	胡艳	6696	36000	77892	550	121138			
9	李小小	5580	30000	59310	610	95500			
10	李孝英	6696	36000	62675	700	106071			
11	刘岩	11160	60000	76879	550	148589			
12	薛敏	5580	30000	61254	570	97404			
13	杨娟	4464	24000	59758	560	88782			
14	杨晓莲	4464	24000	72051	740	101255			
15	余婷	5580	30000	53197	420	89157			

Sheet1 | 2017-10 | 2017-11 | 2017-12 | 2018-1 | 2 …

◎下载/最终文件/第 12 章/工资报表.xlsx

图 12-11　创建两个页字段多重合并计算数据透视表的前后效果对比

其具体操作步骤如下。

Step01 打开素材文件，❶依次按【Alt】、【D】和【P】键，打开"数据透视表和数据透视图向导"对话框，选中"多重合并计算数据区域"单选按钮，❷单击"下一步"按钮，如图 12-12 所示。

Step02 ❶在打开的对话框中选中"自定义页字段"单选按钮，❷单击"下一步"按钮，如图 12-13 所示。

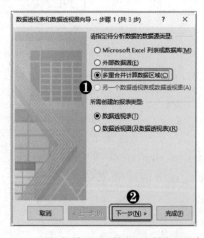

图 12-12　指定待分析数据的数据源类型

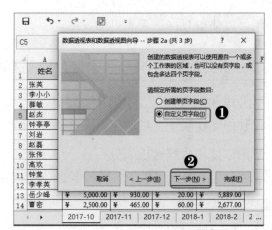

图 12-13　指定所需页字段数目

Step03 在打开的对话框中单击"选定区域"文本框右侧的折叠按钮，如图 12-14 所示。

Step04 ❶选择"2017-10"工作表中任意单元格区域，按【Ctrl+A】组合键，❷单击对话框的"展开"按钮，如图 12-15 所示。

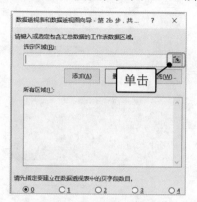

图 12-14　单击折叠按钮　　　　　　　　图 12-15　选定区域

Step05 在展开的对话框中单击"添加"按钮，将选定区域添加到"所有区域"列表框内，如图 12-16 所示。

Step06 运用同样的方法单击"选定区域"右侧的折叠按钮，在"2017-11、2017-12、2018-1、2019-1……"工作表中选择所有单元格区域，单击对话框的"展开"按钮，在展开的对话框中单击"添加"按钮，将选定区域添加到"所有区域"列表框内，如图 12-17 所示。

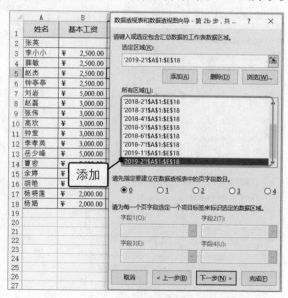

图 12-16　添加选定区　　　　图 12-17　添加所有选定区域到"所有区域"列表框

Step07 在"请先指定要建立在数据透视表中的页字段数目"栏中选中"2"单选按钮，如图 12-18 所示。

Step08 ❶选择"所有区域"列表框中的第一项，❷在"字段 1"组合框中输入"2017"

文本，在"字段 2"组合框中输入"四季度"文本，如图 12-19 所示。

图 12-18　指定页字段数目

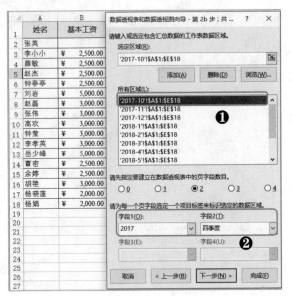

图 12-19　设置项目标签

Step09 按照第 8 步的方法，依次将每一个区域设置页字段数据标签，重复的标签可以直接在下拉列表中选择，依次单击"下一步"、"完成"按钮，如图 12-20 所示。

Step10 在建立的数据透视表中，将第一个字段标题更改为"年份"，将第二个字段标题更改为"季度"，如图 12-21 所示。

图 12-20　为所有区域设置项目标签

图 12-21　更改页字段标题

知识延伸 *打开"数据透视表和数据透视导向图"对话框*

在本例中打开"数据透视表和数据透视图向导"对话框使用的是快捷键方式，除此之外，用户还可以单击"文件"选项卡，单击"选项"按钮，在打开对话框中的"快速访问工具栏"选项卡的"从下列位置选择命令"下拉列表框中选择"不在功能区中的命令"选项。在其下面的列表中选择"数据透视表和数据透视图向导"命令，依次单击"添加"和"确定"按钮即可在快速访问工具栏中查找使用，如图12-22所示。

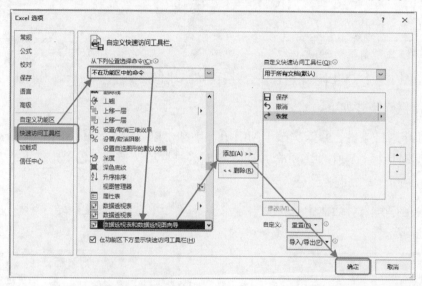

图 12-22　将"数据透视表和数据透视图向导"命令添加到快速访问工具栏

（2）只合并计算各区域数据就行

在使用数据透视表进行多区域数据分析时，如果这些区域中的数据结构完全相同，但又没有明显的分界。例如一个区域中记录的原始数据，而另一区域中记录的是补充说明数据，那么这两部分就没有必要进行分类统计了，也没有必要添加页字段了。

[分析实例]——使用数据透视表合并分析多个区域中的数据

某公司在春节期间家电促销，由于销售量较大，事情比较多，因而只统计了部分的销售情况。之后通过对照发票对一些遗漏的数据进行了补充，现在公司需要对所有春节期间销售数据进行统计。

下面以使用数据透视表分析春节期间的销售数据为例，讲解使用数据透视表合并分析多个区域数据的相关操作。如图12-23所示为利用数据透视表合并分析春节期间销售数据前后效果对比。

◎下载/初始文件/第 12 章/销售数据.xlsx   ◎下载/最终文件/第 12 章/销售数据.xlsx

图 12-23　利用数据透视表合并分析春节期间销售数据前后效果对比

其具体操作步骤如下。

Step01 打开素材文件，❶依次按【Alt】、【D】和【P】键，打开"数据透视表和数据透视图向导"对话框，选中"多重合并计算数据区域"单选按钮，❷单击"下一步"按钮，如图 12-24 所示。

Step02 ❶在打开的对话框中选中"自定义页字段"单选按钮，❷单击"下一步"按钮，如图 12-25 所示。

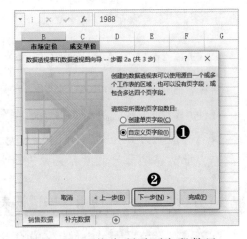

图 12-24　指定待分析数据的数据源类型　　图 12-25　指定所需页字段数目

Step03 在打开的对话框中将"销售数据"和"补充数据"工作表中的分析数据添加到"所有区域"列表框中，依次单击"下一步"按钮和"完成"按钮，如图 12-26 所示。

Step04 在新建的数据透视表中即可查看各个家电在春节期间的销售情况，如图 12-27 所示。

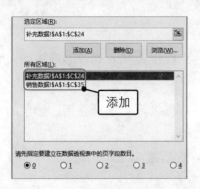

图 12-26　将选定区域添加到所有区域

图 12-27　建立数据透视表

12.1.4　合理使用页字段对比分析不同区域数据

在创建多重合并计算区域的数据透视表时，默认会对区域中的数据进行求和汇总，但在实际操作中可能并不需要进行汇总。可能需要对两个区域的数据进行比较分析、差异分析等。对于这些要求，在创建数据透视表后，用户可以通过对数据透视表进行重新布局、设置汇总方式和插入计算项或计算字段等操作来实现。

 [分析实例]——分析各项目利润逐月变化情况

某公司在利润数据表中记录了 2018 年一整年公司的各项业务营业利润的详细数据情况，为了调整公司的营业战略目标，需要在这些数据表的基础上分析各个项目与上一月相比较的变化情况。

下面以使用数据透视表分析公司利润变化为例，讲解使用页字段对比分析不同区域数据的相关操作。如图 12-28 所示为 2018 年分月利润及利润变化情况分析的前后效果对比。

◎下载/初始文件/第 12 章/分月利润表.xlsx　　◎下载/最终文件/第 12 章/分月利润表.xlsx

图 12-28　2018 年分月利润及利润变化情况分析的前后效果对比

其具体操作步骤如下。

Step01 打开素材文件，单击快速访问工具栏中的“数据透视表和数据透视图向导”按钮，如图 12-29 所示。

Step02 ❶在打开的对话框中选择“多重合并计算数据区域”单选按钮，❷单击“下一步”按钮，如图 12-30 所示。

图 12-29 通过快速访问工具栏打开对话框

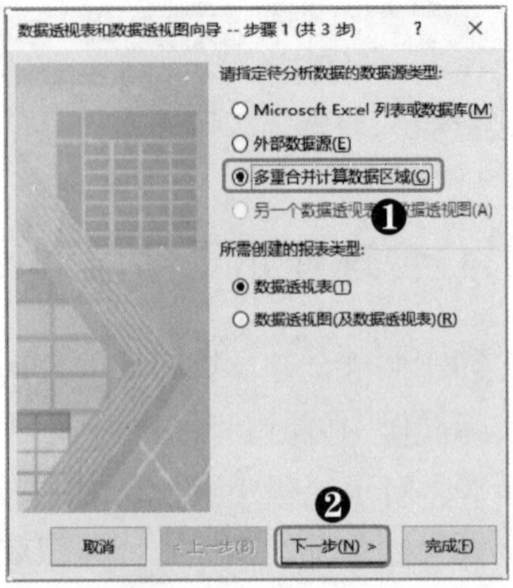

图 12-30 指定待分析数据的数据源类型

Step03 ❶在打开的对话框中选中“自定义页字段”单选按钮，❷单击“下一步”按钮，如图 12-31 所示。

Step04 在打开的对话框中依次将各月的利润数据区域添加到“所有区域”列表框中，如图 12-32 所示。

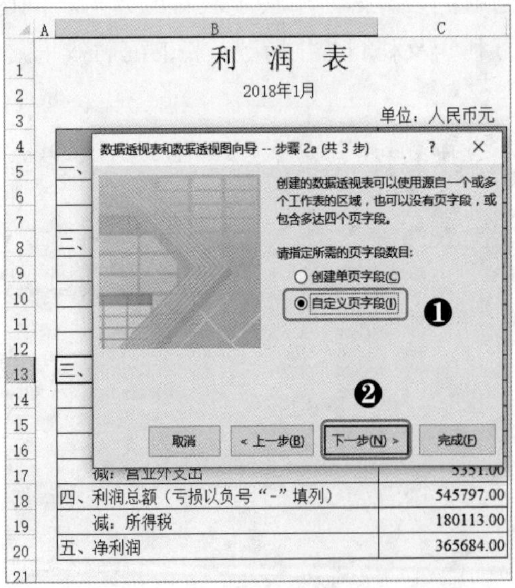

图 12-31 指定所需的页字段数目

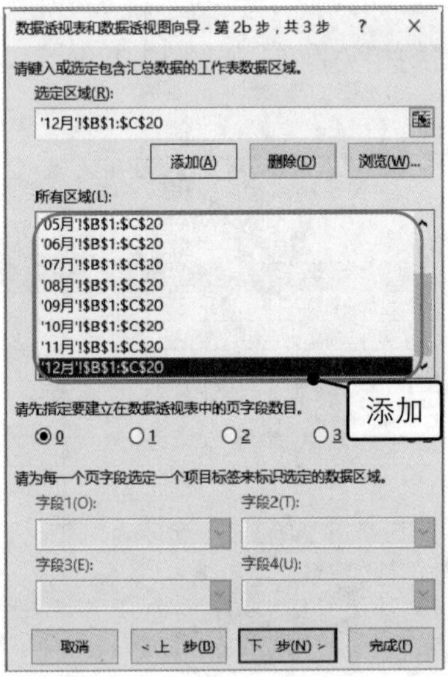

图 12-32 添加所有选定区域

Step05 ❶在“请先指定要建立在数据透视表中的页字段数目”栏中选中“1”单选按钮，

❷选择"所有区域"列表框的第一项，❸在"字段 1"组合框中输入"01 月"文本，如图 12-33 所示。

Step06 ❶再用前一步的方法，依次为"所有区域"列表框中的各项设置"字段 1"文本，其值与区域工作表名称相同，❷单击"下一步"和"完成"按钮，如图 12-34 所示。

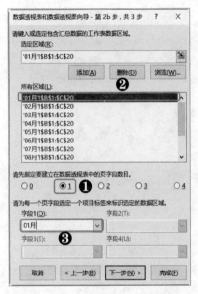

图 12-33　指定页字段数目

图 12-34　为所有区域设置项目标签

Step07 ❶在创建好的数据透视表中，将页字段的标题更改为"月份"，❷将行标签更改为"项目"，调整项目次序，如图 12-35 所示。

Step08 在"数据透视表字段"窗格中将"月份"字段添加到列字段区域，如图 12-36 所示。

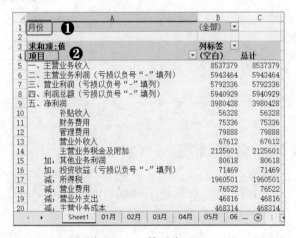

图 12-35　修改标签

图 12-36　重新布局字段

Step09 ❶在数据透视表的值区域右击任意单元格，❷在弹出的快捷菜单中选择"值显示方式/差异百分比"命令，如图 12-37 所示。

Step10 ❶在打开的"值显示方式"对话框的"基本字段"下拉列表框中选择"月份"选项,在"基本项"下拉列表框中选择"(上一个)"选项,❷单击"确定"按钮即可完成,如图 12-38 所示。

图 12-37 打开"值显示方式"对话框

图 12-38 设置值显示方式

Step11 ❶单击"项目"标签右侧的筛选按钮,在打开的筛选器中将一些没有分析意义的字段的复选框取消选中,❷单击"确定"按钮,如图 12-39 所示。

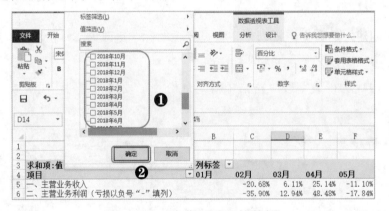

图 12-39 隐藏不需要的数据

12.1.5 不同工作簿中的数据也可以合并计算

在进行数据分析时,可能不仅仅有当前工作簿中的数据,还会有其他工作簿中的数据,两者都是可以使用数据透视表进行多重合并计算的。

对不同工作簿中的数据进行多重合并计算的方法与对同一工作表不同区域的数据进行多重合并计算的方法基本是一样的。只需要打开所有工作表,在选择单元格区域的时候直接选择其他工作簿或工作表中的单元格即可。若各工作簿的结构、区域位置等都相同,则可以只打开一张原始数据工作簿,选择该工作簿中的区域后进行修改工作簿名称添加其他工作簿中的区域即可。

 [分析实例]——汇总分析不同城市的销售情况

　　某公司使用 Excel 工作簿报告了 5 个城市的销售情况，且 5 个城市的数据都不在一个工作簿中，现在需要对这 5 个城市的销售情况进行汇总分析。

　　下面以使用数据透视表汇总分析销售公司 5 个城市的销售量为例，讲解将不同工作簿中的数据进行合并计算的相关操作。如图 12-40 所示为汇总不同城市销售情况的前后效果对比。

◎下载/初始文件/第 12 章/销售数据表/

◎下载/最终文件/第 12 章/销售数据表/

图 12-40　汇总不同城市销售情况的前后效果对比

　　其具体操作步骤如下。

Step01 打开素材文件夹中的"广州"和"分析"工作簿，在"分析"工作簿中单击快速访问工具栏中的"数据透视表和数据透视图向导"按钮，如图 12-41 所示。

Step02 ❶在打开的对话框中选中"多重合并计算数据区域"单选按钮，❷单击"下一步"按钮，如图 12-42 所示。

图 12-41　通过快速访问工具栏打开对话框　图 12-42　指定待分析数据的数据源类型

Step03 ❶在打开的对话框中选中"自定义页字段"单选按钮，❷单击"下一步"按钮，如图 12-43 所示。

Step04 在打开的对话框中单击"选定区域"文本框右侧的折叠按钮，激活"广州"工作簿，在该工作簿中选择数据区域，如图 12-44 所示。

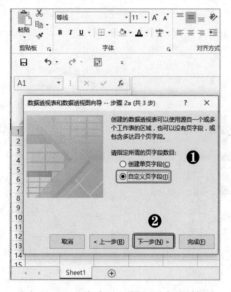

图 12-43　指定所需的页字段数目　　　　图 12-44　选择数据区域

Step05 单击"展开"按钮，在对话框中单击"添加"按钮，将所选区域添加到"所有区域"列表框中，如图 12-45 所示。

Step06 ❶将"选定区域"文本框中地址中的工作簿名称修改为其他工作簿名称，❷依次将其余 4 个城市数据添加到"所有区域"列表框中，如图 12-46 所示。

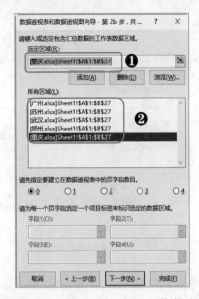

图 12-45　将选定区域添加到所有区域　　图 12-46　修改地址中的工作簿名称

Step07 ❶在"请先指定要建立在数据透视表中的页字段数目"栏中选中"1"单选按钮，❷选择"所有区域"列表框中的第一项，❸在"字段 1"组合框中输入"广州"文本，如图 12-47 所示。

Step08 ❶再使用第 7 步的方法，依次为"所有区域"列表框中的各项设置"字段 1"文本，其值与城市名称对应，❷单击"下一步"按钮，如图 12-48 所示。

图 12-47　指定页字段数目　　　　　图 12-48　为所有区域设置项目标签

Step09 ❶在打开的对话框中选中"现有工作表"单选按钮，❷选择工作表中的 A1 单元格，❸单击"完成"按钮，如图 12-49 所示。

Step10 在建立的数据透视表中将列标签更改为"城市"，打开"数据透视表字段"窗格，将"城市"字段添加到列字段区域,进行重新布局,如图 12-50 所示。

图 12-49　建立数据透视表

图 12-50　调整布局

 提个醒:使用多重合并计算区域创建的数据透视表更改数据源

使用多重合并计算区域创建的数据透视表,不能直接单击"数据透视表工具 分析"选项卡中的"更改数据源"下拉按钮,选择"更改数据源"命令,单击该命令会出现如图 12-51 所示的提示对话框。想要更改数据源需采用上例中创建数据透视表的方法,即在"数据透视表和数据透视图向导-第 2b 步"对话框的"所有区域"列表框进行修改。

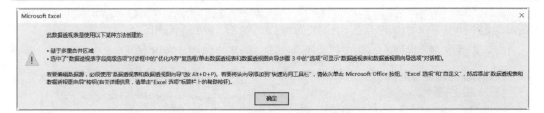

图 12-51　更改数据源提示对话框

12.2　多列文本的列表也可以合并分析

使用多重合并计算区域创建的数据透视表,要求这些数据区域只能在第一行和第一列存在文本数据。但在实际使用中,许多数据区域在其他行或者其他列都可能会存在文本数据,符合条件的较少。而且制作出的数据透视表只有 4 个字段,很难查看和分析更多信息。

为了解决这些问题,用户可以通过连接的方式将这些列表连在一起分析,而且还可以使用 SQL 语句进行更详细的设置。

12.2.1　像数据库表一样进行列表区域操作

通过连接列表+SQL 语句进行多个区域的数据分析,实则是一种将列表当作数据库表进行操作的方法。

 [分析实例]——分析 1 月和 2 月销售数据

某公司记录了 1～2 月各个员工的销售明细，公司为了要对部分员工进行奖励，因而需要使用数据透视表对这两个月员工的销售数据进行分析。

在使用连接时，一般情况下一次只能够连接上一个单元格区域，如果想要连接多个区域，则需要使用 SQL 语句选择多个区域，然后使用 Union All 关键字将这些数据合并在一起，例如本例将其连接起来为：

Select * from ['1月$']

Union All

Select * from ['2月$']

下面以使用数据透视表分析 1 月和 2 月的销售数据为例，讲解通过连接列表+SQL 语句分析多个区域的数据的相关操作。如图 12-52 所示为销售数据源与数据分析结果效果对比。

	A	B	C	D	E	F	G	H	I
1	员工编号	姓名	销售日期	规格型号	单价	销售数量	销售数额		
2	0001	王洁洁	2019/2/1	6030	1100	8	8800		
3	0003	曾艾	2019/2/2	6255	1660	3	4980		
4	0005	张梦	2019/2/3	6170	1770	9	15930		
5	0001	王洁洁	2019/2/4	3100	750	7	5250		
6	0005	张梦	2019/2/5	6030	1100	7	7700		
7	0004	鲜东东	2019/2/9	3100	750	9	6750		
8	0005	张梦	2019/2/10	3100	750	6	4500		
9	0002	高天松	2019/2/11	3100	750	7	5250		
10	0003	曾艾	2019/2/12	6021	1650	3	4950		
11	0001	王洁洁	2019/2/13	6670	2500	2	5000		
12	0004	鲜东东	2019/2/14	6670	2500	9	22500		
13	0002	高天松	2019/2/15	6670	2500	7	17500		

1月 2月

◎下载/初始文件/第 12 章/销售数据分析.xlsx

	A	B	C	D	E	F	G	H	I
1									
2									
3	求和项:销售数额		列标签 ▼						
4	行标签 ▼		(空白)	1月	2月	总计			
5	曾艾			20180	27150	47330			
6	高天松			30620	108490	139110			
7	王洁洁			21150	24250	45400			
8	鲜东东			15000	31450	46450			
9	张梦			12440	28130	40570			
10	(空白)								
11	总计			99390	219470	318860			

Sheet1 1月 2月

◎下载/最终文件/第 12 章/销售数据分析.xlsx

图 12-52 销售数据源与数据分析结果效果对比

其具体操作步骤如下。

Step01 打开素材文件，单击"数据"选项卡"获取外部数据"组中的"现有连接"按钮，如图 12-53 所示。

Step02 在打开的"现有连接或表格"对话框中单击"浏览更多"按钮，如图 12-54 所示。

图 12-53 打开对话框

图 12-54 新建连接

Step03 ❶在打开的"选取数据源"对话框中查找选择"销售数据分析"工作簿，❷单击"打开"按钮，如图 12-55 所示。

Step04 ❶在打开的"选取表格"对话框中选择任意一个选项，❷单击"确定"按钮，如图 12-56 所示。

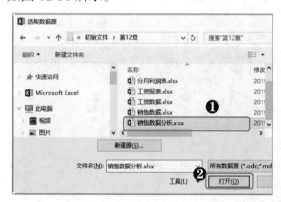

图 12-55 选取数据源

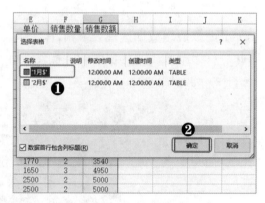

图 12-56 选择表格

Step05 ❶在打开的"导入数据"对话框中选中"数据透视表"单选按钮，❷选中"新工作表"单选按钮，❸单击"属性"按钮，如图 12-57 所示。

Step06 ❶在打开的"连接属性"对话框中单击"定义"选项卡，❷在"命令文本"文本框中输入 SQL 语句，依次单击"确定"按钮，如图 12-58 所示。

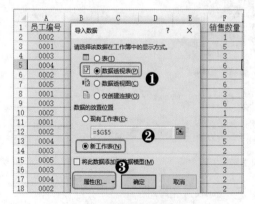

图 12-57 设置数据显示方式

图 12-58 设置连接属性

Step07 在建立的数据透视表中的"数据透视表字段"窗格设置数据透视表布局，如图
12-59 所示。

Step08 ❶在数据透视表值区域选择任意单元格，右击，❷在弹出的快捷菜单中选择"值
汇总依据/求和"命令，如图 12-60 所示。

图 12-59　布局数据透视表

图 12-60　设置值汇总依据

Step09 ❶在数据透视表中选择任意列字段，❷在"数据透视表工具 分析"选项卡的"分
组"组中单击"组选择"按钮，如图 12-61 所示。

Step10 ❶在打开的"组合"对话框中的"步长"列表框中选择"月"选项，❷单击"确
定"按钮即可完成，如图 12-62 所示。

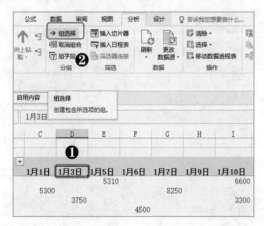

图 12-61　打开"组合"对话框

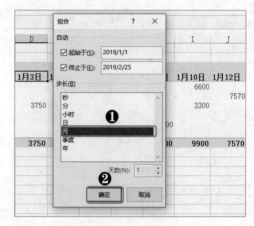

图 12-62　设置步长

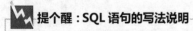

提个醒：SQL 语句的写法说明

　　SQL 语句的写法比较随意，不区分大小写、换行和空格等，也没有太严格的要求，既可以像
上面一样将每一句写在单独的一行，也可以将所有的语句按照次序写在同一行中，这些写法的最
终效果是完全相同的。

12.2.2 导入数据也可以添加新字段

使用连接+SQL 语句创建的数据透视表，表中的字段都是原有的数据字段，用户也可以根据需要添加新的字段。

如图 12-63 所示的素材文件中记录了全国各个区域城市的 GDP 统计数据，并使用数据透视表进行了数据统计分析。为了详细了解各地区经济发展情况，需要在数据透视表的中添加"区域"字段。

	A	B	C	D
1	城市	城市级别	GDP总量（亿元）	人均GDP（元）
2	北京	直辖一级	16000.40	81583.21
3	天津	直辖一级	11190.99	86495.57
4	石家庄	二级	4082.60	40168.09
5	秦皇岛	三级	1064.03	35614.82
6	唐山	三级	5442.40	71825.21
7	邯郸	四级	2787.40	30381.44
8	保定	五级	2450.00	21885.98
9	承德	五级	1100.80	31694.14
10	衡水	六级	929.00	21401.72
11	邢台	六级	1426.30	20077.10
12	张家口	六级	1125.00	25888.90
13	沧州	六级	2600.00	36444.92
14	廊坊	六级	1612.00	36982.32

图 12-63　全国各城市 GDP 统计数据

解决这个问题可以使用连接+SQL 语句的形式创建数据透视表，与上一节中的案例一样，只需在连接各区域的时候添加一个"区域"字段即可，如图 12-64 所示。

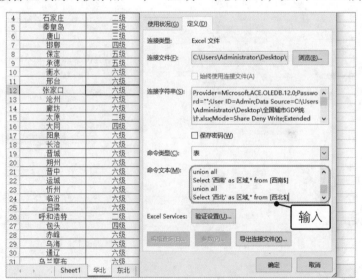

图 12-64　输入 SQL 语句

12.2.3 不是列表中的所有字段都必须导入

在使用连接+SQL 语句的形式创建数据透视表时，如果在部分数据列表中包含过多字段，且一些字段没有任何的分析价值，那么就不需要将列表中所有字段都导入到数据透视表中去。

 [分析实例]——对开票明细中的部分字段进行分析

某公司在开票明细表中记录了近两个月详细的商品开票明细，现在需要对其中有效的部分数据进行分析。

如果需要选择字段列表中的部分字段，则需要罗列这些字段名，例如在本例中选择"2019-1"表中添加了背景色的字段，只需使用以下 SQL 语句：

Select 日期,客户名称,商品名称,规格型号,

计量单位,数量,不含税单价,税率 from [2019-1$]

下面以使用数据透视表分析开票明细数据表中的有效数据为例，讲解选择性将列表中的字段导入到数据透视表中的相关操作。如图 12-65 所示为选取多个列表中的部分字段创建数据透视表前后效果对比。

	A 张数	B 日期	C 客户名称	D 商品名称	E 规格型号	F 计量单位	G 数量	H 不含税单价	I 不含税金额	J 税率
1										
2	1	2019/1/6	**市明珠商业企业集团有限公司	**特柔3层实心卷纸	1*10*900	件	6817	7.97	54,345.69	0.17
3	2	2019/1/9	**嘉利信得家具有限公司	装饰纸	1240	吨	4.81	10598.29	50,977.78	0.17
4	3	2019/1/10	**王文办公设备有限责任公司	装饰纸	1240	吨	0.894	11538.46	10,315.38	0.17
5	4	2019/1/10	**天宝购物中心有限责任公司	卫生纸	1*8	吨	0.81	10683.77	8,653.85	0.17
6	5	2019/1/10	**家具（福建）有限公司	装饰纸	1240	吨	20.41	8376.07	170,955.56	0.17
7	6	2019/1/10	**市中胜木业	装饰纸	1240	吨	8.71	9829.06	85,611.11	0.17
8	7	2019/1/18	**市福利教育器材厂	装饰纸	1240	吨	24.32	10598.29	257,750.43	0.17
9	8	2019/1/18	**华睿林彩色印刷有限公司	装饰纸	1240	吨	20.22	10598.29	214,297.44	0.17
10	9	2019/1/18	**华睿林彩色印刷有限公司	装饰纸	1240	吨	20.13	10598.29	213,343.59	0.17
11	10	2019/1/21	**市明珠商业企业集团有限公司	**特柔3层实心卷纸	1*8	件	30	184.27	5,528.21	0.17
12	11	2019/1/21	**三环装饰材料制造有限公司	装饰纸	1240	吨	16.14	10598.29	171,056.41	0.17
13	12	2019/1/21	**三环装饰材料制造有限公司	装饰原纸	1240	吨	11.12	7863.26	87,439.32	0.17
14	13	2019/1/21	**江博泰装饰材料有限责任公司	装饰纸	1240	吨	19.751	10867.20	214,638.13	0.17

2019-1 Sheet1 2019-2 ⊕

◎下载/初始文件/第 12 章/开票明细.xlsx

	A	B	C	D	E	F	G
2							
3	行标签	不含税单价	数量	不含税金额			
4	⊟**特柔3层实心卷纸	313.1349029	21368	6691066.606			
5	**市明珠商业企业集团有限公司	313.1349029	21368	6691066.606			
6	⊟卫生纸	60288.845	73.0768	4405715.868			
7	**东嘉美洁商贸有限公司	19331.78312	37.9848	734313.9153			
8	**口市福隆超市连锁有限公司	17323.70742	12.852	222644.2878			
9	**市华联商厦有限公司	12067.44326	11.62	140223.6907			
10	**天宝购物中心有限责任公司	11565.9112	10.62	122829.977			
11	⊟装饰原纸	131750.9897	706.09	93028056.34			
12	**宏基木业有限公司	7863.247955	19.56	153805.13			
13	**家具有限公司	10249.17075	46.78	479456.2079			
14	**闽湖实业有限公司	12930.17733	69.36	896837.0994			
15	**三环装饰材料制造有限公司	11210.84851	37.24	417491.9984			
16	**盛世双龙印刷有限公司	15381.01	44.52	684762.5654			
17	**市恒源纸业有限公司	24195.88207	128.7	3114010.023			
18	**市钱泰印务有限公司	15165.43616	27.03	409921.7394			
19	**县远洋木业有限公司	13718.59501	177.64	2436971.217			
20	**销售	7785.960193	101.74	792143.59			
21	**信和板材厂	13250.66175	53.52	709175.4166			
22	⊟装饰纸	237541.5533	535.344	127166445.3			
23	**法迪尼工贸有限公司	21196.58204	3.23	68464.96			

2019-1 Sheet1 2019-2 ⊕

◎下载/最终文件/第 12 章/开票明细.xlsx

图 12-65　选取多个列表中的部分字段创建数据透视表前后效果对比

其具体操作步骤如下。

Step01 打开素材文件，单击"数据"选项卡的"获取外部数据"组中的"现有连接"按钮，如图 12-66 所示。

Step02 在打开的"现有连接或表格"对话框中单击"浏览更多"按钮，如图 12-67 所示。

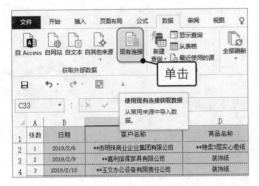

图 12-66　打开对话框

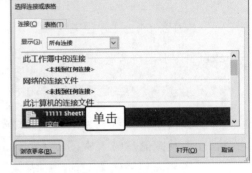

图 12-67　新建连接

Step03 ❶在打开的"选取数据源"对话框中选择"开票明细"工作簿，❷单击"打开"按钮，如图 12-68 所示。

Step04 ❶在打开的"选取表格"对话框中选择任意一个选项，❷单击"确定"按钮，如图 12-69 所示。

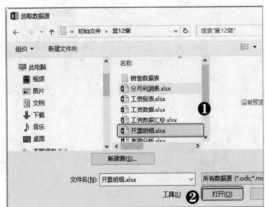

图 12-68　选取数据源

图 12-69　选择表格

Step05 ❶在打开的"导入数据"对话框中选中"数据透视表"单选按钮，❷选中"新工作表"单选按钮，❸单击"属性"按钮，如图 12-70 所示。

Step06 在打开的"连接属性"对话框单击"定义"选项卡，❷在"命令文本"文本框中输入 SQL 语句，依次单击"确定"按钮，如图 12-71 所示。

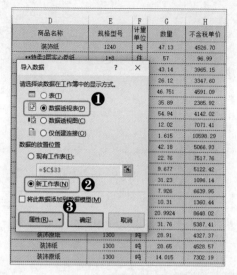

图 12-70　设置数据显示方式和放置位置　　　　图 12-71　设置连接属性

Step07 在建立的数据透视表的"数据透视表字段"窗格中设置数据透视表的布局，如图 12-72 所示。

Step08 ❶在"数据透视表工具 分析"选项卡的"计算"组中单击"字段、项目和集"下拉按钮，❷选择"计算字段"命令，如图 12-73 所示。

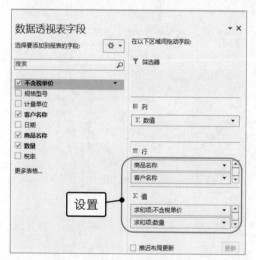

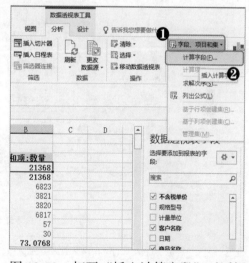

图 12-72　布局数据透视表　　　　　图 12-73　打开"插入计算字段"对话框

Step09 ❶打开"插入计算字段"对话框，在"名称"文本框输入"不含税金额"文本，在"公式"文本框输入"=不含税单价*数量"公式，❷单击"添加"按钮，❸单击"确定"按钮，如图 12-74 所示。

Step10 按【Ctrl+H】组合键，打开"查找和替换"对话框，通过查找和替换功能将"求和项："全部替换为空格，如图 12-75 所示。

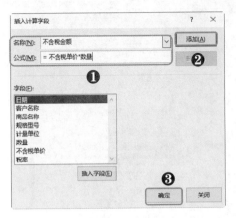

图 12-74 添加"不含税金额"项

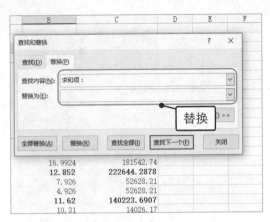

图 12-75 将"求和项："替换为空格

12.2.4 分析数据还可以做到自动排除重复项

在利用数据透视表进行数据分析时，如果出现数据重复的情况，数据透视表也会将每一条记录视为一个统计数据，因此在许多情况下是不合适的。

如图 12-76 所示为某公司使用记录的 1～2 月的商品销售明细，现在需要对客户购买的商品种数和购买商品的客户数进行统计。

张数	日期	客户名称	商品名称	规格型号	计量单位	数量	不含税单价	不含税金额	税率
1	2019/1/6	**市明珠商业企业集团有限公司	**特柔3层实心卷纸	1*10*900	件	6817	7.97	54,345.69	0.17
2	2019/1/9	**嘉利信得家具有限公司	装饰纸	1240	吨	4.81	10598.29	50,977.78	0.17
3	2019/1/10	**玉文办公设备有限责任公司	装饰纸	1240	吨	0.894	11538.46	10,315.38	0.17
4	2019/1/10	**天宝购物中心有限公司	卫生纸	1*8	吨	0.81	10683.77	8,653.85	0.17
5	2019/1/10	**家具（福建）有限公司	装饰纸	1240	吨	20.41	8376.07	170,955.56	0.17
6	2019/1/16	**市中胜木业	装饰纸	1240	吨	8.71	9829.06	85,611.11	0.17
7	2019/1/18	**市福利教育器材厂	装饰纸	1240	吨	24.32	10598.29	257,750.43	0.17
8	2019/1/18	**华睿林彩色印刷有限公司	装饰纸	1240	吨	20.22	10598.29	214,297.44	0.17
9	2019/1/18	**华睿林彩色印刷有限公司	装饰纸	1240	吨	20.13	10598.29	213,343.59	0.17
10	2019/1/21	**市明珠商业企业集团有限公司	**特柔3层实心卷纸	1*8	件	30	184.27	5,528.21	0.17
11	2019/1/21	**三环装饰材料制造有限公司	装饰纸	1240	吨	16.14	10598.29	171,056.41	0.17
12	2019/1/21	**三环装饰材料制造有限公司	装饰原纸	1240	吨	11.12	7863.25	87,439.32	0.17
13	2019/1/21	**江恒泰装饰材料有限责任公司	装饰纸	1240	吨	19.751	10867.20	214,638.13	0.17
14	2019/1/21	**家具有限公司	装饰原纸	1300	吨	10.89	7863.25	85,630.77	0.17

2019-1 | 2019-2

图 12-76 商品销售数据明细

想要统计客户购买的商品种数和购买商品的客户数，只需要在数据源表格中选择"客户名称"和"商品名称"两个字段，且这两个字段值是不完全相同的记录，再使用 SQL 语句选择出这两个字段，利用 Union 关键字连接两个区域即可，如 12-77 左图所示。

创建数据透视表后，再进行布局设置，即可分析客户购买商品的种数和商品的客户数，如 12-77 右图所示。

图 12-77　使用 SQL 语句连接后分析数据

12.3　关联数据一表打尽

由于使用多重合并计算区域创建数据透视表时，要求这些数据区域只能在第一行和第一列存在文本数据，很少有符合条件的数据列表。这可能因为相关的数据不在同一数据表、相关数据列表又不能完全对应等。

12.3.1　将多表相关数据汇总到一张表格中

在进行数据统计分析时经常可能会遇到在一个工作表中记录了一些数据，在另一个工作表中记录了另外一些数据，且这些数据之间存在公共字段。对于这种情况，用户可以通过 Microsoft Query 导入数据创建数据透视表进行数据分析。

使用 Excel 自带的 Microsoft Query 工具从多个关联的数据透视表中查询出数据，然后再以这些数据创建数据透视表即可。

> **提个醒：Microsoft Query 使用说明**
>
> 在第一次使用 Microsoft Query 工具导入 Excel 工作簿中的数据时，可能会出现"数据源中没有包含可见的表格"提示对话框，在"查询向导-选择列"对话框也没有表格和列可供选择，只需单击"选项"按钮并选中"系统表"复选框即可解决。

[分析实例]——统计员工工资

某公司使用多张工作表记录了各个员工的信息以及工资明细，为了方便进行统计，现在需要将这些数据汇总到同一张数据透视表中进行分析。

下面以使用数据透视表汇总员工信息及工资明细为例，讲解将多张工作表汇总到同一张数据透视表的相关操作。如图 12-78 所示为统计员工信息以及工资明细的前后效果对比。

◎下载/初始文件/第 12 章/工资数据汇总.xlsx

	A	B	C	D	E	F	G
1							
2							
3	行标签 ▼		求和项:奖金		求和项:工资	求和项:福利	
4	白芳芳		634		6951	713	
5	曾寒杰		470		6204	602	
6	李霖		593		7782	652	
7	刘玉		675		4363	813	
8	欧阳妮娜		798		7065	176	
9	上官彤		388		9677	479	
10	王含璨		716		8629	572	
11	王萍萍		347		7716	563	
12	吴涛涛		757		7263	104	
13	张华华		429		7527	903	

部门情况 Sheet1 明细工资 个税

◎下载/最终文件/第 12 章/工资数据汇总.xlsx

图 12-78 统计员工信息以及工资明细的前后效果对比

其具体操作步骤如下。

Step01 打开素材文件，❶单击"数据"选项卡的"获取外部数据"组中的"自其他来源"下拉按钮，❷选择"来自 Microsoft Query"命令，如图 12-79 所示。

Step02 ❶在打开的"选择数据源"对话框中选择"Excel Files*"选项，❷单击"确定"按钮，如图 12-80 所示。

图 12-79 打开"选择数据源"对话框   图 12-80 选择数据源

Step03 ❶在"选择工作簿"的对话框中选择"工资数据汇总"工作簿，❷单击"确定"
按钮，如图 12-81 所示。

Step04 在打开的提示对话框中单击"确定"按钮，如图 12-82 所示。

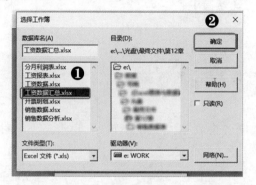

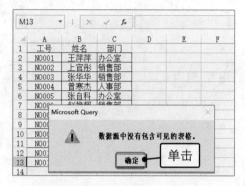

图 12-81　选择工作簿　　　　　　　　　图 12-82　关闭提示对话框

Step05 在打开的对话框中单击"选项"按钮，如图 12-83 所示。

Step06 ❶在"表选项"对话框中选中"系统表"复选框，❷单击"确定"按钮，如图 12-84
所示。

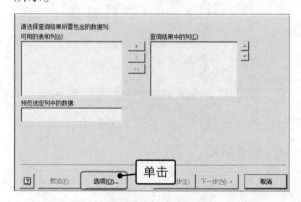

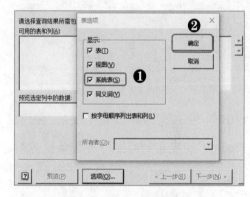

图 12-83　打开"表选项"对话框　　　　　　图 12-84　添加系统表

Step07 ❶在"查询导向-选择列"对话框中将各表中所需的列添加到"查询结果中的列"
列表框中，❷单击"下一步"按钮，如图 12-85 所示。

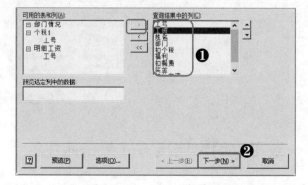

图 12-85　将所需的列添加到"查询结果中的列"列表框中

Step08 在打开的提示对话框中单击"确定"按钮，如图 12-86 所示。

图 12-86　关闭提示对话框

Step09 在打开的对话框中，拖动"工号"字段名称，将各表中的"工号"字段连接在一起，关闭对话框，如图 12-87 所示。

Step10 ❶在"导入数据"对话框中选中"数据透视表"和"新工作表"单选按钮，❷单击"确定"按钮，如图 12-88 所示。

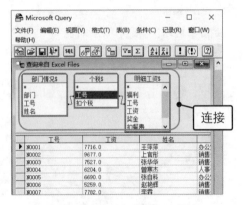

图 12-87　连接工作表

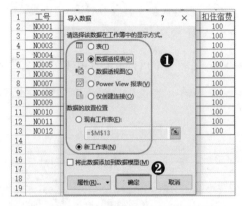

图 12-88　导入数据创建数据透视表

Step11 在数据透视表的"数据透视表字段"窗格中设置布局，如图 12-89 所示。

Step12 完成布局后即可进行数据分析，如图 12-90 所示。

图 12-89　布局数据透视表

图 12-90　数据分析

12.3.2　记录不一致可以编辑连接方式来确定主次

在使用多个相关联数据进行分析的时候，用作连接多个表的字段可以称为主键（对于当前表）和外键（对于连接表）。当连接两个表的主键和外键不能完全对应时，有些值可能只在主键存在，有些值可能只在外键存在。此时就需要使用编辑语言来确定如何连接这些数据。

[分析实例]——统计员工的考勤情况

某公司使用不同工作表记录了各个员工个人信息及缺勤情况，为了方便进行统计，现在需要将这些数据汇总到同一张数据透视表中进行分析。

下面以使用数据透视表分析员工的缺勤情况为例，讲解将不同工作表汇总连接分析的相关操作。如图 12-91 所示为统计员工信息以及考勤情况的前后效果对比。

姓名	性别	民族	身份证号码	生日	籍贯	参工时间	联系电话	部门
万田田	女	汉	357***19810123****	1981年01月23日	福建省	1999年2月2日	1304019****	行政中心
郭政	女	汉	619***19810507****	1981年05月07日	陕西省	1999年5月20日	1326943****	厂务部
刘雪	女	汉	641***19810106****	1981年01月06日	宁夏回族自治区	1999年6月12日	1329520****	采购部
曾花	男	汉	434***19810510****	1981年05月10日	湖南省	1999年8月23日	1323519****	厂务部
肖小	男	汉	116***19810528****	1981年05月28日	北京市	2000年1月10日	1368444****	采购部
刘旺	男	汉	429***19810720****	1981年07月20日	湖北省	2000年6月30日	1349547****	厂务部
李萍	女	汉	362***19810224****	1981年02月24日	江西省	2000年8月17日	1361987****	销售部
王哄	男	汉	469***19810311****	1981年03月11日	海南省	2000年9月12日	1395020****	厂务部
何静	男	汉	655***19810615****	1981年06月15日	新疆维吾尔自治区	2000年9月13日	1394757****	厂务部
周天	男	汉	147***19760711****	1976年07月11日	山西省	2000年10月16日	1367850****	厂务部
陈成	男	汉	211***19760216****	1976年02月16日	辽宁省	2000年10月18日	1320336****	厂务部
冯丽云	男	汉	368***19810107****	1981年01月07日	江西省	2000年10月28日	1306705****	厂务部
朱洋洋	女	汉	458***19760507****	1976年05月07日	广西壮族自治区	2000年11月8日	1375981****	销售部
王明	男	汉	620***19760728****	1976年07月28日	甘肃省	2000年12月12日	1381286****	厂务部
刘佳妮	男	汉	644***19810723****	1981年07月23日	宁夏回族自治区	2001年1月4日	1354590****	总务部
郑宏	女	汉	456***19760312****	1976年03月12日	广西壮族自治区	2001年2月6日	1350061****	厂务部

员工信息 缺勤统计

◎下载/初始文件/第 12 章/考勤分析.xlsx

行标签	病假	迟到	旷工	事假	早退
采购部	**1**	**2**	**0**	**1**	**1**
刘雪	1	2	0	1	1
肖小	0	0	0	0	0
厂务部	**4**	**11**	**0**	**8**	**4**
曾花	0	2	0	1	0
陈成	0	0	0	0	0
冯丽云	1	2	0	2	0
郭政	1	1	0	1	1
何静	0	0	0	0	0
刘旺	0	3	0	1	1
王哄	1	2	0	1	1
周天	1	1	0	2	1
行政中心	**0**	**3**	**0**	**1**	**0**
万田田	0	3	0	1	0
销售部	**1**	**2**	**0**	**3**	**1**
李萍	0	1	0	2	0
朱洋洋	1	1	0	1	1

Sheet1 员工信息 缺勤统计

◎下载/最终文件/第 12 章/考勤分析.xlsx

图 12-91　统计员工信息以及考勤情况的前后效果对比

其具体操作步骤如下。

Step01 打开素材文件，单击“数据”选项卡的“获取外部数据”组中的“自其他来源”下拉按钮，选择“来自 Microsoft Query”选项，如图 12-92 所示。

Step02 ❶在“选择数据源”对话框中选择“Excel Files*”选项，❷单击“确定”按钮，如图 12-93 所示。

图 12-92　打开"选择数据源"对话框　　　　图 12-93　选择文件类型

Step03 ❶在打开的对话框中选择"考勤分析"工作簿，❷单击"确定"按钮，如图 12-94 所示。

Step04 ❶在"查询导向-选择列"对话框中，添加多个表中所需字段到"查询结果中的列"列表框中，❷单击"下一步"按钮，如图 12-95 所示。

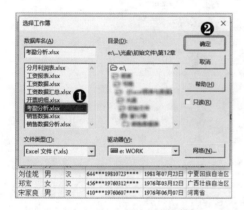 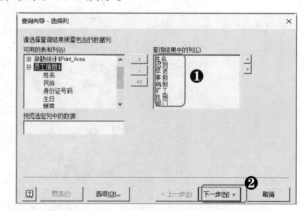

图 12-94　选择工作簿　　　　　　　图 12-95　将所需的列添加到列表框

Step05 在打开的提示对话框中单击"确定"按钮，如图 12-96 所示。

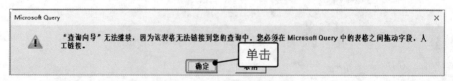

图 12-96　关闭提示对话框

Step06 在打开的对话框中，拖动"姓名"字段名称，将两个表中的"姓名"字段连接在一起，并双击两个表"姓名"字段间的连接线，如图 12-97 所示。

Step07 ❶在"连接"对话框中选中第 3 个单选按钮，选择"员工信息"工作表中的所有值和"缺勤统计"工作表中的部分数据，❷单击"添加"按钮，如图 12-98 所示。

图 12-97　打开"连接"对话框

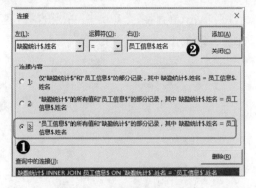

图 12-98　选择连接内容

Step08 ❶依次关闭对话框，在"导入数据"对话框中选中"数据透视表"和"新工作表"单选按钮，❷然后单击"确定"按钮，如图 12-99 所示。

Step09 在新建数据透视表的"数据透视表字段"窗格中设置布局，如图 12-100 所示。

图 12-99　建立数据透视表

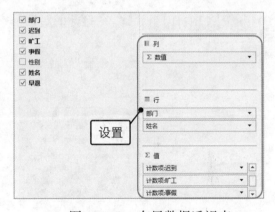

图 12-100　布局数据透视表

Step10 ❶在值区域任意单元格上右击，❷在弹出的快捷菜单中选择"值汇总依据/求和"命令，如图 12-101 所示。

Step11 在数据透视表任意单元格上右击，在弹出的快捷菜单中选择"数据透视表选项"命令，如图 12-102 所示。

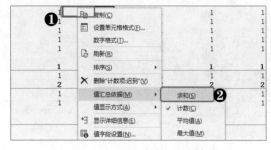

图 12-101　设置值汇总依据

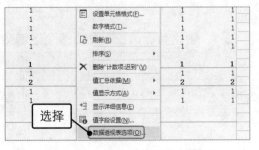

图 12-102　打开对话框

Step12 在打开的"数据透视表选项"对话框的"格式"栏中的"对于空单元格,显示"
文本框中输入数字"0",单击"确定"按钮,如图 12-103 所示。

Step13 单击"行标签"单元格右侧的下拉按钮,❶在弹出的筛选器中取消选中"(空白)"
复选框,❷单击"确定"按钮,如图 12-104 所示。

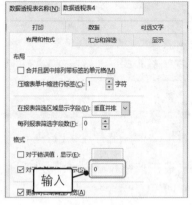

图 12-103　将空格显示为 0

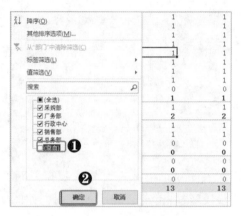

图 12-104　删除空白项

Step14 按【Ctrl+H】组合键,在打开的对话框中,将"求和项:"替换为空格,如图 12-105
所示。

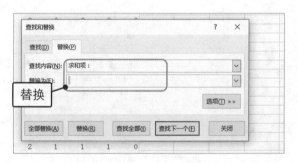

图 12-105　替换内容

12.4　优中选优,数据导入+SQL 最全能

　　前面介绍的几种使用数据透视表对多个区域中的数据进行分析的方法,各有各的优
缺点,如表 12-1 所示。

表 12-1　使用数据透视表分析多个区域数据的 3 种方法的优缺点

方法	优点	缺点
多重合并计算区域	创建方式简单,有向导	只能够对包含一行一列的多区域使用
数据导入+SQL	比较灵活,适用性较广	使用者需要掌握SQL语句

续表

方法	优点	缺点
Microsoft Query	灵活编辑多个关联区域的连接方式	需要使用者掌握一定的数据库、表关系等知识

通过上面的表格可以发现数据导入+SQL 的方法适用范围比较广且较灵活，是非常全能的一种方法。

例如图 12-106 所示为某公司使用不同工作表记录了各个产品的单价和生产数量，为了方便进行统计，现在需要分析两张关联表中的数据，计算计件工资。

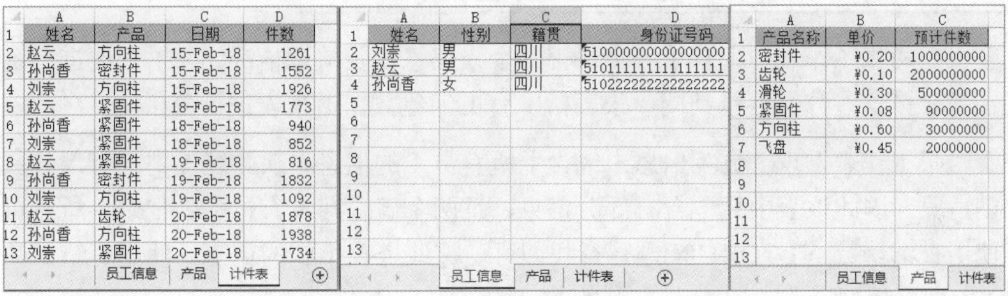

图 12-106　数据统计表

在使用 SQL 语句连接关联数据透视表时，数据区域名称需要带上工作簿路径，路径后接工作表名，工作表后接区域名。如本例中使用 SQL 语句实现"产品"和"计件表"两个工作表之间的连接，如图 12-107 所示。

创建数据透视表后，再进行布局设置，添加"计件工资"字段，即可对各个产品进行分析，如图 12-108 所示。

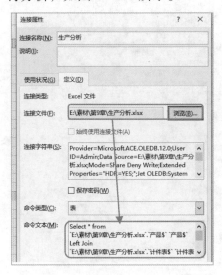

图 12-107　通过 SQL 语句连接

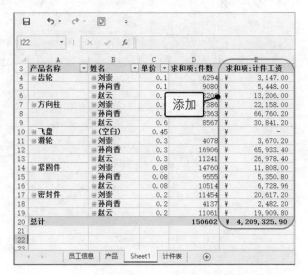

图 12-108　布局数据透视表

12.5 多区域数据汇总的"笨"方法

虽然前面几节介绍的几种创建数据透视表的方法与常规的以单一数据区域创建数据透视表方法有所区别。但用户仍然可以使用在单一数据区域创建数据透视表的方法，只需先将多个区域的数据汇总到一个数据区域，再创建数据透视表。

把多个区域的数据汇总到一起，根据这些数据表格的特点，一般有手动调整、使用公式和数据查询 3 种方法。其中，使用公式是较为方便的一种。

[分析实例]——使用公式辅助创建多区域数据透视表

某公司在两张工作表中记录了各个员工的个人信息以及缺勤情况，为了方便进行统计，现在需要将这些数据汇总到同一张表格中后再创建数据透视表进行分析。

查看两张工作表发现，员工信息中包含了所有员工的信息，缺勤统计中只有部分员工的缺勤情况，因此该表中只包含有部分信息，且两个表之间没有过多的记录，所以可以直接使用查询函数 VLOOKUP() 进行查找即可。那些查找不到的员工，使用容错函数 IFERROR() 即可返回 0。

下面以分析各个员工的缺勤情况为例，讲解将多区域数据汇总到同一张表格后再创建数据透视表的相关操作。如图 12-109 所示为将数据源汇总后创建数据透视表的前后效果对比。

	姓名	性别	民族	身份证号码	生日	籍贯	参工时间	联系电话	部门
1	姓名	性别	民族	身份证号码	生日	籍贯	参工时间	联系电话	部门
2	万田田	女	汉	357***19810123****	1981年01月23日	福建省	1999年2月2日	1304019****	行政中心
3	郭政	女	汉	619***19810507****	1981年05月07日	陕西省	1999年5月20日	1326943****	厂务部
4	刘雪	女	汉	641***19810106****	1981年01月06日	宁夏回族自治区	1999年8月12日	1329520****	采购部
5	曾花	男	汉	434***19810510****	1981年05月10日	湖南省	1999年8月23日	1323519****	厂务部
6	肖小	男	汉	116***19810528****	1981年05月28日	北京市	2000年1月10日	1368444****	采购部
7	刘旺	男	汉	429***19810720****	1981年07月20日	湖北省	2000年6月30日	1349547****	厂务部
8	李萍	女	汉	362***19810224****	1981年02月24日	江西省	2000年8月17日	1361987****	销售部
9	王哄	男	汉	469***19810311****	1981年03月11日	海南省	2000年9月12日	1395020****	厂务部
10	何静	男	汉	655***19760615****	1981年06月15日	新疆维吾尔自治区	2000年9月13日	1394757****	厂务部
11	周天	男	汉	147***19760711****	1976年07月11日	山西省	2000年10月16日	1367850****	厂务部
12	陈成	男	汉	211***19760216****	1976年02月16日	辽宁省	2000年10月18日	1320336****	厂务部
13	冯丽云	男	汉	368***19810107****	1981年01月07日	江西省	2000年10月28日	1306705****	厂务部

◎下载/初始文件/第 12 章/考勤汇总.xlsx

3 行标签	迟到	早退	事假	病假	旷工
采购部	2	1	1	1	0
刘雪	2	1	1	1	0
肖小	0	0	0	0	0
厂务部	11	4	8	4	0
曾花	2	0	1	0	0
陈成	0	0	0	0	0
冯丽云	2	0	2	0	0
甘郦	0	0	0	0	0
郭政	1	1	0	1	0
何静	0	0	0	0	0
刘旺	3	1	1	0	0
罗晓雪	0	0	0	0	0
宋家良	0	0	0	0	0
王哄	2	1	1	1	0

◎下载/最终文件/第 12 章/考勤汇总.xlsx

图 12-109 将数据源汇总后创建数据透视表的前后效果对比

其具体操作步骤如下。

Step01 打开素材文件，❶在"员工信息"工作表中输入考勤项目表头，❷在 J2 单元格中输入公式获取考勤结果，如图 12-110 所示。

Step02 拖动 J2 单元格右下角的填充柄，填充至 N25 单元格，如图 12-111 所示。

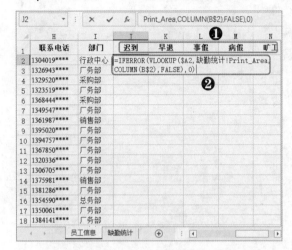

图 12-110　输入公式获取结果　　　　　　图 12-111　填充单元格

Step03 单击"插入"选项卡"表格"组中的"数据透视表"按钮，如图 12-112 所示。

Step04 ❶在打开的"创建数据透视表"对话框确定所选区域和放置数据透视表位置，❷单击"确定"按钮，如图 12-113 所示。

图 12-112　插入数据透视表

图 12-113　选择区域和位置

Step05 在数据透视表的"数据透视表字段"窗格中为各区域添加所需的字段，布局数据透视表，如图 12-114 所示。

Step06 按【Ctrl+H】组合键，在打开的对话框中，将"求和项："替换为空格，如图 12-115所示。

图 12-114　布局数据透视表

图 12-115　查找和替换数据

第13章
报表数据也可以用图表展示

数据透视图为关联数据透视表中的数据提供其图形表示形式，数据透视图也是交互式的。所谓"文不如表，表不如图"，图表更能直观展示分析结果，因此学会使用数据透视图是很有必要的。在创建数据透视图时，会显示数据透视图筛选窗格。可使用此筛选窗格对数据透视图的基础数据进行排序和筛选。对关联数据透视表中的布局和数据的更改会立即体现在数据透视图的布局和数据中，反之亦然。

|本|章|要|点|

· 数据透视图基本操作
· 像布局图表一样布局数据透视图
· 保存数据透视图分析结果

13.1 数据透视图基本操作

前面介绍了数据透视表的用法，如果觉得数据透视表太过单调或不能直观展示数据，用户还可以使用数据透视图来进行数据分析。

13.1.1 创建数据透视图

数据透视图的创建与数据透视表相似，主要可以分为在已有数据透视表上创建、根据数据源创建和根据向导创建 3 种方法。

（1）在已有数据透视表上创建

通常情况下，图表是对已经分析好的数据进行展示。因此，如果需要对已通过数据透视表分析后的数据进行展示，则可以在数据透视表的基础上创建数据透视图。

> [分析实例]——使用数据透视图展示服装与年龄段的匹配情况

某公司已经使用数据透视表对服装款式与年龄段的匹配情况进行了分析，为了能够更加直观地展示其匹配情况，需要利用数据透视图来进行展示。

下面以创建数据透视图展示服装与年龄段匹配情况为例，讲解在已有数据透视表的基础上创建数据透视图的相关操作。如图 13-1 所示为利用数据透视表创建数据透视图前后效果对比。

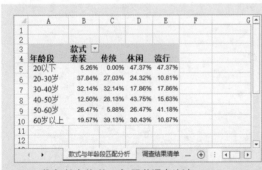
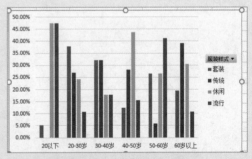

◎下载/初始文件/第 3 章/服装调查统计.xlsx ◎下载/最终文件/第 3 章/服装调查统计.xlsx

图 13-1　利用数据透视表创建数据透视图前后效果对比

其具体操作步骤如下。

Step01 打开素材文件，❶选择数据透视表中任意单元格，❷单击"数据透视表工具 分析"选项卡"工具"组的"数据透视图"按钮，如图 13-2 所示。

Step02 在打开的"插入图表"对话框中选择需要的图表类型，单击"确定"按钮即可完成数据透视图的创建，如图 13-3 所示。

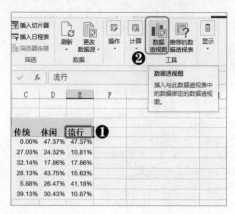

图 13-2　打开"插入图表"对话框

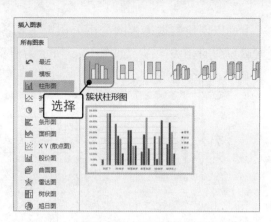

图 13-3　选择图表类型

知识延伸　通过"插入"选项卡创建数据透视图

除了上例介绍的方法外，在数据透视表为数据源时，还可以通过"插入"选项卡创建数据透视图。只需选择数据透视表中任意单元格，单击"插入"选项卡　"图表"组中的"推荐的图表"按钮，在打开的对话框中选择合适的图表类型即可，如图 13-4 所示。

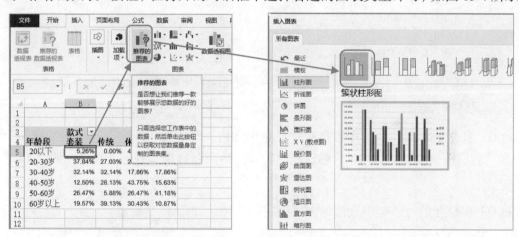

图 13-4　通过"插入"选项卡创建数据透视图

（2）根据数据源创建数据透视图

在进行数据分析时，如果没有创建数据透视表，且需要使用数据透视图时，就可以根据数据源创建数据透视表和数据透视图。但是，在一般情况下，不能创建与数据透视表无关的数据透视图。

[分析实例]——使用数据透视图展示分析公司上半年的开支情况

某公司在 Excel 工作簿中记录了近一年各项目的开支情况，为了能够更加直观的查看开支情况，所以需要利用数据透视图来进行展示。

下面以创建数据透视图分析公司上半年各项目开支情况为例，讲解根据数据源创建数据透视图的相关操作。如图 13-5 所示为根据数据源创建数据透视图前后效果对比。

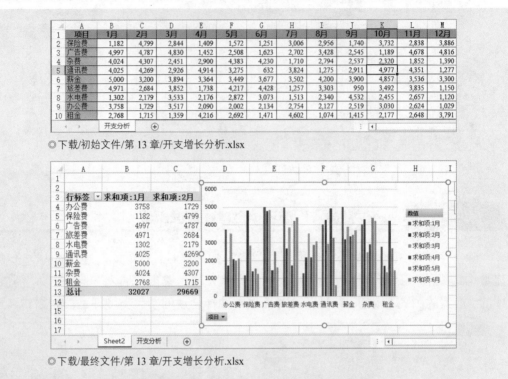

◎下载/初始文件/第 13 章/开支增长分析.xlsx

◎下载/最终文件/第 13 章/开支增长分析.xlsx

图 13-5　根据数据源创建数据透视图前后效果对比

其具体操作步骤如下。

Step01 打开素材文件，选择数据表中任意单元格，❶单击"插入"选项卡"图表"组中的"数据透视图"下拉按钮，❷选择"数据透视图和数据透视表"命令，如图 13-6 所示。

Step02 在打开的对话框中直接单击"确定"按钮，如图 13-7 所示。

图 13-6　打开对话框

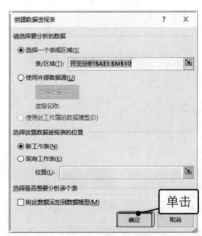

图 13-7　创建数据透视表和数据透视图

Step03 ❶在打开的工作表中选择图表，❷即可打开"数据透视图字段"窗格，如图 13-8 所示。

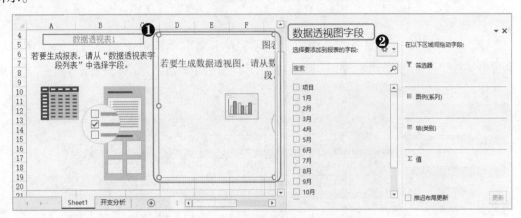

图 13-8 打开"数据透视图字段"窗格

Step04 在"数据透视图字段"窗格中，将"项目"字段添加到"轴（类别）"区域，将 1 ~ 6 月各个字段依次添加到"值"区域，即可完成操作，如图 13-9 所示。

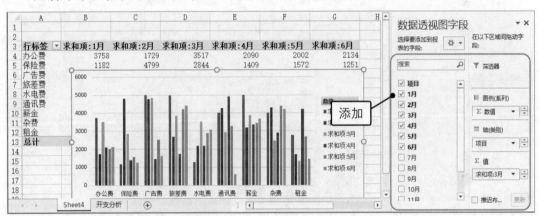

图 13-9 布局数据透视图

（3）在使用向导时创建数据透视图

如果用户需要分析统计的数据源比较复杂，则可以通过各种向导来创建数据透视表，如在上一章介绍的多重合并计算区域、使用外部数据源等方法。

在使用向导创建数据透视表时只需要在"数据透视表和数据透视图向导-步骤 1"对话框的"所需创建的报表类型"栏选中"数据透视图（及数据透视表）"单选按钮即可同时创建数据透视图。

[分析实例]——分析公司每月各项目的预算与实际开支

某公司在工作簿中记录了每月各项目的预算与实际开支的详细情况，为了能够更加直观地查看预算与开支情况，现需要利用数据透视图对表中的数据进行分析。

本例中查看两个素材工作表后可以知道，数据源分布在两个工作表中，且数据区域只有第一行和第一列有文本数据，因此适合使用多重合并计算区域的方法来创建数据透视图。

下面以创建数据透视图分析公司每月各项目的预算与实际开支为例，讲解使用向导创建数据透视图的相关操作。如图 13-10 所示为使用向导创建数据透视图分析公司的预算与开支前后效果对比。

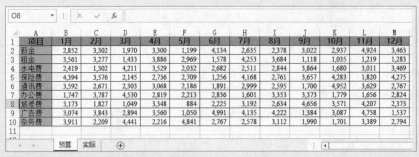

◎下载/初始文件/第 13 章/预算与实际分析 xlsx

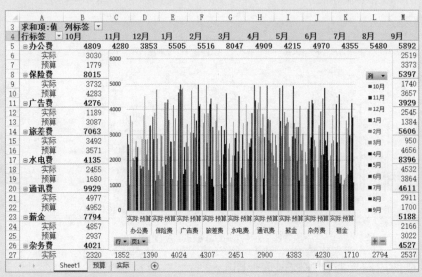

◎下载/最终文件/第 13 章/预算与实际分析.xlsx

图 13-10　使用向导创建数据透视图分析公司的预算与开支前后效果对比

其具体操作步骤如下。

Step01 打开素材文件，依次按【Alt】、【D】和【P】键打开"数据透视表和数据透视图向导-步骤 1"对话框，❶选中"多重合并计算数据区域"和"数据透视图（及数据透视表）"单选按钮，❷单击"下一步"按钮，如图 13-11 所示。

Step02 ❶在打开的对话框中选中"自定义页字段"单选按钮，❷单击"下一步"按钮，如图 13-12 所示。

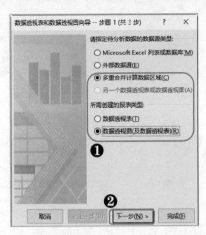

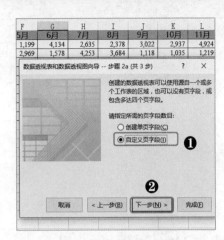

图 13-11 指定数据源类型和选择报表类型　图 13-12 选中"自定义页字段"单选按钮

Step03 在打开的对话框中将"实际"和"预算"工作表中的数据区域添加到"所有区域"列表框中，如图 13-13 所示。

Step04 ❶在"请先指定要建立在数据透视表中的页字段数目"栏中选中"1"单选按钮，❷在"字段 1"组合框依次为两个区域设置与工作表命名相同的页字段值，❸单击"下一步"按钮，如图 13-14 所示。

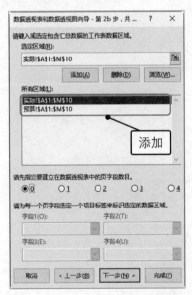

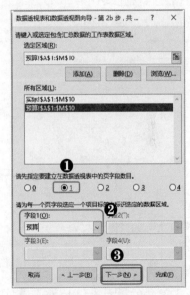

图 13-13 将选定区域添加到所有区域　图 13-14 设置页字段值

Step05 ❶在打开的对话框中选中"新工作表"单选按钮，❷单击"完成"按钮，如图 13-15 所示。

Step06 在"数据透视表字段"窗格中，将"页 1"字段拖动到行字段区域的最后位置即可完成，如图 13-16 所示。

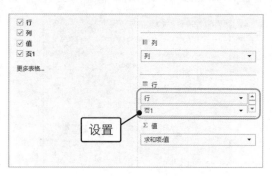

图 13-15　设置显示位置　　　　　　图 13-16　数据透视表布局

13.1.2　认识数据透视图

上一节已经介绍了数据透视图的创建方法，它与数据透视表存在许多类似的地方。想要像使用数据透视表那样使用数据透视图就需要认识它的结构。除此之外，还要了解它与普通图表的不同之处。

（1）认识数据透视图的结构

数据透视图主要由 4 个部分组成，包括页字段、轴（类别）字段、图例（系列）字段和数据字段，如图 13-17 所示。

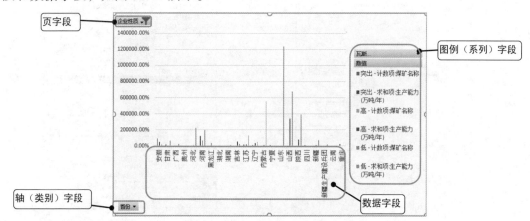

图 13-17　数据透视图结构图

这 4 个部分各有各的功能，具体如下所示。

◆　**页字段**：对应数据透视表中的"报表筛选"区域，用来进行数据的筛选。

◆　**轴（类别）字段**：对应数据透视表中的行字段区域，单击该按钮可以对数据项进行筛选，使图表中只显示部分数据项。

◆　**图例（系列）字段**：对应数据透视表中的列字段区域，用户可以根据图例对数据项进行筛选，查看图例更容易让用户看懂透视图。

◆　**数据字段**：对应数据透视表中的数值区域，是图表中的数据系列。

（2）数据透视图与常规图表的区别

与常规图表相比，虽然数据透视图只是在外观上增加了 4 个组成部分，但它们在功能、用法等方面有较大的区别，如下所示。

◆ **交互性**：在常规图表中，需要为查看的每个数据项创建一张表格，且这些表格是彼此独立的。而在数据透视图中，只需在单张图表上通过调整报表布局或显示的数据明细以不同的方式交互查看数据。

◆ **数据源**：在常规图表中，可直接链接到工作表单元格中。而数据透视图则是基于相关联数据透视表中的几种不同的数据类型。

◆ **图表类型**：常规图表在条件允许的情况下，可以使用所有的类型创建图表。而数据透视图则不能使用 XY 散点图、股价图和树状图等图表类型。

◆ **图表格式**：常规图表在设置图表样式时一般不会随着数据的变化而发生变化。但数据透视图，部分元素会随着数据变化而变化。

◆ **灵活性**：在数据透视图中，即使可以为图例选择一个预设位置并可以更改标题字体的大小，但还是无法移动或重新调整绘图区、图例、图表标题或坐标轴标题大小。而常规图表则可移动和重新调整这些元素。

（3）移动数据透视图的位置

在创建数据透视图后，还可以移动数据透视图的位置，将数据透视图移动到其他的工作表中。主要有直接复制粘贴移动、通过快捷键移动和通过功能区按钮移动 3 种方法。

◆ **直接复制粘贴移动**：直接在一个工作表中选择数据透视图，按【Ctrl+C】组合键复制图表，然后再切换到另一工作表中按【Ctrl+V】组合键粘贴即可完成，如图 13-18 所示。

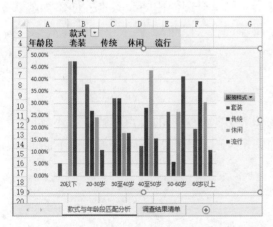 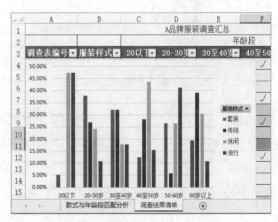

图 13-18　通过复制粘贴移动数据透视图

◆ **通过快捷菜单移动**：选择需要移动的数据透视图，右击，在弹出的快捷菜单中选择"移动图表"命令，在打开的"移动图表"对话框中选择移动的位置，单击"确定"按钮即可完成，如图 13-19 所示。

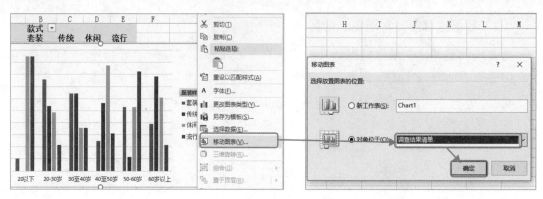

图 13-19　通过快捷菜单移动数据透视图

◆ **通过功能区按钮移动**：选择需要移动的数据透视图，单击"数据透视图工具 分析"选项卡"操作"组中的"移动图表"按钮，在打开的"移动图表"对话框中选择移动的位置，单击"确定"按钮即可完成，如图 13-20 所示。

图 13-20　通过功能区按钮移动数据透视图

13.2　像布局图表一样布局数据透视图

创建数据透视图后，还可以通过不同的布局方式来挖掘不同的信息，数据透视图的布局主要包括 3 个方面，一是合理使用图表类型；二是合理使用图表元素，如添加趋势线、调整图例等；三是对图表数据布局，如字段筛选、字段布局等。

13.2.1　合理使用图表类型

数据透视图的图表类型多样，每种类型的图表数据其分析的重点和特点各不相同。一般可以将其分为数量、趋势、占比和波动等关系，用户根据其不同关系选择不同的图表，如表 13-1 所示。

表 13-1　图表类型的使用原则

关系	原则
数量关系	如果数据透视图展示的是数量关系，如大小、多少等的比较，一般使用柱形图或条形图。两者大致相似，但柱形图更适合展示不同类别、时间之间的数据大小比较；条形图则更适合展示进度，5个以上数据系列不适合使用柱形图

续表

关系	原则
发展趋势	如果数据透视图展示的是数据的发展趋势，一般使用折线图和面积图。折线图适用于展示和分析相等时间段内的数据变化趋势，而面积图以面积大小来显示其变化趋势
占比关系	若数据透视图展示的是数据占比关系，一般使用饼图和圆形图。饼图多用于展示总和为100%的各项数据的占比情况，该类图表只能对一列数据进行比较分析，要对多列目标数据进行占比分析，则需要使用圆环图来展示
波动关系	如果数据透视图展示的是连续波动情况，一般使用股价图。该图表用于显示股价波动情况，也可用于科学研究，且股价图的数据架构要求十分严格

知识延伸　**更改数据透视图的图表类型**

在创建数据透视图时，如果不修改图表类型，系统会默认使用柱形图来展示数据分析结果。但有许多时候可能数据透视图展示的不是数据的数量关系，而是波动关系、占比关系等，这时就需要对数据透视图的图表类型进行更改。

更改数据透视图的图表类型的方法多种多样，常用的有通过快捷菜单中的"更改图表类型"命令更改、通过"插入"选项卡的"图表"组更改和通过"数据透视图工具 设计"选项卡的"类型"组的"更改图表类型"按钮更改等。

[分析实例]——使用数据透视图对比上半年各项目开支情况

下面以将开支分析表中的柱形图更改为堆积柱形图为例，讲解更改数据透视图图表类型的操作方法。如图 13-21 所示为数据透视图图表类型更改前后的效果对比。

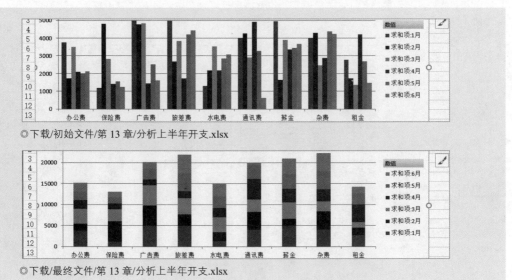

◎下载/初始文件/第 13 章/分析上半年开支.xlsx

◎下载/最终文件/第 13 章/分析上半年开支.xlsx

图 13-21　数据透视图图表类型更改前后的效果对比

其具体操作步骤如下。

Step01 打开素材文件，❶选择数据透视图，❷单击"数据透视图工具 设计"选项卡"类型"组中的"更改图表类型"按钮，如图 13-22 所示。

Step02 ❶在打开的对话框中选择"堆积柱形图"选项，❷单击"确定"按钮即可完成更改，如图 13-23 所示。

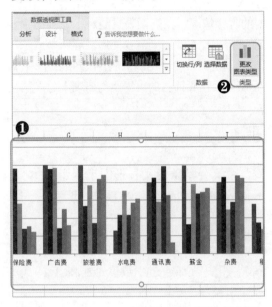

图 13-22　打开"更改图表类型"对话框

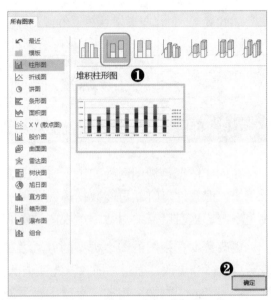

图 13-23　选择修改的图表类型

 小技巧：更改默认图表类型

在创建数据透视图时，如果默认的图表类型不是柱形图，则可以在"更改图表类型"对话框，选择"柱形图"图表类型，右击，选择"设置为默认图表"选项即可将其设置为默认图表类型，如图 13-24 所示。

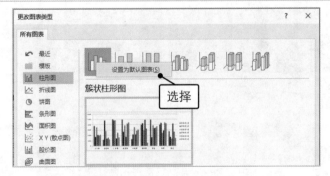

图 13-24　更改默认图表类型

13.2.2 合理使用图表元素

数据透视图中元素较多，合理使用图表元素可以提高工作效率，反之则不能较好的展示数据结果。一般来说，常用的元素有以下几个。

（1）数据标签，明了数据指向

在默认创建数据透视图中是没有数据标签的，但在很多时候为了方便分析与查看，都需要添加数据标签。

添加数据标签只需单击"数据透视图工具 设计"选项卡"图表布局"组的"添加图表元素"下拉按钮，选择"数据标签"命令，在其子菜单中选择合适的标签即可，如图 13-25 所示为效果展示。

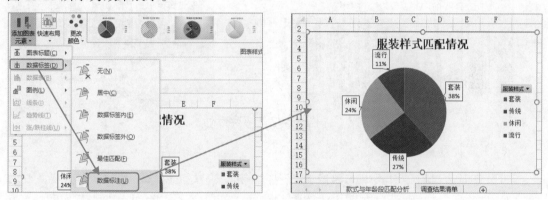

图 13-25　添加数据标签

（2）数据标题，明确分析目的

在默认数据透视图中，如果没有数据标题的，或者标题不能很好地表示图表分析的目的，就需要添加或更改标题。修改图表标题十分简单，只需双击图表标题，然后在占位符中输入新的标题即可。

如果需要添加图表标题，只需单击"数据透视图工具 设计"选项卡"图表布局"组中的"添加图表元素"下拉按钮，选择"图表标题"命令，在其子菜单中选择添加图表标题的位置或者方式即可，如图 13-26 所示。

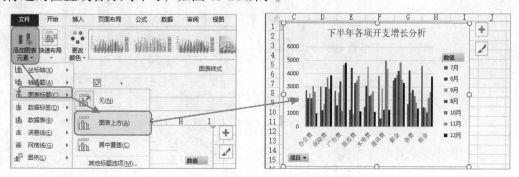

图 13-26　添加图表标题

（3）切换行列，从不同角度分析数据

在数据透视图中，用户还可以切换图表的行和列，从不同角度分析数据。只需单击"数据透视图工具 设计"选项卡的"数据"组的"切换行/列"按钮，即可将数据透视图的系列字段和类别字段交换位置，如图 13-27 所示。

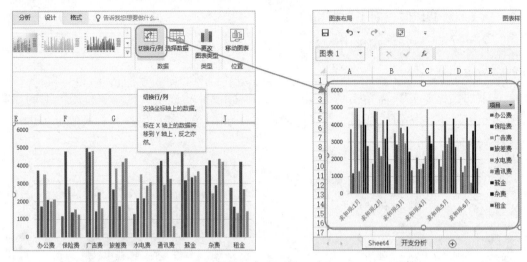

图 13-27　切换行列

（4）添加趋势线

如果数据透视图是对其中的数量关系进行分析，在关注数量关系时，有必要关注数据的发展趋势。这时则可以在图表中添加趋势线，而没必要更改图表类型，如图 13-28 所示。

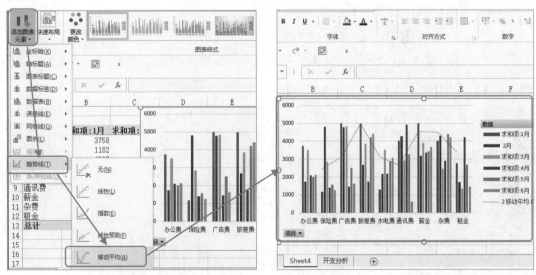

图 13-28　添加趋势线

（5）应用内置的图表布局

我们在前面介绍过数据透视表内置表格样式的应用，当然，数据透视图也可以应用

内置的图表样式。在数据透视图中，每一个图表元素都可以进行单独设置，但实际上对于许多普通用户来说是相对麻烦的，这时就可以应用内置的图表样式。

只需要选择数据透视图，在"数据透视图工具 设计"选项卡的"图表样式"组中选择需要的图表样式即可使用内置图表样式，如图 13-29 所示。

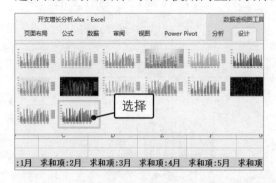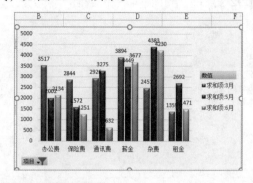

图 13-29　应用内置图表样式

（6）同一图表汇总使用多种图表类型

在使用数据透视图分析展示多个数据系列时，这些数据系列展示的侧重点可能各不一样。对于此类情况，用户可以在数据透视图中使用多种图表类型，从而实现不同数据系列表达不同的关注点。

 [分析实例]——在数据透视图中同时分析数量关系和发展趋势

某公司在工作簿中记录了一整年的薪金和租金开支详细情况，为了能够更加直观地查看费用的使用情况，所以需要利用数据透视图对比分析每个月薪金开支和租金的变化趋势。

下面以通过数据透视图分析公司每月的薪金和租金开支为例，讲解使用在数据透视图中同时分析数量关系和发展趋势的相关操作。如图 13-30 所示为在同一数据透视图中使用多种图表类型分析前后效果对比。

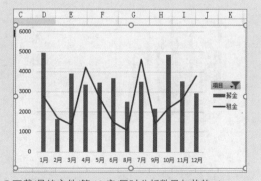

◎下载/初始文件/第 13 章/同时分析数量与趋势.xlsx　◎下载/最终文件/第 13 章/同时分析数量与趋势.xlsx

图 13-30　在同一数据透视图中使用多种图表类型分析前后效果对比

其具体操作步骤如下。

Step01 打开素材文件，❶在数据透视表中选择任意单元格，❷单击"数据透视表工具 分析"选项卡"工具"组中的"数据透视图"按钮，如图 13-31 所示。

Step02 ❶在打开的对话框中选择"簇状柱形图"选项，❷单击"确定"按钮，如图 13-32 所示。

图 13-31　打开"插入图表"对话框

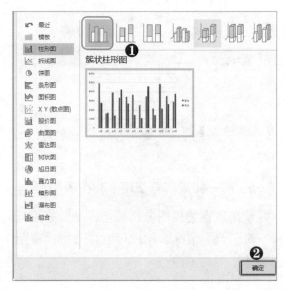

图 13-32　选择图表类型

Step03 ❶选择"租金"数据系列，右击，❷在弹出的快捷菜单中选择"更改系列图表类型"命令，如图 13-33 所示。

Step04 ❶在打开的"更改图表类型"对话框的"组合"选项卡中单击"租金"下拉列表框，❷选择"折线图"选项，❸单击"确定"按钮，如图 13-34 所示。

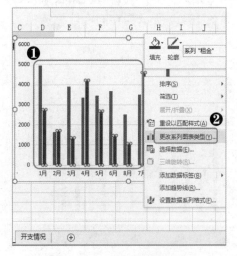

图 13-33　打开对话框

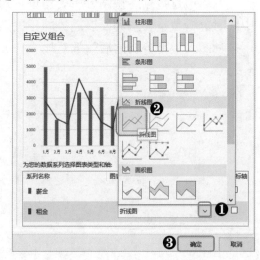

图 13-34　更改图表类型

13.2.3 通过数据布局改变图表布局

前面介绍了采用与常规图表相同的调整布局方法，除此之外，数据透视图还可以通过调整数据布局来改变图表布局，主要依赖于字段列表、字段按钮和关联数据透视表 3 个对象。

（1）认识"数据透视图字段"窗格

"数据透视图字段"窗格与"数据透视表字段"窗格大同小异，功能基本相似，也可以通过字段列表调整数据透视图的布局，如图 13-35 所示。

图 13-35　"数据透视表字段"窗格与"数据透视图字段"窗格对比

（2）通过字段列表改变数据透视图布局

与数据透视表一样，数据透视图也可以通过"数据透视图字段"窗格调整字段来改变数据透视图的布局，其方法与数据透视表完全相同，如图 13-36 所示。

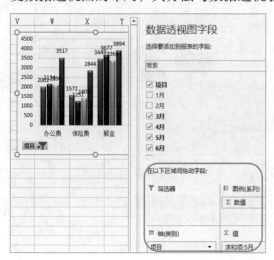
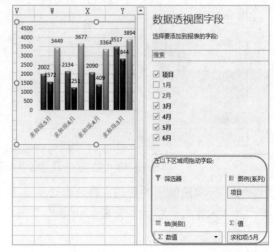

图 13-36　通过调整字段列表改变数据透视图布局

（3）通过字段按钮筛选数据改变数据透视图布局

当数据透视图中包含多个字段按钮时，用户还可以通过这些字段，对图表中的数据进行筛选，从而改变数据透视图的布局。

（4）通过关联数据透视表改变数据透视图布局

数据透视图与数据透视表之间关系密切，数据透视图是在数据透视表的基础上建立的。因此，通过更改数据透视表的布局也能快速更改数据透视图的布局。

更改数据透视表的各个部分，数据透视图也会随之变化，具体介绍如下。

◆ **"报表筛选"字段筛选的影响**：在数据透视表筛选字段进行筛选后，在数据透视图中也会相应的进行筛选，如图 13-37 所示。

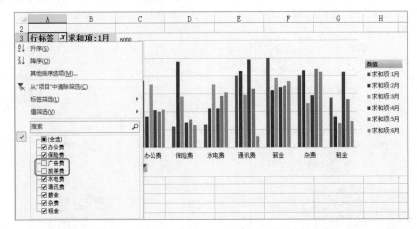

图 13-37　数据透视表"报表筛选"字段筛选结果对数据透视图的影响

◆ **列字段筛选的影响**：在数据透视表列字段进行筛选后，在数据透视图中相关联的图表部分也会发生相应的变化，如图 13-38 所示。

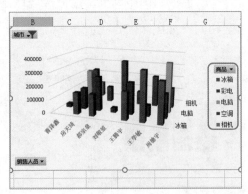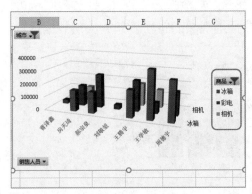

图 13-38　数据透视表列字段筛选结果对数据透视图的影响

◆ **行字段筛选的影响**：在数据透视表行字段进行筛选后，在数据透视图中相关联的轴（类别）字段也会发生相应的变化，如图 13-39 所示。

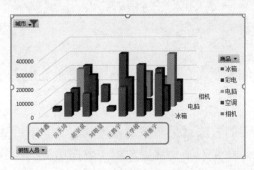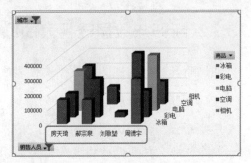

图 13-39　数据透视表行字段筛选结果对数据透视图的影响

13.3　保存数据透视图分析结果

在使用数据透视图分析展示数据后，如果需要将其作为最终的结果数据，不想在更改数据透视表时数据透视图随之发生改变，那么就可以将数据透视图进行保存。

想要数据透视图分析结果不发生改变，用户可以通过将其保存为图片和断开与数据透视表的联系两种方法实现。

13.3.1　将有意义的数据透视图保存为图片

想要将数据透视图的分析结果保存下来，最简单的方式就是将其粘贴为图片。只需在复制有意义的数据透视图后，选择任意单元格，右击，在弹出的快捷菜单中选择"选择性粘贴"命令，在打开的"选择性粘贴"对话框中选择一种图片格式，单击"确定"按钮即可完成，如图 13-40 所示。

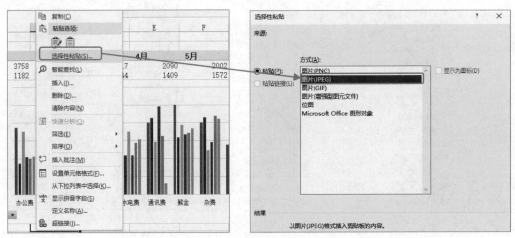

图 13-40　通过选择性粘贴将数据透视图保存为图片

这个方法简单且使用方便，可以将图片单独保存。但图片不再是数据透视图，因此不能通过修改图表的方式对其中的数据进行修改。

13.3.2 断开与数据透视表的联系

通过断开数据透视图与数据透视表之间的联系，可以实现分析结果不发生变化。

（1）删除数据透视表

想要断开与数据透视表的联系，最直接的方法就是删除数据透视表。如果将数据透视表删除，那么其数据源将变为常量数组。只要不修改常量数组，数据透视图中的数据将不会改变，如图 13-41 所示。

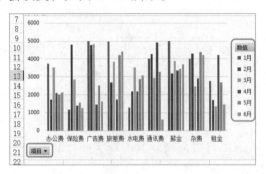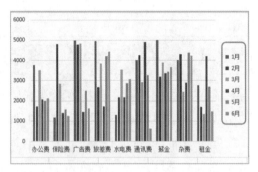

图 13-41　删除数据透视表前后数据透视图的效果对比

这个方法保留了数据透视图的图表特性，可以通过修改常量组（图表的数据源）来修改图表，但数据透视图不再完整。

（2）将数据透视表变为普通表格

除了将数据透视表删除外，用户还可以通过复制数据透视表，以粘贴数值的方式，将数据透视表转换为普通的表格，如图 13-42 所示。

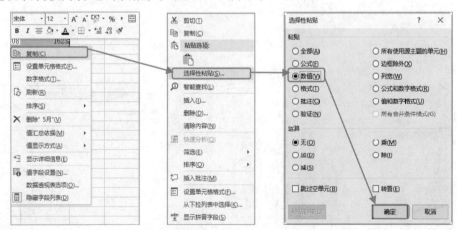

图 13-42　将数据透视表转换为普通表格

该方法保留了数据透视图的图表特性，可以通过修改表格中的数据来更改图表，还可以将图表删除以达到使用常量数组作为图表数据源的目的，但也丧失了数据透视图特有的功能。

第14章
数据分析之综合实战应用

在学习了 Excel 图表和数据透视表的各种基础知识和操作后，就需要通过实战来验证是否已经将其掌握，同时也可以加深对图表和数据透视表的理解。

本章将通过两个实战案例来对数据分析的综合使用进行讲解，从而让用户了解数据分析的完整流程。

|本|章|案|例|

· 分析上一年开支情况
· 员工工资管理

14.1 分析上一年开支情况

数据分析是基于商业目的进行收集、整理、加工和分析数据，提炼有价信息的一个过程。因此，一般为了公司的发展，在每一阶段都会进行数据分析。

14.1.1 案例简述和效果展示

某公司使用 Excel 工作簿记录了上一年各月各项开支的详细情况，现在为了调整公司的战略方针，需要运用 Excel 图表对上一年的各项开支进行详细的数据分析。如图 14-1 所示为数据分析效果展示。

◎下载/初始文件/第 14 章/公司近一年开支情况.xlsx　　◎下载/最终文件/第 14 章/公司各项开支数据分析.xlsx

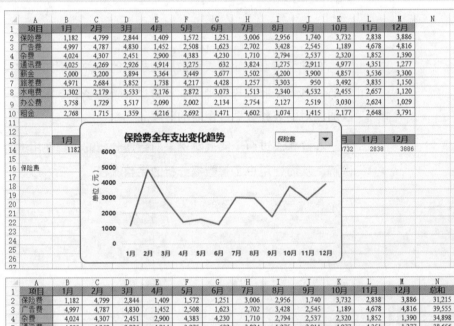

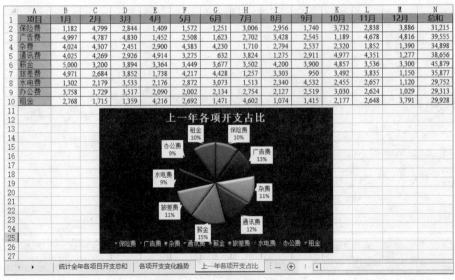

图 14-1　案例分析效果图

14.1.2 案例制作过程分析

在进行数据分析前需建立并打开数据表格，确定数据的准确性，再插入图表、添加图表元素等内容，最后就可以对图表进行美化。这样可以明确分析目的，对数据统计结果进行直观的对比分析，而且可以使展示结果更方便阅读。其具体的制作流程以及涉及的知识分析如图 14-2 所示。

图 14-2　利用 Excel 表格进行数据分析的流程

14.1.3 统计全年各项目的开支总和

启动 Excel 程序，将"公司近一年开支情况"工作簿打开后，便可以对数据表格进行添加或者修改。可以发现在表格列中并没有各项开支的总和，为了更好地查看公司的支出情况，下面介绍在数据表格中添加上一年各项目的总和项的具体操作步骤。

Step01 ❶在左下角"开支分析"工作表标签上右击，❷在弹出的快捷菜单中选择"移动或复制"命令，如图 14-3 所示。

Step02 ❶在打开的"移动或复制工作表"对话框中选中"建立副本"复选框，❷然后单击"确定"按钮，再双击"开支分析（2）"工作表标签，将其重命名为"统计全年各项目开支总和"，如图 14-4 所示。

图 14-3　打开"移动或复制工作表"对话框

图 14-4　复制工作表

Step03 ❶选择 N1 单元格，右击，❷在弹出的快捷菜单中选择"插入"命令，如图 14-5

所示。

Step04 ❶在打开的"插入"对话框中选中"活动单元格右移"单选按钮,❷然后单击"确定"按钮,如图 14-6 所示。

图 14-5　打开"插入"对话框

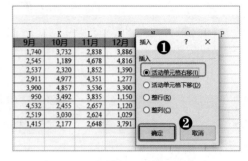

图 14-6　选择插入单元格位置

Step05 选择 N1 单元格,输入"总和"文本,按【Enter】键选择 N2 单元格,如图 14-7 图所示。

Step06 单击"开始"选项卡"编辑"组的"自动求和"按钮,如图 14-8 所示。

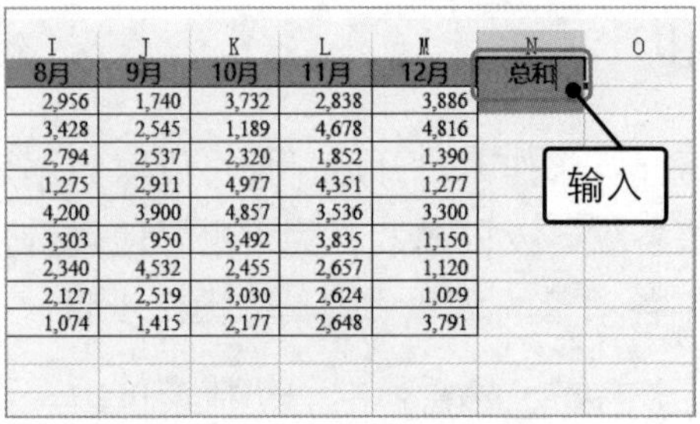

图 14-7　添加总和列

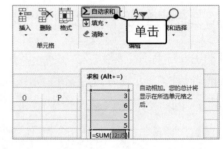

图 14-8　自动求和

Step07 按【Enter】键,即可在 N2 单元格求出上一年保险费总计为 31215,将鼠标光标放在 N2 单元格右下角,当鼠标光标变为十字光标时,按住鼠标向下拖动,填充其余各项费用总和,如图 14-9 所示。

Step08 利用格式刷工具将"总和"字段与前面字段格式统一即可,如图 14-10 所示。

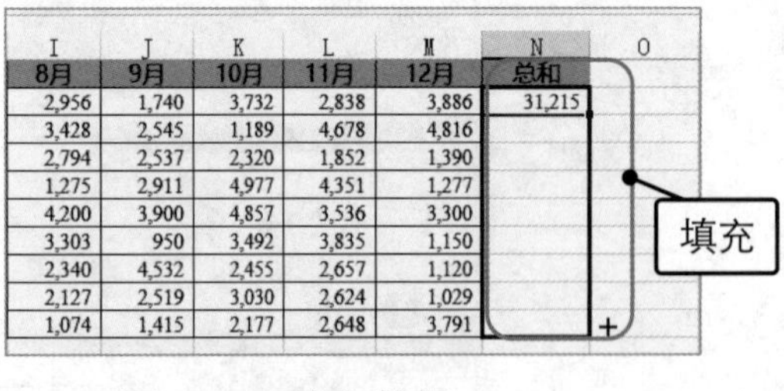

图 14-9　填充数据

图 14-10　统一格式

14.1.4 分析各项开支变化趋势

如果在数据表格中要查看各项开支的变化趋势，则需要费时费力逐个进行比较。用户可以通过插入图表来分析各项开支的变化情况，下面对通过图表分析其变化趋势的具体操作进行介绍。

Step01 复制一个"开支分析"工作表，将其重命名为"各项开支变化趋势"。❶选择所有数据单元格，❷单击"插入"选项卡"图表"组中的"推荐的图表"按钮，如图 14-11 所示。

Step02 在打开的"插入图表"对话框的"推荐的图表"选项卡中选择"折线图"图表类型，单击"确定"按钮，如图 14-12 所示。

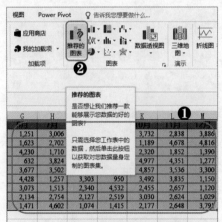

图 14-11　选择所有数据项

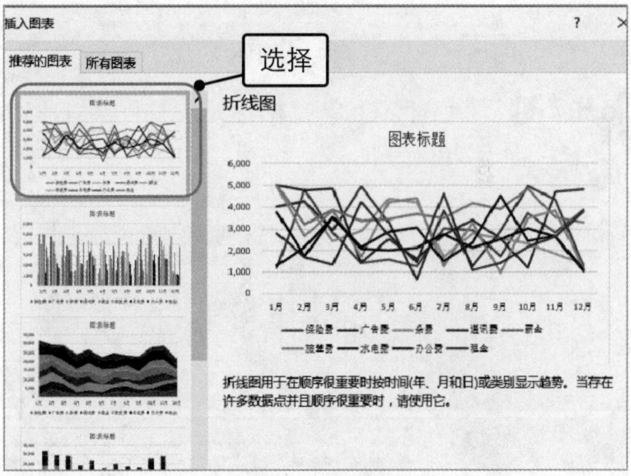

图 14-12　选择图表类型

Step03 ❶返回工作表即可查看插入的图表，单击"开发工具"选项卡"控件"组的"插入"下拉按钮，❷在其下拉列表中的"表单控件"栏中选择"组合框（窗体控件）"选项，然后在工作表中单击或按下鼠标左键并拖动，即可添加一个下拉列表框控件，如图 14-13 所示。

Step04 ❶在组合框控件上右击，❷在弹出的快捷菜单中选择"设置控件格式"命令，打开"设置控件格式"对话框，如图 14-14 所示。

图 14-13　添加组合框

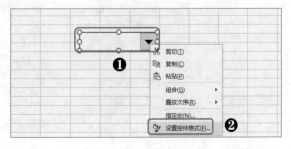

图 14-14　打开"设置控件格式"对话框

Step05 ❶在打开的"设置控件格式"对话框中单击"控制"选项卡，❷在"数据源区域"文本框中设置 A2:A10 单元格的引用，在"单元格链接"文本框中设置 A14 单元格的引用，并将"下拉显示项数"设置为 9，完成后单击"确定"按钮关闭对话框，如图 14-15 所示。

Step06 单击组合框右边的倒三角按钮即可查看添加的项目名称，如图 14-16 所示。

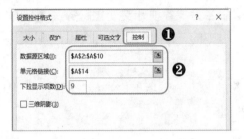

图 14-15　设置控件格式

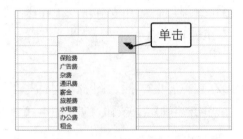

图 14-16　添加的控件

Step07 ❶复制 B1:M1 单元格区域，粘贴到 B13:M13 单元格区域，❷在 A14 单元格中输入"1"，如图 14-17 所示。

	A	B	C	D	E	F	G	H	I	J	K	L	M
1	项目	1月	2月	3月	4月	5月	6月	7月	8月	9月	10月	11月	12月
2	保险费	1,182	4,799	2,844	1,409	1,572	1,251	3,006	2,956	1,740	3,732	2,838	3,886
3	广告费	4,997	4,787	4,830	1,452	2,508	1,623	2,702	3,428	2,545	1,189	4,678	4,816
4	杂费	4,024	4,307	2,451	2,900	4,383	4,230	1,710	2,794	2,537	2,320	1,852	1,390
5	通讯费	4,025	4,269	2,926	4,914	3,275	632	3,824	1,275	2,911	4,977	4,351	1,277
6	薪金	5,000	3,200	3,894	3,364	3,449	3,677	3,502	4,200	3,900	4,857	3,536	3,300
7	旅差费	4,971	2,684	3,852	1,738	4,217	4,428	1,257	3,303	950	3,492	3,835	1,150
8	水电费	1,302	2,179	3,533	2,176	2,872	3,073	1,513	2,340	4,532	2,455	2,657	1,120
9	办公费	3,758	1,729	3,517	2,090	2,002	2,134	2,754	2,127	2,519	3,030	2,624	1,029
10	租金	2,768	1,715	1,359	4,216	2,692	1,471	4,602	1,074	1,415	2,177	2,648	3,791 ❶
11													
12 ❷													
13		1月	2月	3月	4月	5月	6月	7月	8月	9月	10月	11月	12月
14	1	1182	4799	2844	1409	1572	1251	3006	2956	1740	3732	2838	3886
15													

图 14-17　复制粘贴单元格区域

Step08 选择 A14 单元格，单击"开始"选项卡"数字"组的"对话框启动器"按钮，如图 14-18 所示。

Step09 在打开的对话框中的"数字"选项卡中的"自定义"栏中将自定义其数字显示格式为"G/通用格式"，如图 14-19 所示。

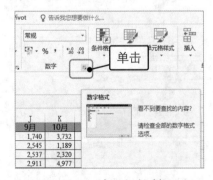

图 14-18　打开对话框

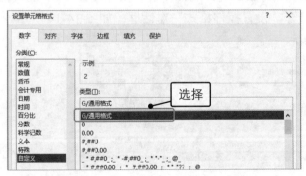

图 14-19　设置数字显示格式

Step10 选择 B14:M14 单元格区域，在编辑栏中输入公式"=INDEX($B$2:$M$10, $A$14,)"公式，按【Ctrl+Shift+Enter】组合键以数组公式输入到所选单元格区域中，如图 14-20 所示。

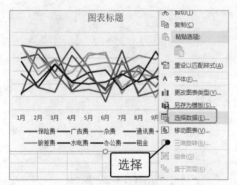

图 14-20　设置单元格区域公式

Step11 选择图表右击，在弹出的快捷菜单中选择"选择数据"命令，如图 14-21 所示。

Step12 ❶在打开的"选择数据源"对话框中，将"图表数据区域"更改为"=各项开支变化趋势!$A$13:$M$14"，❷完成后单击"确定"按钮关闭对话框，如图 14-22 所示

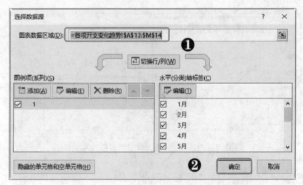

图 14-21　打开"选择数据源"对话框　　　　图 14-22　更改图表的数据源

Step13 单击"图表标题"文本框，在文本框中输入"全年支出变化趋势"文本，如图 14-23 所示。

Step14 ❶选择图表，单击"插入"选项卡"插图"组中的"形状"下拉按钮，❷选择"文本框"选项，拖动鼠标在图表标题旁添加文本框，如图 14-24 所示。

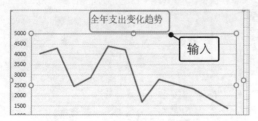

图 14-23　修改图表标题

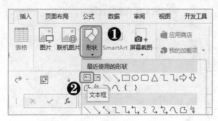

图 14-24　添加文本框

Step15 ❶选择 A16 单元格，❷在编辑栏中输入"=OFFSET(A1,A14,)"公式，如图 14-25 所示。

Step16 选择新建的文本框，在编辑栏中输入"=$A$16"公式，如图 14-26 所示。

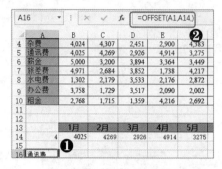

<table>
<tr><td>图 14-25　设置标题</td><td>图 14-26　输入公式</td></tr>
</table>

Step17 选择图表中的标题和图例，设置其字体格式为"微软雅黑"、"加粗"，如图 14-27 所示。

Step18 ❶单击图表右侧的"图表元素"按钮，❷在其下拉列表中选择"坐标轴标题/主要纵坐标轴"命令，如图 14-28 所示。

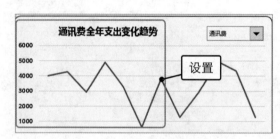

图 14-27　修改图表字体格式

图 14-28　添加纵坐标轴标题

Step19 单击添加的坐标轴文本框，输入"单位（元）"文本，如图 14-29 所示。

Step20 ❶双击图表边框，在打开的窗格中展开"边框"栏，在"宽度"数值框中输入"1.5"，❷选中"圆角"复选框，如图 14-30 所示。

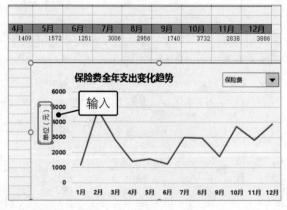

图 14-29　输入标题

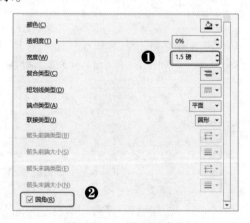

图 14-30　设置边框

Step21 ❶选择图表边框，单击"图表工具 格式"选项卡，❷在"形状样式"组单击"形状轮廓"下拉按钮，❸在"主题颜色"栏中选择"红色，个性色 2"选项，如图 14-31 所示。

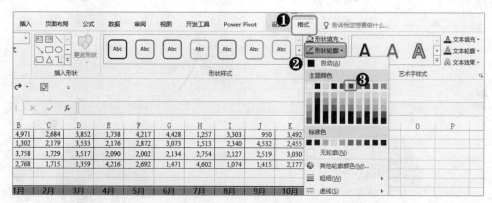

图 14-31　设置边框轮廓颜色

14.1.5　分析上一年各项开支总和在公司开支中的占比

在对各项开支变化趋势进行分析后，现在需要对各项开支总和在公司开支总和中所占的比重进行分析。以下是公司各项开支总和占比分析的具体操作。

Step01 复制一个"统计全年各项目开支总和"工作表，将其命名为"上一年各项开支占比"。❶选择 A1 ~ A10 和 N1 ~ N10 单元格区域，❷单击"插入"选项卡"图表"组中的"推荐的图表"按钮，如图 14-32 所示。

Step02 ❶在打开的"插入图表"对话框中单击"所有图表"选项卡，❷选择"饼图"选项，单击"确定"按钮，如图 14-33 所示。

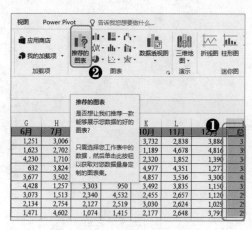

图 14-32　选择表格数据

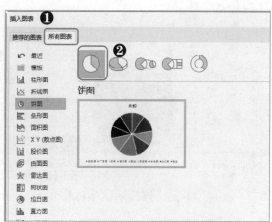

图 14-33　选择图表类型

Step03 在返回的工作表中即可查看插入的图表，单击图表标题，在文本框中输入"上一年各项开支占比"文本，如图 14-34 所示。

Step04 ❶选择图表标题，单击"开始"选项卡，❷在"字体"组中设置字体为"方正报宋简体"格式，单击"加粗"按钮，如图 14-35 所示。

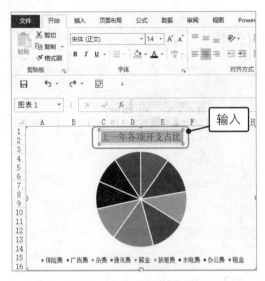

图 14-34　修改图表标题

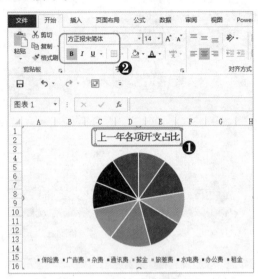

图 14-35　修改图表标题字体格式

Step05 使用同样的方法设置各项开支图例的字体格式为"微软雅黑"、"加粗"，如图 14-36 所示。

Step06 选择图表，单击"图表工具 设计"选项卡，❶在"图表布局"中单击"添加图表元素"下拉按钮，❷选择"数据标签/数据标注"选项，如图 14-37 所示。

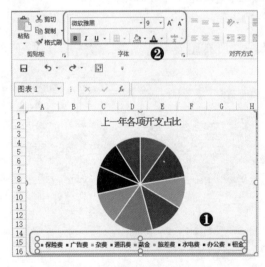

图 14-36　修改图例字体格式

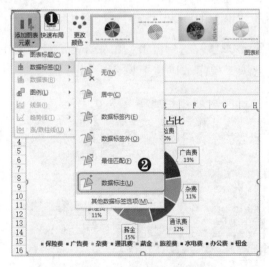

图 14-37　添加数据标签

Step07 ❶选择图表，单击"图表工具 格式"选项卡，❷在"形状样式"组单击"形状轮廓"按钮，❸在"主题颜色"栏中选择"红色，个性色 2"选项，如图 14-38 所示。

Step08 ❶选择图表，单击"图表工具 设计"选项卡，❷在"图表样式"组中选择"样式 7"选项，如图 14-39 所示。

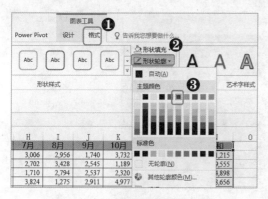

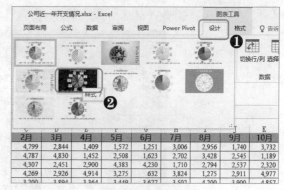

图 14-38 设置图表轮廓　　　　　　　图 14-39 修改图表样式

Step09 完成设置后将工作表重命名为"公司各项开支数据分析",并拖动图表标题调整位置,如图 14-40 所示。

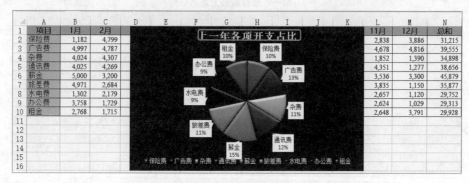

图 14-40 调整图表

14.2 员工工资管理

员工是企业发展的基础,企业是员工发挥的舞台。无论是高科技行业,还是传统手工业;无论是生产业,还是服务业;无论规模庞大,还是规模较小,都离不开员工,没有员工的企业不能成为一个企业。而良好的员工工资管理可以提高员工的工作积极性,推动公司的发展。

14.2.1 案例简述和效果展示

某公司使用 Excel 工作簿记录了第一季度各个员工的详细工资收入情况,现在为了调整公司的职位人员分布,需要使用数据透视表和数据透视图对第一季度的各个员工的工资收入进行详细的数据分析。如图 14-41 所示为数据分析效果展示。

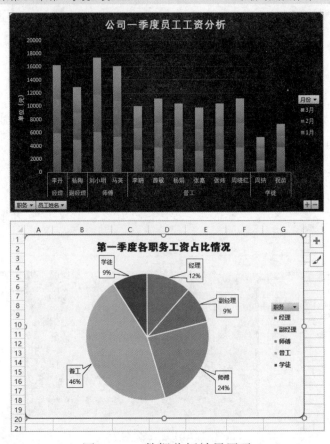

图 14-41　数据分析效果展示

14.2.2　案例制作过程分析

对公司工资数据分析，只需先建立数据源并确保其实用性，然后根据数据源建立数据透视表，再通过调整数据透视表布局对数据进行分析，最后还可以利用数据透视图进行分析结果展示。其具体的制作流程以及涉及的知识分析如图 14-42 所示。

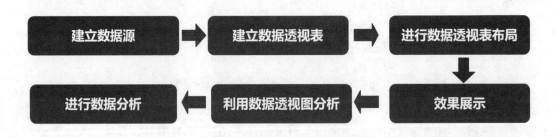

图 14-42　案例制作分析流程

14.2.3 统计公司第一季度工资

在本例中已有可用的数据源，因此可以直接根据数据源建立数据透视表。但由于数据源不在同一工作表中且数据区域包含的列数较多，所有这里使用连接+SQL 语句建立数据透视表，下面对具体的操作步骤进行介绍。

Step01 打开素材文件"第一季度工资"工作簿，单击"数据"选项卡"获取外部数据"组的"现有连接"按钮，如图 14-43 所示。

Step02 在"现有连接"对话框中单击"浏览更多"按钮，如图 14-44 所示。

图 14-43　打开"现有连接"对话框　　　　图 14-44　连接数据

Step03 ❶在打开的"获取数据源"对话框中选择"第一季度工资"工作簿，❷单击"打开"按钮，如图 14-45 所示。

Step04 ❶在打开的对话框中选择任意选项，❷单击"确定"按钮，如图 14-46 所示。

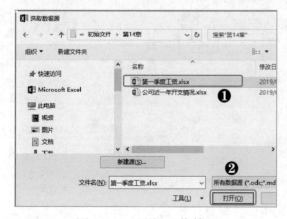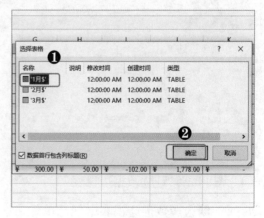

图 14-45　选择工作簿　　　　　　　　图 14-46　选择表格

Step05 ❶在"导入数据"对话框中选中"数据透视表"单选按钮，❷选中"新工作表"单选按钮，❸单击"属性"按钮，如图 14-47 所示。

Step06 ❶在打开的对话框中单击"定义"选项卡，❷在"命令文本"文本框中输入 SQL 语句，单击"确定"按钮，如图 14-48 所示。

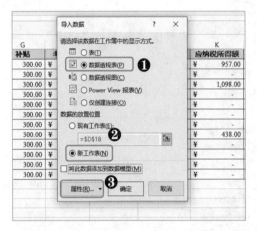

图 14-47　选择数据显示方式和放置位置

图 14-48　输入 SQL 语句

Step07 即可查看到新建的数据透视表，如图 14-49 所示。

Step08 将"职务"和"员工姓名"字段添加到行字段区域，将"基本工资"、"社保扣除"、"考勤工资"、"提成工资"、"补贴"、"岗位工资"、"应纳税所得额"、"个税扣除"、"应发工资"和"实发工资"字段依次添加到数值区域，如图 14-50 所示。

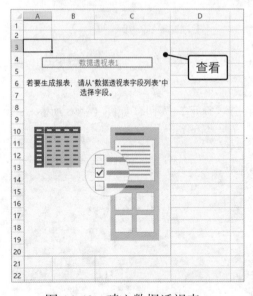

图 14-49　建立数据透视表

图 14-50　数据透视表布局

Step09 ❶选择数据透视表中任意单元格，❷单击"数据透视表工具 设计"选项卡"布局"组的"报表布局"下拉按钮，❸选择"以大纲形式显示"选项，如图 14-51 所示。

Step10 ❶选择数据透视表中任意单元格，❷选择"数据透视表工具 设计"选项卡"数据透视表样式"组中的"数据透视表样式浅色14"选项，如图14-52所示。

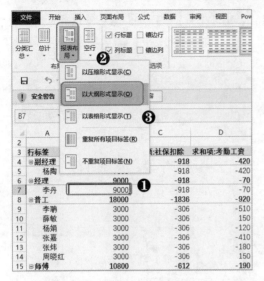

图 14-51　修改报表布局显示形式

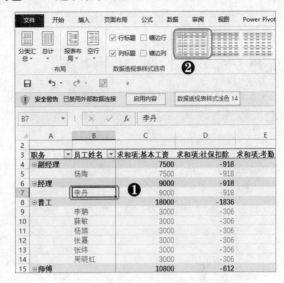

图 14-52　修改数据透视表样式

Step11 将鼠标光标移动到A6单元格，当鼠标光标变为十字箭头后将"经理"字段拖动到第一行，使用同样的方法，拖动行标签将职务按经理、副经理、师傅、普工、学徒依次排列，如图14-53所示。

Step12 ❶按【Ctrl+H】组合键打开"查找和替换"对话框，在"查找内容"文本框中输入"求和项："文本，在"替换为"文本框中输入空格，❷单击"全部替换"按钮，然后关闭对话框，如图14-54所示。

图 14-53　调整行字段顺序

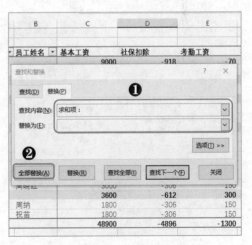

图 14-54　查找替换

14.2.4 统计员工每月平均工资

公司需要提高员工的工作积极性，从而提高公司的业务能力。而员工每月平均工资的提高则可以反映出公司处于上升趋势。为了查看员工的工资水平，需要统计员工每月平均工资，以下是具体的操作步骤。

Step01 复制一个 14.2.3 节中的数据透视表，将其命名为"统计员工每月平均工资"。❶选择数据透视表中任意单元格，❷右击，在弹出的快捷菜单中选择"显示字段列表"命令，如图 14-55 所示。

Step02 在打开的"数据透视表字段"窗格中，取消选中所有字段，重新进行布局。添加"职务"和"员工姓名"字段到行字段区域，依次添加"基本工资"、"应发工资"和"实发工资"到数值区域，如图 14-56 所示。

图 14-55 打开字段窗格　　图 14-56 布局数据透视表

Step03 ❶选择数据透视表任意单元格，单击"数据透视表工具 设计"选项卡，❷在"布局"组单击"报表布局"下拉按钮，❸选择"以表格形式显示"选项，如图 14-57 所示。

Step04 ❶选择数据透视表任意单元格，单击"数据透视表工具 设计"选项卡，❷在"布局"组中单击"分类汇总"下拉按钮中的"不显示分类汇总"选项，如图 14-58 所示。

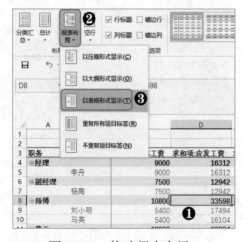 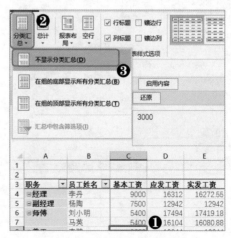

图 14-57 修改报表布局　　图 14-58 修改分类汇总

Step05 ❶选择数据透视表任意单元格，单击"数据透视表工具 分析"选项卡，❷在"计算"组单击"字段、项目和集"下拉按钮，❸选择"计算字段"命令，如图 14-59 所示。

Step06 ❶在打开的"插入计算字段"对话框的"名称"文本框中输入"每月平均工资"文本，在"公式"文本框中输入"=实发工资/3"公式，❷单击"添加"按钮，❸单击"确定"按钮关闭对话框，如图 14-60 所示。

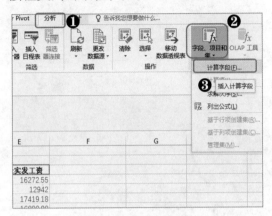

图 14-59　打开"插入计算字段"对话框

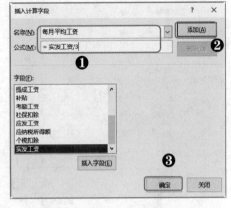

图 14-60　添加计算字段

Step07 ❶按【Ctrl+H】组合键打开"查找和替换"对话框，在"查找内容"文本框中输入"求和项："文本，在"替换为"文本框中输入空格，❷单击"全部替换"按钮，然后关闭对话框，如图 14-61 所示。

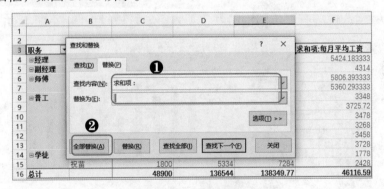

图 14-61　查找替换

14.2.5　第一季度员工工资变化情况

　　员工的工资变化趋势从某些方面来说反映了该员工一段时间的工作状态和业务能力。为了公司的发展，往往会根据员工工作状态和业务水平进行人事变动，因此分析每一季度员工工资变化情况是很有必要的，其具体操作步骤如下。

Step01 复制一个 14.2.3 节中的数据透视表，将其命名为"员工一季度工资分析"。选择数据透视表中任意单元格，在打开的"数据透视表字段"窗格中，取消选中所有字段，

❶添加"月份"字段到列字段区域，❷添加"职务"和"员工姓名"到行字段区域，❸添加"实发工资"字段到数值区域，如图 14-62 所示。

Step02 ❶选择数据透视表中任意单元格，单击"插入"选项卡，❷单击"图表"组"数据透视图"下拉按钮，❸选择"数据透视图"命令，如图 14-63 所示。

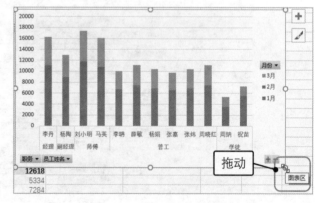

图 14-62　调整布局　　　　　　　　　图 14-63　打开"插入图表"对话框

Step03 在打开的"插入图表"对话框中选择"堆积柱形图"图表类型，单击"确定"按钮，即可插入数据透视图，如图 14-64 所示。

Step04 拖动数据透视图右下角的控制点，扩大图表区域，如图 14-65 所示。

图 14-64　选择图表类型　　　　　　　图 14-65　扩大图表显示区域

Step05 ❶选择图表，❷单击"数据透视图工具 设计"选项卡"图表布局"组"添加图表元素"下拉按钮，在弹出的下拉菜单中选择"轴标题/主要纵坐标轴"选项，如图 14-66 所示。

Step06 在纵坐标轴的坐标轴标题输入框中输入"单位（元）"文本，如图 14-67 所示。

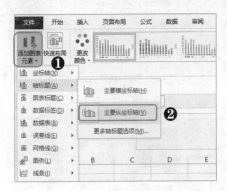

图 14-66　添加图表元素

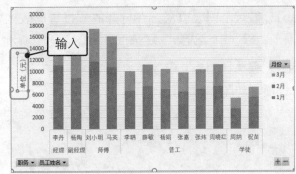

图 14-67　输入名称

Step07 ❶单击图表右上方的"图表元素"按钮，❷在打开的面板中选中"图表标题"复选框，如图 14-68 所示。

Step08 在"图表标题"文本框中输入"公司一季度员工工资分析" 文本，如图 14-69 所示。

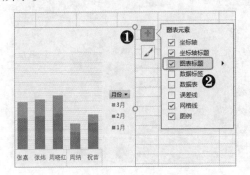

图 14-68　添加图表标题

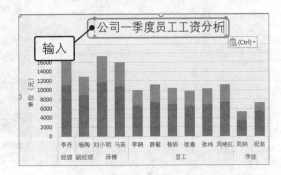

图 14-69　输入标题名称

Step09 ❶选择图表标题，单击"开始"选项卡，❷在"字体"组中设置图表标题格式为"方正大黑"、"加粗"，如图 14-70 所示。

Step10 用同样的方法，将其他图例的格式均设置为"微软雅黑"、"加粗"，如图 14-71 所示。

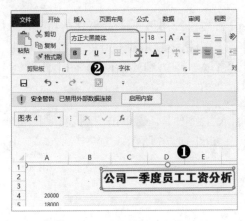

图 14-70　设置标题字体格式

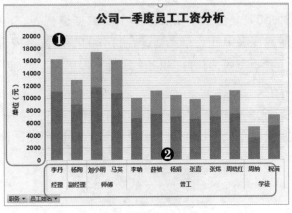

图 14-71　设置其他字体格式

Step11 ❶双击图表边框，在打开的"设置图表区格式"窗格中，单击"填充与线条"选项卡，❷选中"圆角"复选框，如图 14-72 所示。

Step12 ❶选择图表，❷选择"数据透视图工具 设计"选项卡"图表样式"组的"样式8"选项，如图 14-73 所示。

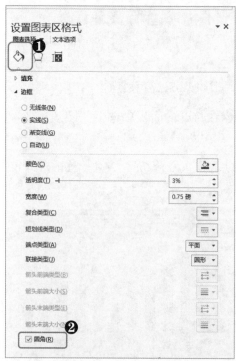

图 14-72　设置图表区格式

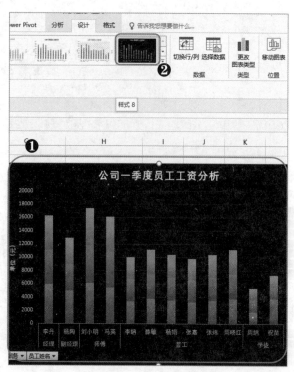

图 14-73　应用图表样式

14.2.6　第一季度员工工资占比

公司是由各个部分共同组成的，为了使公司人员组成结构合理，可以从公司各职位工资占比来进行分析，具体介绍如下。

Step01 复制一个 14.2.3 节中的数据透视表，将其命名为"公司员工工资占比"。选择数据透视表中任意单元格，在打开的"数据透视表字段"窗格中，取消选中所有字段，进行重新布局，添加"职务"到行字段区域，添加"实发工资"字段到数值区域，如图 14-74 所示。

Step02 ❶选择数据透视表中任意单元格，单击"插入"选项卡，❷单击"图表"组"数据透视图"下拉按钮，❸选择"数据透视图"命令，如图 14-75 所示。

图 14-74　调整布局

图 14-75　打开"插入图表"对话框

Step03 ❶在打开的"插入图表"对话框中选择"饼图"图表类型，❷单击"确定"按钮，即可插入数据透视图，如图 14-76 所示。

Step04 单击"图表标题"文本框，输入"第一季度各个职务工资占比情况"，如图 14-77 所示。

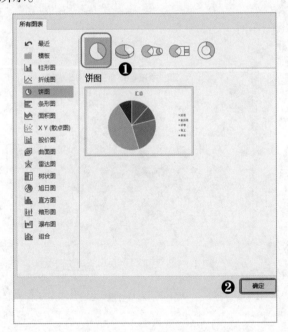

图 14-76　选择图表类型

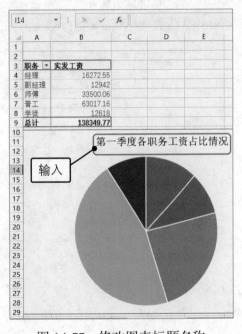

图 14-77　修改图表标题名称

Step05 ❶选择图表标题，单击"开始"选项卡，❷在"字体"组中设置图表标题格式为"方正大黑简体"、"加粗""16"，如图 14-78 所示。

Step06 用同样的方法设置"职务"图例字体格式均为"微软雅黑"、"加粗"、"9"，如图 14-79 所示。

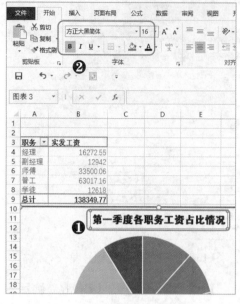

图 14-78　设置字体格式

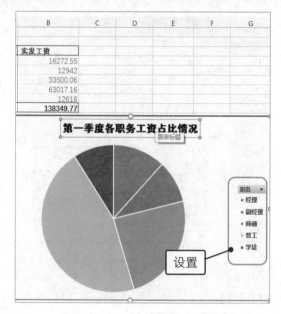

图 14-79　设置图例字体格式

Step07 ❶单击图表右侧的"图表元素"按钮，❷在其下拉列表中选中"数据标签/数据标注"选项，如图 14-80 所示。

Step08 拖动数据标签，调整其位置，如图 14-81 所示。

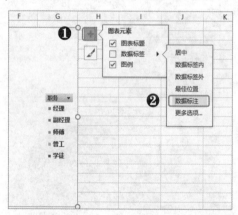

图 14-80　添加数据标签

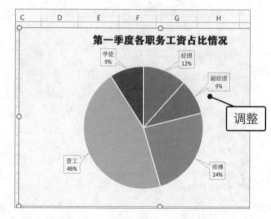

图 14-81　调整数据标签位置

Step09 ❶选择图表标签，单击"开始"选项卡，❷在"字体"组中设置图表标签字体格式为"微软雅黑"，如图 14-82 所示。

Step10 ❶双击图表边框，在打开的"设置图表区格式"窗格中，单击"填充与线条"选项卡，❷选中"圆角"复选框，❸然后在"宽度"栏中设置宽度为 1.25 磅，如图 14-83 所示。

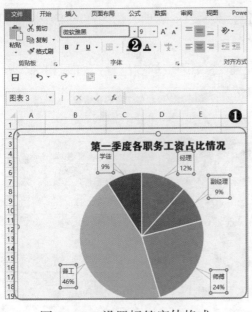

图 14-82　设置标签字体格式

图 14-83　设置图表边框

Step11 选择图表标签，单击"数据透视图工具 格式"选项卡，❶在"形状样式"组中单击"形状轮廓"下拉按钮，❷选择"黑色，文字 1"选项，如图 14-84 所示。

Step12 选择图表边框，单击"数据透视图工具 格式"选项卡，❶在"形状样式"组中单击"形状轮廓"下拉按钮，❷选择"蓝色，个性色 5"选项，如图 14-85 所示。

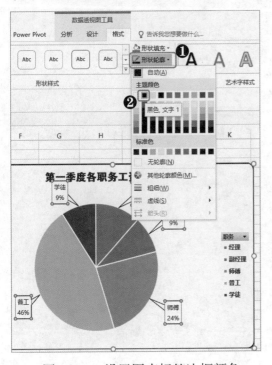

图 14-84　设置图表标签边框颜色

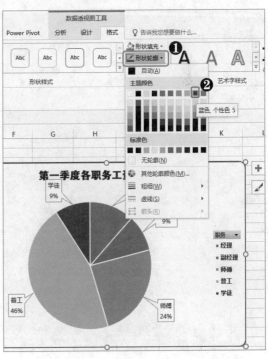

图 14-85　设置图表边框颜色

Step13 选中图表标题，单击"数据透视图工具 格式"选项卡，❶在"艺术字样式"组中单击"文本填充"下拉按钮，❷选择"黑色，文字 1"选项，用同样的方法设置图表标签文本填充色为黑色，如图 14-86 所示。

Step14 最后移动"学徒"、"经理"和"副经理"3 个图表标签位置，如图 14-87 所示。

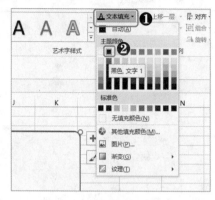

图 14-86　设置图表标题填充色

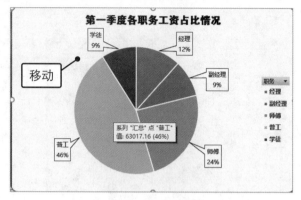

图 14-87　调整标签位置